WATER MUD INRUSH AND GROUTING THEORY OF FAULTS AND ITS ENGINEERING PRACTICE

断层破碎带

突水突泥与注浆加固理论及工程应用

张连震　李志鹏　王德明　等　编著

人民交通出版社股份有限公司

北京

内 容 提 要

本书从断层破碎带突水突泥机理、注浆扩散加固理论等相关问题进行了较为详尽的研究。主要内容包括：绪论、断层破碎带致灾因素及评价、断层破碎带突水突泥灾变模型与试验研究、断层破碎带突水突泥机理数值模拟分析、断层软弱介质地质特征及注浆扩散加固模式、基于“浆-土”应力耦合效应的断层软弱介质劈裂注浆机制分析、断层软弱介质注浆扩散与加固模拟试验研究以及永莲隧道断层破碎带突水突泥与注浆治理工程实例。

本书适用于隧道及地下工程灾害防治领域相关理论研究人员以及广大工程技术人员，也能为高等院校隧道及地下工程相关的师生提供参考。

图书在版编目(CIP)数据

断层破碎带突水突泥与注浆加固理论及工程应用 / 张连震等编著. — 北京 : 人民交通出版社股份有限公司, 2025. 3. — ISBN 978-7-114-20135-6

Ⅰ. TD745

中国国家版本馆 CIP 数据核字第 2025XN4288 号

Duanceng Posuidai Tushui Tuni yu Zhujiang Jiagu Lilun ji Gongcheng Yingyong

书　　名：断层破碎带突水突泥与注浆加固理论及工程应用
著 作 者：张连震　李志鹏　王德明　等
责任编辑：谢海龙　刘国坤
责任校对：赵媛媛　龙　雪
责任印制：张　凯
出版发行：人民交通出版社股份有限公司
地　　址：(100011)北京市朝阳区安定门外外馆斜街 3 号
网　　址：http://www.ccpcl.com.cn
销售电话：(010)85285857
总 经 销：人民交通出版社股份有限公司发行部
经　　销：各地新华书店
印　　刷：北京建宏印刷有限公司
开　　本：787 × 1092　1/16
印　　张：13
字　　数：305 千
版　　次：2025 年 3 月　第 1 版
印　　次：2025 年 3 月　第 1 次印刷
书　　号：ISBN 978-7-114-20135-6
定　　价：92.00 元

前　　言

随着交通强国、海洋强国等国家战略的实施，数万公里的隧道建设正向极端复杂的西部山区和岩溶地区转移，我国已是目前世界上隧道建设规模和难度最大的国家。如在建的川藏铁路，隧道全长1200余公里，跨七江穿八山，堪称人类工程禁区；在建的滇中引水工程，隧洞全长600余公里，广泛存在活动断裂、高水压、高地应力，是目前世界上地质条件最复杂的引调水工程。隧道与地下工程建设过程中经常遭遇断层、岩溶等不良地质，突水突泥、失稳塌方等重大地质灾害频发。

断层破碎带是隧道与地下工程建设过程中经常遭遇的典型不良地质，该地层具有结构松散、富水性强、自稳能力差的显著特点，在隧道施工扰动下极易诱发突水突泥工程灾害事故，造成重大的人员伤亡、机械设备损失、工期延误，还会造成地表坍塌、地下水严重流失等次生环境灾害，严重威胁隧道与地下工程建设安全。

断层破碎带突水突泥灾害的有效防控取决于对灾害的有效预警与对断层破碎带的有效加固治理。重大突水突泥灾害有效预警的理论基础是对突水突泥灾害演化机理的研究，在重大突水突泥灾害发生条件、前兆信息演化规律、灾害发生过程多物理场演化规律、灾害规模预测等方面的研究成果可有效支撑灾害的精准预警。当前断层破碎带加固的最常用手段为注浆技术，注浆是将胶结性注浆材料注入断层破碎带地层中，浆液经扩散、硬化、凝固，以填充、挤密、骨架等形式实现对地层的加固，达到加固、防渗、堵水的目的，使断层破碎带达到隧道安全开挖对地层稳定性的要求。断层破碎带注浆控制的理论基础是对注浆扩散与加固机理的研究，在断层破碎带注浆扩散模式、注浆扩散规律、注浆加固机制、注浆效果定量预测等方面的成果可有效支撑该类型不良地质的有效加固治理。

基于上述背景，本书针对断层破碎带突水突泥机理、注浆扩散加固理论等相关问题进行了研究，并将研究成果应用于江西省吉莲高速公路永莲隧道F2断层破碎带突水突泥灾害治理工程中，取得了良好的效果。

希望本书能够给隧道及地下工程灾害防治领域相关理论研究人员以及广大工程技术人员提供参考。限于作者水平，书中疏漏与不当之处在所难免，请广大读者不吝指正。

作　者

2023年4月于青岛

目　　录

第1章　绪　　论

1.1　突水突泥概述

隧道突水突泥是由于开挖扰动引发的复杂动力灾害现象,灾害发生时岩土体在短时间内从突泥口处高速大量喷涌而出,毁坏隧道设施,造成人员伤亡,严重威胁隧道建设安全。灾害发生时地层持续地涌出泥(石)水混合物,在突水突泥处形成几十厘米至几米宽的突泥口,隧道围岩发生卸荷,其内部积聚的能量得到释放、压力降低后,突水突泥灾害结束。大型突水突泥灾害一次可涌出数万立方米土体,释放的能量达数亿焦,突出物可冲出至数公里远。

具有高位势能的岩体系统随时有可能变为低位势,隧道的开挖释放了部分围岩应力,使隧道围岩系统变为低位势,从而容易受到高位势的影响发生失稳破坏。当压力超过防突岩土体的临界防突能力时,隧道即发生突水突泥灾害。当涌出的淤泥堆积体能够阻挡后续突出物,形成“临时止突岩盘”时,灾害结束,围岩进入平衡状态。

根据工程地质类型、灾害发生时间等不同的划分标准,隧道突水突泥灾害有不同的分类形式。

(1)按灾害发生的地质环境分为以下类型:

①岩溶隧道突水突泥:岩溶的形成及发育情况影响因素复杂,其性态及空间展布状态复杂无规律,对其进行科学评估存在极大的困难。隧道穿越岩溶地区时,经常遇到各种不同类型的大型甚至特大型溶洞、暗河等,溶洞及溶槽往往通过裂隙或导水通道沟通丰富、高压的地下水。

②断层破碎带隧道突水突泥:断层破碎带岩体松散,完整性较差,地下水运移路径复杂,带内常有承压含水不良地质体,隧道穿越时,改变了水力联系路径,断层泥、角砾等所含蒙脱石等矿物具有遇水崩解的性质,岩体的软化、弱化作用使岩体产生流动变形,从而发生突水突泥灾害,其经常导致隧址区出现大规模地表塌陷的严重后果。

③岩溶断裂带隧道突水突泥:岩溶裂隙、洞穴与破坏带混合而生,地层节理裂隙发育,极其利于地下水的循环、渗透以及侵蚀作用的进行,造成上部断裂带风化岩土体的侵蚀,灾害发生时地下水挟带大量溶洞充填物以及断裂带内泥化物质,该类型灾害也极容易造成地表塌陷。

④淤泥带隧道突水突泥:部分隧道穿越岩体时,没有遇到断层、溶洞等不良地质体,但常常揭露出泥岩、砂岩、膨胀土等软弱土。因无明显构造特征,淤泥带隧道突水突泥往往具有突然性以及规模小、次数多的特点。

⑤复合地质隧道突水突泥:特长隧道修建过程中要穿越多种地质环境,溶洞、溶槽、暗河、

断层破碎带以及淤泥带等层叠共生，裂隙相互交叉发育，岩体风化~强风化，地下水类型丰富多样，呈现多种地质特征。

(2)按灾害发生时间分为以下类型：

①即时型突水突泥：隧道揭露不良地质体后，围岩随即失稳破坏，灾害发生前岩体无明显破坏特征，该类型灾害因其突发性，对隧道建设易造成极大危害及损失。对于此类灾害的预防，目前只能依靠超前地质预报提供地层条件信息。

②缓发型突水突泥：灾害发生前隧道掌子面有明显的变化，即掌子面或拱部有明显渗水点，随着时间的增长，渗水量逐渐增大，水质浑浊且经常出现掉块、垮塌等现象，并伴有异常响动，发展一定时间后可发生突水突泥灾害。该类型灾害可为实施灾害应急预案、人员及设备撤离预留一定的准备时间。

③滞后型突水突泥：滞后型突水突泥相比缓发型具有更大的危害性，滞后型灾害的发生时间与位置具有较大不确定性，隧道施工期间和运营期间均可能发生，因其经常发生在已施作衬砌段，前兆现象往往不易引起注意。该类灾害最常见的危害方式是围困施工人员、破坏支护结构。

1.2 注浆概述

注浆是将一定材料配置成浆液，采用液压、气压或电化学原理等方法，通过压送设备将浆液灌入地层或裂缝内，浆液以填充、渗透、压密及劈裂等方式，驱赶岩土颗粒间或岩石裂隙中的水、空气后占据其空间位置，待浆液胶凝、固化之后，随着被注岩土体的密度增加、孔隙率降低，新的“浆液-岩土”结构体的强度、抗渗性及稳定性等得到大幅度提升，从而达到加固地层及防渗堵水的目的。

注浆技术已有200余年的发展史，按照其发展过程可大致分为四个阶段：早期黏土浆液注浆阶段(1802—1857年)；初期水泥浆液注浆阶段(1858—1919年)；中期化学浆液注浆阶段(1920—1969年)；现代注浆阶段(1969年以后)。我国对注浆技术的研究和应用起步较晚，20世纪50年代开始引入注浆技术。经过多年的努力，我国的注浆技术在施工技术、设备器材、自动控制以及检测手段等许多方面都取得了重大进步。

根据浆液扩散加固模式的不同，注浆可分为以下类型：

(1)渗透注浆：渗透注浆是通过低压注浆，把浆液注入地层孔隙中，驱替其中的空气和水，浆液在孔隙中实现均匀扩散。在浆液渗透过程中，被注介质颗粒骨架结构不发生改变，浆液以充填孔隙的方式进入被注介质中，浆液发生凝胶反应的过程中实现对被注介质颗粒的胶结，进而提高被注介质的力学性能与抗渗性能。

(2)劈裂注浆：劈裂注浆过程是浆液在注浆压力作用下劈开被注地层并使劈裂通道不断扩展的过程，在劈裂通道形成并扩展过程中浆液在劈裂通道内由注浆孔不断向起劈位置运移。在注浆结束后，劈裂通道内的浆液凝固形成浆脉骨架，浆脉两侧的被注地层被压密，地层压密后其力学性能、抗渗性能均得到有效提高，故劈裂注浆是通过浆脉骨架支撑作用与压密固结作用共同实现被注地层的加固和抗渗。

(3)压密注浆：压密注浆是将极稠的浆液注入土层中，通过挤密压实作用，在注浆孔处形成浆泡并不断扩张，在浆泡扩张过程中对被注地层进行压密，地层压密后其力学性能及抗渗性能获得显著提高，从而提升被注介质的工程稳定性与抗渗性。

(4)裂隙岩体注浆：裂隙岩体注浆过程指的是浆液在岩体裂隙内进行扩散并最终充填岩体裂隙，在岩体裂隙被浆液充填并胶结后，裂隙导水通道被有效封堵，裂隙两侧的岩体也被有效黏接，被注裂隙岩体整体抗渗性能与强度得到提高。

(5)充填注浆：充填注浆一般指的是浆液在大规模或较大规模的岩溶空洞、岩溶裂隙、人为空洞等空隙中进行流动充填，浆液充填过程取决于浆液自身流动性能与注浆参数，注浆过程中基本不存在被注介质与浆液之间的耦合作用影响。

1.3 突水突泥机理研究现状

随着人们对隧道突水突泥灾害的重视，对断层破碎带岩体的失稳破坏过程即岩体灾变机理及演化过程的研究受到更多的关注，对突水突泥理论的研究主要集中在两个方面：一是对灾害赋存地质环境的研究，主要从断层破碎带分布形态、矿物组成以及断层与含水体位置关系等方面对突水突泥机理进行研究；二是对岩土体破坏力学特征的研究，主要研究致灾构造充填体的物理及水理力学特征，建立相应的本构关系及破坏判据公式等。

无论是灾害赋存地质环境还是岩土体破坏力学特征的研究，断层破碎带突水突泥都是复杂动力学行为。对突水突泥相关理论的研究首先受到地质环境的影响，主要反映在岩体的孕灾特性以及复杂的岩土体条件上，其次是岩土体破坏方式的影响，主要表现为梁板式破坏或渗透失稳破坏两种。随着计算机科学的不断发展以及传感器精度的不断提高，越来越多的数值计算模拟与模型试验模拟被应用于突水突泥机理的研究，国内外学者先后提出了多种解决该问题的理论途径，主要包括损伤断裂力学、流固耦合、流变失稳以及突变理论等。

我国地下工程相关学者也提出了多种不同的灾变模型及判据，但由于起步较晚，相关问题亟待进一步深入研究。主要存在以下几方面问题：①对断层破碎带隧道围岩在开挖扰动作用下的弱化机理掌握不到位。②对断层破碎带，以往研究多集中在岩体失稳的固体力学和流体力学破坏特征上，缺乏对不同地质条件下灾害演变过程中系统总能量与突水突泥规模之间的相关性研究。③现有渗流理论中的介质模型多采用与岩体性质相关的材料常数，不能全面描述开挖后地下水对岩体弱化后发生渗流突变的现象，解决断层破碎带突水突泥问题应基于地应力、地下水、地质特征、开挖扰动等综合影响作用，系统研究破碎带岩体遇水弱化崩解致灾过程，将会使断层破碎带突水突泥的研究与实际灾变更为吻合。④目前对于断层破碎带突水突泥研究的试验系统多为小尺寸模型，其虽有经济合理、操作简便以及试验周期短等优点，但由于模型空间所限，试验边界效应明显，模型所能描述的地下水及岩体灾害发生前后各物理场的变化规律不能充分体现真实灾变过程。⑤突水突泥灾害不但具有瞬时性，且表现出多次性及阶段性特征。灾害发生后，地层结构受到强烈的扰动作用，内部易形成压力拱，随着压力拱的形成与破坏的循环进行，突水突泥表现出多次性。以往的研究在这方面也进行过相关探索，断层破碎带突水突泥理论及试验研究多只针对一次性突水突泥，未考虑多次性，尚未形成体系。

1.4 注浆理论研究现状

1.4.1 注浆扩散理论研究现状

目前,现有的注浆扩散理论是在流体力学、固体力学、弹塑性力学等理论基础上发展而来,主要对浆液在地层中的流动过程、被注介质变形过程进行分析,建立浆液扩散半径与注浆参数、浆液流变参数之间的定量关系,用以指导注浆工程的设计和施工。目前,国内外学者在渗透注浆、劈裂注浆、压密注浆等扩散理论和机理研究方面均取得了一定进展,建立了一系列注浆扩散理论模型。

(1)渗透注浆扩散理论方面

渗透注浆的基本假设为被注介质骨架不因浆液扩散作用而发生改变。在此基础上,马格、Raffle、Greenwood 等首先在浆液为牛顿流体的基础上研究了球形扩散理论、柱形扩散理论等,推导出了注浆扩散半径、浆液流量和浆液压力之间的关系。在渗透注浆理论发展过程中,逐渐引入了浆液黏度时变性、非牛顿流体本构模型等因素,使得渗透注浆理论的适用范围不断扩大。如:杨秀竹等在广义达西定律及球形扩散理论模型的基础上,推导出了宾汉体及幂律流体浆液在砂土中进行渗透注浆时有效扩散半径的计算公式;杨志全等基于宾汉体浆液的流变方程与流体黏度时变性方程,建立了黏度时变性宾汉体浆液的流变方程与渗流运动方程;叶飞等在假定注浆浆液为黏度时变性流体且浆液沿半球面扩散的前提下,应用达西定律得到了浆液扩散半径及对管片产生的压力的计算式;刘健等在考虑黏度时变性基础上建立了水泥浆液盾构壁后注浆扩散压力模型。有的学者从动水影响、渗滤效应方面对渗透注浆扩散理论开展了研究,如:张连震等建立了动水条件下的渗透注浆数值模型,研究了动水条件对渗透注浆浆液形态的影响;Maghou S、Eklund D、Axelsson M、Kim J S、冯啸、郑卓等基于渗滤效应研究了渗滤效应对浆液扩散过程的影响。

(2)劈裂注浆扩散理论方面

劈裂注浆过程是浆液在注浆压力作用下劈开土体并使劈裂通道不断扩展的过程,在劈裂通道形成后浆液在劈裂通道内由注浆孔不断向起劈位置运移。目前有关劈裂注浆扩散过程的理论研究相对较少,相关学者通过试验研究证明劈裂注浆是一个先压密后劈裂的过程,浆液在土体中的扩散流动可分为三个阶段:鼓泡压密阶段、劈裂流动阶段、被动土压力阶段,进而获得了劈裂注浆过程中注浆压力随时间增长规律与地层空隙率、超孔隙水压力的关系。有些学者基于平板窄缝模型对劈裂注浆扩散过程进行了研究,李术才等基于宾汉流体本构模型,将劈裂通道假设为一条一次性生成的裂缝,建立了劈裂注浆扩散理论模型;张忠苗等在幂律型浆液平板窄缝流动模型的基础上,推导出了劈裂注浆时注浆参数与最大扩散半径的计算公式;邹金锋等认为劈裂注浆在土体中形成的裂缝宽度为均匀裂缝宽度,推导出劈裂注浆的注浆压力沿裂缝长度的衰减规律。以上对于劈裂注浆的理论研究多假设注浆过程中一次劈裂形成足够长的劈裂缝,忽略了劈裂通道扩展的动态过程,更没有考虑浆液流动与被注介质应力的耦合效应在劈裂通道扩展中的作用。注浆起劈压力方面,Marchi M、Alfaro M、Andersen K、Atkinson J 等人从被注介质起劈时的介质破坏模式方面对劈裂注浆进行了研究;邹金锋等通过水力劈裂理论,基于 Hoek-Brown 强度准则确定Ⅱ型和复合型裂纹发生劈裂时的临界水头压力 P_c，以该压力作为裂隙岩体劈裂注浆的起劈压力。

(3)压密注浆扩散理论方面

在压密注浆的概念被提出时，压密注浆指的是浆液从注浆孔口进入地层后在注浆孔周围不断积聚，并压密注浆孔附近的地层，以达到提升地层力学性能的目的。对于压密注浆理论的研究很多是基于柱孔扩张理论，张忠苗等为了研究压滤效应对压密注浆的影响，在考虑滤出水渗流和土体弹性变形耦合的基础上，推导出考虑压滤效应时饱和黏土压密注浆柱孔扩张的控制方程；王广国等研究了压密注浆影响范围、超孔隙水压力消散及地层抬升效应，分别给出了各自的近似求解公式；陈兴年等从宏观角度论述了不同注浆技术在上海地区的应用情况，着重介绍了挤压注浆的原理及优势；张忠苗等开展了黏土中压密注浆及劈裂注浆室内模拟试验，发现在黏土注浆中压滤效应贯穿于整个注浆过程；叶飞等研究了盾构隧道壁后注浆的压密效应，假设压密阶段浆体在土体中呈半球形扩张。以上压密注浆理论单纯研究注浆孔孔口范围内的地层压密过程，实际上，劈裂注浆过程中随时伴随着劈裂通道两侧地层的压密过程，通过对劈裂通道两侧地层的压密，可有效提升通道两侧被压密地层的各项性能指标，但是目前对于劈裂通道两侧地层的压密过程及压密效果还未见系统性的研究成果。

(4)裂隙岩体注浆扩散理论方面

对于裂隙岩体注浆工程而言，浆液的性质、裂隙表面的起伏形态与裂隙开度均是影响注浆扩散规律(注浆压力、浆液扩散区分布，注浆扩散半径)的重要因素。明确上述因素对于裂隙岩体注浆扩散规律的影响，并建立注浆扩散理论模型予以定量化表征，有助于更为合理地确定注浆参数，而合理的注浆参数是保证裂隙岩体注浆效果的前提。为此，专家学者针对于裂隙岩体注浆扩散规律与注浆扩散理论模型进行了大量的研究。起初为了方便探讨与研究，裂隙岩体注浆扩散规律试验研究通常将裂隙简化成光滑平板而开展，随着岩石力学的发展，关于裂隙粗糙度表征方法的研究逐渐增多，裂隙岩体注浆扩散规律试验研究逐渐开始将裂隙粗糙度纳入。如 Yang 等人采用规则的锯齿混凝土板用于模拟裂隙表面的粗糙度，分析了碳纤维复合水泥在动水条件下的扩散规律。国内外专家学者目前在裂隙粗糙度、裂隙开度的空间分布以及裂隙曲折度对裂隙岩体注浆扩散规律的影响方面探索尚不够全面，极少有考虑裂隙几何形貌特征、裂隙开度空间变化以及裂隙曲折度等因素的粗糙裂隙注浆扩散理论模型与注浆计算方法。

(5)充填注浆扩散理论方面

目前针对充填注浆的研究大多关注特殊工况下浆液的充填留存过程，如大型岩溶裂隙中动水条件下的浆液充填扩散留存过程，如李术才等人针对裂隙岩体动水注浆封堵问题，研发了大尺度准三维平板裂隙注浆模拟试验系统，开展了裂隙动水注浆封堵模拟试验，揭示了普通水泥浆液在动水条件下的 U 形扩散规律以及速凝浆液的非对称椭圆扩散规律，提出了动水封堵判据。众多学者已关注充填材料的经济性问题，综合考量大型空洞充填经济指标与性能指标，研究新型充填注浆材料，如矿渣固废基材料、洞渣再利用充填材料等。

1.4.2 注浆加固理论研究现状

(1)注浆加固基础理论方面

多位学者对注浆加固地层的有效性进行了阐述，Hyung-Joon Seo 研究了地下空间岩柱的加固手段；注浆与施加预应力，通过数值模拟方法与室内试验研究不同岩柱宽度、注浆方式对岩柱加固效果的影响；王刚通过数值模拟手段研究了隧道不同注浆加固圈参数对隧道围岩稳定性及涌水量的影响。有的学者利用天然岩体及相似模拟材料开展了注浆室内试验研究，通过注浆前后岩体宏观物理力学参数的对比，证实了注浆对岩体结构稳定性的作用，随着研究的深入，相关学者逐渐重视从注浆加固体微观角度阐述注浆加固机理，且研究手段日趋丰富，如：杨米加等建立了以损伤力学为基础的注浆加固本构模型，并对其加固因子、注浆材料和裂隙参数的关系进行研究；冒海军、杨春和等以相似模拟试验为基础，引入分形理论及突变理论，研究了破碎岩体注浆加固界面分形特征及界面对岩体稳定性的影响。由于注浆加固过程受到浆液理化性质、被注介质、注浆环境等众多因素相互影响，现阶段的研究成果多是定性结论，注浆设计施工参数与被注介质加固效果之间的定量关系尚缺乏深入研究，难以做到注浆参数设计的定量化。另外，由于劈裂注浆过程的复杂性，目前为止尚未有关于劈裂注浆加固效果的定量计算方法的系统研究。

(2)注浆加固机理试验研究方面

目前国内外已经开展了一系列的注浆模拟试验，尝试建立各注浆参数之间的内在联系，得到了一些经验公式。钱自卫等为研究弱胶结孔隙介质化学注浆浆液充填及减渗的基本规律，采取模型试验的方法，研究了不同有效粒径及细度模数的模型材料注浆前、后的渗透系数、孔隙率及抗压强度变化规律；李召峰等研发了一种新型高早强型注浆材料，通过模型试验验证了其对破碎岩体的注浆加固有效性；Nichols S C 和 Goodings D J 设计了小尺寸压密注浆试验模型，进行了在均匀干砂中注入水泥基浆液的试验；Bezuijen A 设计了砂层补偿注浆的试验模型，对砂层中注浆劈裂的发展进行了研究；Gothall R 和 Stille H 通过模型试验，研究了注浆时浆液对裂隙变形的影响及其劈裂作用；Eisa K 建立了饱和砂土注浆模型；葛家良和陆士良等通过室内模拟试验研究了被注浆介质的结构特征、浆液水灰比及其性质、注浆压力等因素对注浆量、浆液扩散半径和结石体强度的影响规律；张农等通过试验提出了强度恢复系数和固结系数，作为注浆加固效果评价指标；胡巍等通过试验研究了破裂岩样注浆加固前、后的力学特性及浆液对注浆效果的影响；韩立军等通过试验研究了破裂岩体结构面的注浆加固效果；刘泉声等进行了岩体裂隙的注浆加固试验，并进行了注浆前后裂隙法向压缩试验与裂隙面剪切试验，获得了注浆前后裂隙岩体的力学特性变化规律；Evdokimov 等、Swedenborg 等研究了硬岩节理裂隙注浆前后的力学特征；郭密文、张改玲利用高压注浆试验装置研究了高压封闭条件下饱和孔隙介质中化学注浆扩散机制及微观机理。目前对于注浆加固模拟试验的研究已经非常广泛，但是针对富水软弱地层条件下的注浆扩散加固机理的系统试验研究成果较少，无法验证注浆基础理论的正确性。

综上，国内外学者对注浆理论进行了大量研究，但是在断层软弱介质的注浆扩散与加固理论研究方面，仍存在以下问题：①现有的注浆扩散加固理论研究未就断层充填介质进行详细分类，针对不同充填介质的扩散模式及发生条件研究相对较少，而不同介质的注浆扩散形式差异性极大，需要有针对性研究。②劈裂注浆过程是注浆压力作用下浆液劈裂通道形成并持续发展的过程，目前劈裂注浆理论一般假设劈裂路径为一次性劈开的裂缝，之后浆液在裂缝中完成充填过程，假设浆脉宽度不变，没有考虑劈裂通道形成过程中土体应力场与浆液渗流场的耦合作用机制，更没有考虑土体压缩变形过程中应力与应变之间的非线性关系。③缺乏针对软弱充填介质的大型三维注浆模型试验系统的研究，已有的注浆试验多集中在小比例尺一维、二维的模拟试验，模型尺寸普遍较小，边界效应影响显著，难以还原真实的注浆环境，无法为注浆工程提供可靠指导。④在注浆加固效果研究方面，现在多采用数值模拟软件开展注浆加固前后的对比分析，主要根据工程经验选取注浆后加固体的力学参数和渗透系数，参数选取具有模糊性和经验性，缺乏注浆加固前后力学性能及渗透性能的定量关系的研究。

第2章　断层破碎带致灾因素及评价

断层破碎带岩性种类繁多，地质构造发育，岩层风化严重，岩体破碎，地下水源补给丰富，其介质往往具有弱膨胀性、泥化性等特点，地质条件特别复杂，隧道开挖后地下水力路径易发生改变，在地应力和地下水共同作用下，隧道工程影响区域内可能使地层整体或局部发生失稳破坏，引发塌方、突水突泥等灾害。本章根据断层破碎带不同的结构破坏特征，对灾害模式进行划分，基于此分类，研究不同模式的突水突泥灾害形态，分析地质结构破坏过程，包括渗透破坏过程、突水突泥通道形成过程及灾害发生位置。

2.1　断层破碎带地质特征

2.1.1　断层破碎带结构特征

对国内建成或在建的几十座隧道突水突泥灾害进行统计发现，超过60%的隧道突水突泥灾害发生在穿越断层破碎带过程中，断层破碎带存在大量的破碎面，它们的空间展布形态错综复杂，相互交织。受断层上下盘运动影响，岩层极其破碎，破碎带内多见风化～强风化岩石碎块以及断层泥砂物质。除此之外，在破碎带两侧区域，岩体仍存在较为明显的不完整及软弱特征区域，该范围内的岩体称为断层影响带，也称为断层过渡带，其结构模式见图2-1。

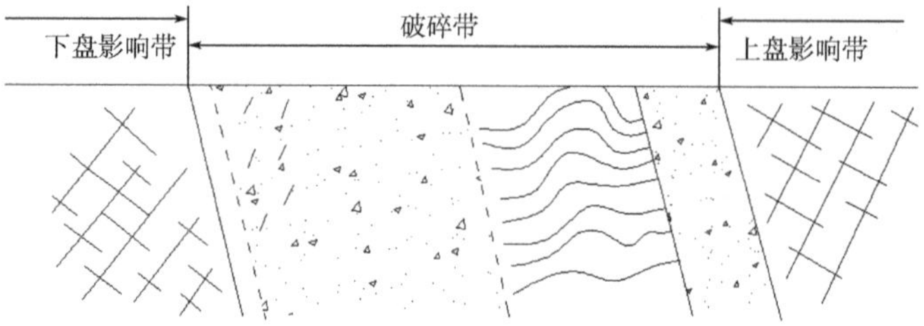

图2-1　断层破碎带结构模式示意图

(1)断层破碎带

地层受到水平构造应力和挤压作用后，作用应力最为集中的岩体部分为断层破碎带，也是断层形成过程中消耗能量的主要部分，岩体通常表现极为破碎状态。

张性断层破碎带的地质特征在断层两盘的张力作用下表现为岩体裂隙、断裂面等，开度较大，破碎带内的充填介质多为角砾岩，形状各异，破碎岩块之间胶结性差或无胶结，断层破碎影响带存在明显，为地下水对破碎带岩体的各种作用提供了良好途径，在开挖扰动过程中地下水水力联系路径极易发生改变，对断层破碎带内岩体的影响范围扩大，造成隧道围岩物理力学性质的改变。

压性断层破碎带的地质特征在断层上下两盘的强烈挤压作用下表现为断裂面构造紧密，裂隙率及孔隙率较小，过、导水性较差，相比张性断层，其突水突泥可能性小。但当断层破碎带内为断层泥、糜棱岩等具有遇水弱(泥)化特点的介质，且地下水资源丰富时，往往容易形成承压富水空腔等不良地质构造体，特别是上盘岩体尤为破碎，具备相当良好的储水能力，承压能力强，当隧道开挖至承压含水体附近时，极易揭露含水体或含水体突破围岩阻挡，发生大型甚至特大型灾害，发生多次突水突泥的大瑶山隧道即属于此类原因。

扭性断层破碎带是由断层上下盘错动剪切而成的，断裂面一般为闭合型，裂隙狭窄，且延伸长度大，断层影响带的构造发育，纯粹的扭性断层较难形成，压性与扭性一般呈共生状态。断层在漫长的地质构造运动过程中，不同的历史时期受到的构造应力有所不同，断层的类型也会改变，断层类型的改变会使周围的地质条件也发生改变，增加断层破碎带灾害的发生概率。

综上所述，断层破碎带内岩体结构面呈无序分布状态，岩体或已受到强风化作用；或被大量节理、裂隙等构造破坏完整性，虽然岩石质地较好，但其裂隙较多，有一定的宽度，且多被泥质物充填。以上两种结构特征是人工开挖后，隧道发生灾害的重要原因。

(2)断层影响带

断层影响带是指在断层的形成过程中位于破碎带岩体与正常岩体之间的过渡带，该区域可能存在强度相对断层破碎带更大的岩石，这些岩石被大量节理、裂隙分割成不连续界面，裂隙种类繁多，渗透性较强。通常情况下，断层影响带与断层破碎带之间没有明显分界面，在隧道开挖过程中可根据揭露面的岩体性态进行判断，其具有岩体渗透性变差、岩石强度变大以及岩块完整率相对较高等特点。

受到两盘作用影响严重的岩体结构面呈密集网格状、碎块状分布，碎块间充填有泥岩等；受两盘作用影响轻小岩体的结构面较发育～微发育，岩石碎块较大，原岩结构性保持较好，具备相当的自稳能力。

2.1.2　断层破碎带水文地质特征

断层破碎带是否发生突水突泥以及灾害规模，除了与地质结构特征密切相关之外，其水文地质特征也是重要影响因素。部分断层破碎带内岩体胶结致密，有一定的阻水作用，不能达到导水效果，若地层中也无地下水活动，该类断层发生灾害的概率较小。但对于地下水水源丰富，水力联系路径复杂，岩石松散破碎，导水性好，遇水易弱化发生流变破坏的断层破碎带则容易发生灾变。

富水性断层破碎带，裂隙发育，能够沟通断层两侧的正常岩体，断层核心地带与地表水、地下暗河等联系紧密，水源补给丰富。由于断层破碎带内部各种岩性互层交错，尤其存在含水不良地质体时其富水情况又分为静水与动水。静水是指承压含水不良地质体为独立的封闭空间，开挖工作面揭露含水体后会储存在该空间内，岩体充填介质随地下水涌出，其特征是由大到小直至消失。动水是指带内承压含水不良地质体与外界水源之间有一条或多条水力联系路径，水源对含水体持续补给，该类型断层破碎带发生突水突泥与水压和不良地质体空间展布形态相关，大型含水不良地质体突水突泥具有多次性、持续性等特点。

根据地下水赋存环境及形式将地下水分为孔隙水、基岩裂隙水和岩溶裂隙水。孔隙水多受大气降水的控制，雨季补给充足，孔隙含水较多，旱季则较少，甚至出现枯竭现象。对于分布于水源附近的孔隙水其富水性较好，而位于黏土区的孔隙则透水性较差，地下水分布不均匀，不能形成统一的地下水位，其流量较小。

2.1.3 断层破碎带岩体组成及特征

根据不同类型断层的不同构造运动方式，断层破碎带岩体大多以破碎岩、糜棱岩、角砾岩、断层泥以及复合物质等地层岩性为主，以粉砂质、泥质等黏土矿物为主要成分，其介质类型及特征决定了发生突水突泥的破坏特征。

糜棱岩一般岩性较好，强度较高、裂隙较多，呈透镜状，破坏形式以鼓胀流动破坏为主；断层泥岩性差、形状不规则、大小不一、压实度较好、强度低，重度较小，多由细颗粒土状物组成，破坏形式呈现多样性特征，以网格状剪切破坏和网格流动破坏为主，在地应力和水压一定的条件下，其破坏过程和形式与时间密切相关，岩体破坏程度随时间的推移而增加；复合物质多以断层泥包裹糜棱岩或角砾岩、泥质物包裹颗粒、风化严重的不同类型岩石互层等为常见。

断层破碎带岩体发生的变形和流动主要是因为在地下水作用下泥质物产生的泥化，随着泥化程度的增加，断层破碎带内岩体的塑性变形范围以及人工开挖导致的应力释放使围岩松动圈增大，其变形破坏特征与地应力、水压力以及岩体含水率相关，时效性特征明显，断层泥和糜棱岩的时效性变化趋势如图 2-2 所示。

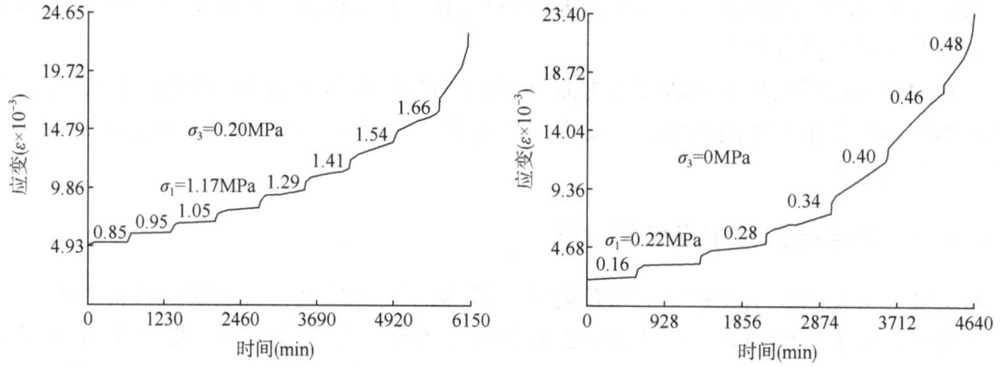

a)断层泥时效性　　b)糜棱岩时效性

图 2-2　岩体时效性

岩体充填介质受地下水的软(泥)化作用，断层破碎带岩体完成固态-塑态-液态的转化过程，该过程是岩体力学性能的劣化过程。地下水在岩体的渗透过程中使岩体内部结构发生改变，岩体的内聚力减小，对于不同矿物类型的岩体介质，岩体会产生不同的变形特性。

断层破碎带岩体强度低，稳定性差，而且致使岩体水理性质极差，遇水易发生软化、泥化、溶蚀，以及弱化崩解等现象，经地下水作用岩体性质全面恶化，逐渐失稳破坏后，被地下水的流动和冲击作用挟带而出。

虽然不同破碎带岩体含有不同的矿物成分，但是大部分岩体中都含有黏土性矿物，正是这类矿物成分使岩体遇水即发生弱化，甚至泥化，破坏了岩体的结构性，减弱了岩块间的黏合力，从而表现出各方面的弱化性态。对不同类型的岩石，遇水软化后的形式见表 2-1。

断层破碎带岩体遇水弱化形式　　表 2-1

岩石类型	软化形式
泥质膨胀岩	弱胶结泥质面的干燥活化;黏土矿物吸水膨胀,颗粒间膨胀或岩层间膨胀
蒙脱石化火成岩	风干失水活化,蒙脱石吸水发生晶层扩散引起的
蒙脱石化凝灰岩	凝灰岩在碱性地质环境下的蒙脱石化作用;干燥活化,吸水膨胀
断层泥膨胀岩	应力松弛条件下吸水膨胀、流变等

地下水对断层破碎带岩体弱化作用机理包括的内容十分广泛。以断层破碎带中的强风化砖红色砂岩、褐红色砂岩和泥质岩为例,将三者浸水饱和后,对抗压强度 σ_c、黏聚力 c、内摩擦角 φ、抗压刚度 E_a、抗拉刚度 E_t 进行了比对,各项指标均出现大幅下降,见表 2-2。

饱和断层破碎带岩体指标下降百分比(%)　　表 2-2

指标	岩石类型		
	砖红色砂岩	褐红色砂岩	泥质岩
σ_c	27.3	35.5	79.2
c	40	55	64
φ	11	6	51
E_a	39.1	50.9	80.1
E_t	49.1	46.9	80.5

隧道开挖后,随着地下水渗流路径的改变,断层破碎带岩体由天然状态演变为长期饱水状态,岩体饱水时间的不同对其强度影响也较为明显,在长期的饱水状态下破碎带岩体的力学强度恶化严重,对围岩稳定性的影响极为明显,表 2-3 给出了部分断层破碎带天然状态与不同时间饱水状态下的岩石强度对比。

部分岩石不同饱水时间强度(MPa)　　表 2-3

岩石类型	天然状态	饱水 30d	饱水 90d	饱水 180d	饱水 360d
粉砂泥岩 Ⅰ	4.51	1.68	0.59	0.92	0.42
粉砂泥岩 Ⅱ	1.45	1.16	1.07	0.67	0.47
泥质粉砂岩	19.5	18.26	56.78	39.23	39.1

虽然上述试验研究角度不同,但其结果都表明,断层破碎带岩体在地下水的作用下,包括物理、水理以及力学指标都有明显的降低,岩体的矿物组成决定了岩体的指标降低程度:含水率 w 对抗压强度 σ_c 的影响可表示为 $\sigma_c = a - bw$;含水率 w 对弹性模量 E 的影响可表示为 $E = \frac{a}{w} - b$;水压 p 对弹性模量 E 的影响可表示为 $E = a - bp$。以上式中的 a、b 为与试验有关的拟合常数。

2.2　断层破碎带突水突泥灾变模式及特征

断层破碎带破坏灾变从力学角度分为梁板断裂式破坏和渗透失稳式破坏两种模式。隧道掌子面与不良地质灾变体之间的岩体称为防突体(结构),梁板断裂式破坏是随着隧道的开挖，掌子面不断接近不良地质体，当防突结构的厚度或力学性能不足以承受后方不良岩土体的地应力及水压力时，断层破碎带灾变体瞬间破坏防突体结构，并以流体形式向隧道已开挖区域高速运行的一种破坏模式，该类型灾害多发生于石灰质岩溶隧道，少见发生于泥质断层破碎带隧道中；渗透失稳式破坏是由于隧道开挖扰动改变了断层破碎带内水力联系路径引起围岩弱化变形，经过一段时间的渗透破坏后，防突结构失去自稳能力，与灾变地质体一起喷涌而出的一种破坏模式。

2.2.1 梁板断裂模式

梁板断裂式破坏模式如图 2-3 所示，简化的灾变力学模型如图 2-4 所示，图 2-4 中 h 为防突结构厚度，即断层破碎带不良地质体边缘距隧道掌子面的距离，q 为地应力、水压力以及断层破碎带岩体失稳破坏后产生的自重应力。当图 2-4 中的荷载 q 值逐渐增大，岩土体安全厚度逐渐减小时，防突体会突然发生破坏引发突水突泥。当充填不良地质体与水源相联系时灾害危害性更大。

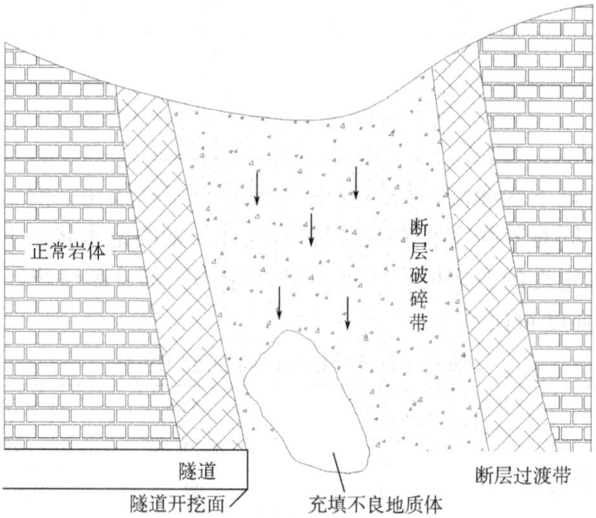

图 2-3　梁板断裂式破坏模式

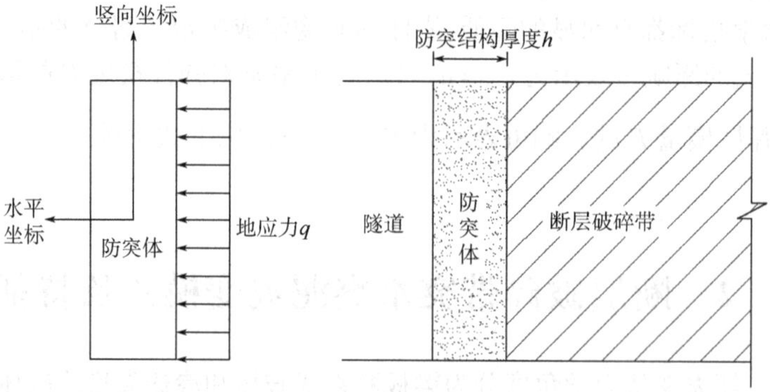

图 2-4　灾变模式的力学模型

当隧道开挖面前方断层破碎带内存在承压不良地质体时，突水突泥灾害的时效特征与防突体厚度密切相关。梁板断裂式突变过程呈现显著的突发性特征，根据断层类型以及破碎带含水体与隧道的位置关系，灾害类型可分为即时型突发灾害和滞后型突发灾害。即时型灾害是指隧道掌子面或开挖轮廓线与灾变体间的距离小于力学上的最小厚度要求，灾变体破坏防突结构后灾害即刻发生；滞后型灾害是指防突结构厚度大于最小厚度要求，隧道通过不良地质体时未发生突水突泥灾害，但是当由于外界影响因素导致断层破碎带地质环境发生改变时，如大量雨水进入地层补充地下水源，地下水压力变大，导致岩土体结构破坏而诱发突水突泥。

2.2.2　渗透失稳模式

1）灾变模式

对断层破碎带的渗透失稳破坏形式，在人工扰动及渗流-损伤作用下，岩体颗粒不断流失，泥化岩体不断影响着承载岩体，在地应力及地下水的联合作用下，岩体结构性与完整性逐渐遭到破坏，泥化岩体范围不断扩大，当下部岩体强度不足以支撑上部岩体荷载以及岩体内部所积聚的能量时，隧道发生灾害。

从破碎带渗透灾变的破坏模式角度出发，断层破碎带突水突泥大致可分为整体式破坏突水突泥、非整体式破坏突水突泥，该分类原则与断层破碎带岩体特性、岩体结构性及突水突泥通道密切相关，详见表2-4。

渗透式灾变模式突水突泥分类　　表2-4

类型	形态	通道
整体式破坏	围岩整体形变破坏	颗粒迁移形成大量通道，分布广，路径复杂
非整体式破坏	围岩局部形变破坏	通道形成区域较为集中

（1）整体式破坏模式

对于整体式破坏突水突泥，断层破碎带岩体受开挖及地下水影响发生突水突泥灾害时，工程影响区域甚至更大范围内的岩体被扰动。产生整体破坏的断层破碎带基本都是前期经历了多次突水突泥，导致岩体影响发展至地表。图2-5中ΔH是地表塌陷高度。

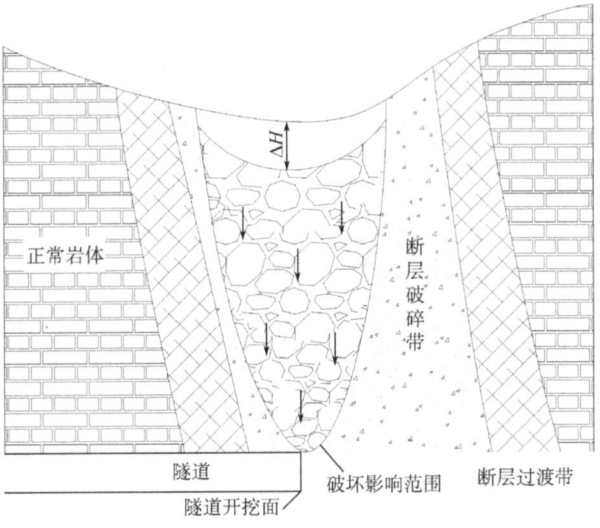

图2-5　整体式破坏模式

(2)非整体式破坏模式

非整体式破坏模式的破坏表现为断层破碎带岩体的局部形变位移。岩土体的破坏范围集中在某一薄弱区域，在地下水的影响作用下，大量固体颗粒被挟带而出，造成该区域内岩体发生变形，表现为形成局部的锥形形态，非整体式破坏模式如图2-6所示。

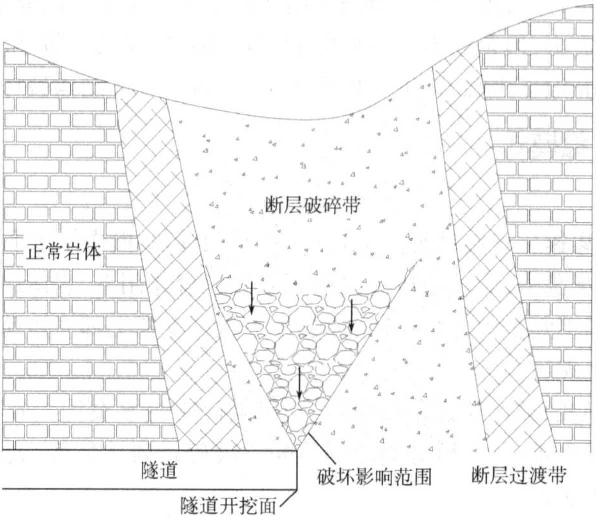

图2-6　非整体式破坏模式

2)灾变特征

(1)时效特征

隧道开挖引起岩体的应力释放以及岩体弱化引起岩土体的变形与时间相关，岩体从开始变形到失稳，整个过程共分为变形初始阶段、变形中期以及变形后期三个阶段。在变形的初始阶段，由于泥化岩体的变形流动受初始应力和扰动应力的双重作用，隧道围岩的防突能力衰减较为缓慢；变形中期，部分岩体产生较大的变形，其发生在破碎带的软弱部位和渗流通道，围岩内岩体产生差异性不均匀流动变形，变形区域发展形成塑性流动区，在局部塑性流动区域内，变形具有网格状破坏特征；变形后期，即加速流变阶段，塑性岩体区域与地下水产生水力联系，网格化破坏区域是地下水进入隧道围岩的初始渗、导水通道，该区域在水头压力作用下加速变形，地下水影响作用下的流动固体颗粒成为突水突泥时岩体的沉陷主体，该空间的沉陷形态即为突水突泥的破坏形态。

(2)突水突泥量特征

由于断层破碎带岩体破碎软弱，随着时间的增长，地下水沿岩体内的裂隙和孔隙通道挟带大量泥沙，隧道围岩逐渐形成渗流通道，孔隙率增大，隧道突出物质量整体呈上升趋势，突水突泥时达到峰值。灾害发生之前突出物质量出现明显下降，这是由于岩体始终处于恒定围压，在地应力及水压力的联合作用下，固体颗粒在随水流运移时受到阻碍，突出物质量出现明显下降，此时隧道周边围岩积聚了大量的地下水及弱化后的断层泥。当在地下水作用下隧道围岩继续恶化时，围岩失稳破坏，地下水及泥沙物质从断层涌出，突出物的质量变大。

(3)压力特征

断层破碎带内影响灾害发生的压力主要是地应力及渗流压力，大量试验及工程经验表明，在地应力一定的条件下,渗流压力对岩土体稳定性和结构性的影响更为突出。由于断层泥或糜棱岩等介质在地下水作用下发生泥化,岩体孔隙率出现变化,渗流压力导致断层破碎带岩土体发生位移,位移大小、范围及形态又对渗流压力产生积极影响。在从揭露断层到灾害发生的整个过程中,渗流压力经历了不同的阶段,主要分为上升期-平稳期-下降期的循环特征。地应力与渗流压力均持续增加,此阶段岩体渗流通道形成,通道形成后,压力呈稳定趋势;随着泥化作用的持续作用,渗流通道遭到破坏,压力随之上升,但地下水挟带物却大幅度减少,造成岩体内部的能量积聚,该阶段也是明显的灾害前期预兆,当能量积聚到一定程度后,渗流压力增加,灾害发生。

2.3 断层破碎带突水突泥致灾控制因素及评价

2.3.1 工程地质因素

(1)地形地貌

隧址区的地形地貌特点对突水突泥有着重要影响。隧道工程影响区域位于山谷汇水区、地表低洼地等集水处时,如隧道上覆岩体与地表之间存在渗、导水通道,则地表水以及大气降水渗入地下,与原有地下水系统形成充足的致灾水源,位于这种地形的工程涌水量与季节气候有一定的联系,在雨季时期,涌水量增加明显。

隧道所处水动力分带的位置严重影响隧道突水突泥的规模及危险性,隧道洞身所处垂直水动力分类标准为:浅饱水带以及压力饱水带划为A类;季节变化带划为B类;表层岩溶带以及包气带划为C类。隧道洞身处于A类垂直水动力带是引发大型至特大型突水突泥灾害的必要条件,处于B、C类垂直水动力带仅可能引发中小型突水突泥。

(2)地层岩性及构造

隧道所在区域所属的地质构造体系和断层位置、宽度及其延伸状态对于断层破碎带灾害有着一定的影响,其灾害模式多为塑性变形或流塑性变形,岩体中遇水易发生弱化、膨胀或崩解现象的矿物成分很大程度上加速了断层破碎带岩体结构性变化,继而导致岩体的渗透软化破坏,以致突水突泥。

断层破碎带内部形成的空腔等不良地质含水体为岩土体能量的积聚与储存提供了良好的构造基础,断层系统中形成的承压含水体往往具有高水压、大规模的特点。在地质构造中,积聚的能量包括地应力、水压力以及构造应力等联合作用下产生的能量,随着岩土体的破坏能量持续增加,当致灾构造中的能量积聚到一定程度后,灾变体突破阻碍进行能量释放。

分析国内外大量断层破碎带隧道修建过程中发生的突水突泥灾害案例可知,断层介质密实度、孔隙度以及孔隙结构直接影响灾害的发生。介质密实度较差,岩体中的松散颗粒在地下水的流动作用下发生迁移,扩展了渗流通道,引起渗流突变;介质密实度越大,岩体孔隙结构越致密,其渗透性越差,阻碍灾变发生的时间越长;当孔隙度变大后,大量固体颗粒随地下水流出,岩体密实度减小,部分区域岩体松散而引发灾害。

断层破碎带内充填介质是突水突泥灾害发生时泥状涌出物的主要来源,充填介质的性质直接影响突水突泥灾害的规模,充填介质的性质由隧道的围岩级别来表示。按断裂破碎带的围岩级别将断层分为A、B、C三类，围岩级别为Ⅴ级为A类断层，Ⅳ级为B类断层，Ⅲ、Ⅱ级时，为C类断层。A类是大型至特大型灾害的必要条件之一，B类会引发中、小型灾害，C类会引起小型灾害。

断层围岩在饱水过程中由于地下水的作用所形成的淤泥质混合物及断层内的碎石土是隧道突水突泥时涌出物的主要来源，断层岩土体是隧道灾害涌出物的主要物质来源，因此断层的规模(长度、宽度等)是隧道突水突泥规模的影响因素之一。

(3)地层力学性质

隧道穿越断层破碎带时是否发生灾害以及灾害的规模与断层形成的力学性质有关。张性断层内部裂隙存在大量平行裂隙面，当岩体内含有砾岩时，张裂面经常绕过砾石呈现不规则形状，更多的受张拉力作用，断裂面粗糙，常呈锯齿状分布，宽度变化范围大，充填介质一般较为松散，具有较高孔隙率；扭性断层由于形成的过程作用，岩体有一定的延伸距离；压性断层则致密胶结，密度大，岩体孔隙率相对较小。

2.3.2 水文地质因素

(1)自然气象条件

天然状态下，风化断层破碎带裂隙发育，容易接受大气降水及风化裂隙水补给，尤其在我国南方地区，当雨季来临时，隧道渗水明显增大，而旱季蒸发量大于补给量，隧道围岩渗漏水显著减小甚至出现无水状态。这一现象表明，隧址区的季节性自然气象变化对隧道围岩也发挥着一定的作用。隧址区地表如存在江河、湖泊以及水库等水体，当地表水与隧道围岩存在天然或扰动导水通道时，地表水通过通道进入地下水系统，在渗透过程中，对断层介质造成反复交替溶蚀冲击破坏，直接影响断层内部结构体系。断层破碎带是否发生灾害与自然气象条件有关，尤其是位于汇水区的工程，其关系更为紧密，特别是在强降雨季节，更容易发生灾害，从众多工程的涌水量监测可得到验证。

(2)地下水含量

断层破碎带含水量对断层充填介质的影响作用明显，地下水含量越大，对断层充填物的弱化破坏程度及破坏范围越大。在开挖期间，隧道涌水主要来自断层的内部水源，含水量大导致围岩渗水多，灾害发生时破坏性越大。

水源为影响隧道突水突泥规模的另一决定性因素，以断层破碎带内的含水构造及断层补给水系统类型两项作为评价指标，补给水系统类型用补给面积S表示。

根据断层地下水补给类型，将影响隧道的水源分为A、B、C三个类别，断层内存在大型补给来源，且$S \geqslant 10km^2$时，为A类；$5 \sim 10km^2$时，为B类；断层为小型含水构造且补给面积$S \leqslant 5km^2$时，为C类。A类水源是隧道发生大型至特大型突水突泥灾害的必要条件之三，B、C类水源会引发中小型突水突泥灾害。

(3)地下水力学特性

地下水液面在断层破碎带裂隙内为凹形时，固体颗粒受地下水的浮力为：

$$Q = \frac{2f_w \cos\theta}{r} \tag{2-1}$$

式中：f_w——液体表面张力(Pa)；

θ——湿润角(rad)。

毛细水的上升高度为:

$$H_w = \frac{2f_w \cos\theta}{rg\rho_w} \tag{2-2}$$

式中:r——裂隙尺寸半径(m);

ρ_w——地下水密度(kg/m^3)。

由上式可知,地下水的上升高度与裂隙半径负相关,断裂面闭合性越好,地下水的上升能力越强,即岩体的阻水性越好。

地下水分为动水压与静压力两种作用方式,两者共同作用影响隧道围岩性质,动水压力对岩体施加冲击力,岩土体的强度不断衰减,在岩土体的松散区域内,动水会对颗粒施加体积力,使土体颗粒在渗导水通道中发生迁移,增加岩体孔隙率使岩体破坏。静水压力使岩体的有效应力减小,对于存在裂隙的岩体,静水压力对裂隙起扩容作用。

当断层破碎带岩体中的多孔连续介质受动水压作用时,动水压大小为:

$$\tau_d = \gamma_w J \tag{2-3}$$

式中:τ_d——动水压(Pa);

γ_w——地下水重度(kN/m^3);

J——水力梯度(Pa/m)。

当破碎带中的裂隙受动水作用时,水压会对裂隙的垂直方向施加静水压,大小为:

$$\tau_{dl} = \frac{b\gamma_w}{2} J \tag{2-4}$$

式中:τ_{dl}——线动水压(Pa·m);

b——裂隙的宽度(m)。

地下水作用下断层的弱化过程实质上是沿初始断层面的压剪与沿断层对断层断裂面的压剪与拉张过程。因此,断层在弱化过程在扩展区域具有张性特征,在初始断层面具有剪性特征。在弱化的初始阶段,隧道围岩应力增加,对断裂面造成压密影响,此时法向应力为:

$$\sigma_n = \gamma H \cos\alpha \tag{2-5}$$

式中:σ_n——断裂面的法向正应力(Pa);

γ——隧道上覆岩体的重度(kN/m^3);

α——断层破碎带的倾角(°)。

相关研究表明,断裂面顶端的张开位移与总应力和屈服应力的关系为:

$$\delta = \frac{8\sigma_t \alpha}{\pi E} \ln \sec \frac{\pi\sigma}{2\sigma_t} \tag{2-6}$$

式中:δ——断裂面顶端的张开位移(m);

σ——总应力(Pa);

σ_t——屈服应力(Pa);

E——岩体弹性模量(Pa)。

断裂面受地应力 σ_1 与水压力 P 的联合作用时,岩体断裂面外部所受应力大小为:

$$\sigma = P - \sigma_1 \tag{2-7}$$

式中：P——水压力(Pa)；

σ_1——地应力(Pa)。

断层面上地应力为：

$$\sigma_1 = \bar{\gamma} H\cos\alpha \tag{2-8}$$

式中：$\bar{\gamma}$——隧道上覆岩体的平均重度(kN/m^3)；

H——上覆岩体厚度(m)。

将式(2-6)及式(2-7)代入式(2-8)可得岩体在水压作用下裂隙弹性张开位移式为：

$$\delta = \frac{8\sigma_t \alpha}{\pi E}\ln \sec \frac{\pi(P - \bar{\gamma}H\cos\alpha)}{2\sigma_t} \tag{2-9}$$

当断裂面上岩体表现为拉应力时，其所受应力大小为：

$$\sigma = P + \sigma_1 \tag{2-10}$$

裂隙弹性张开位移为：

$$\delta = \frac{8\sigma_t \alpha}{\pi E}\ln \sec \frac{\pi(P + \bar{\gamma}H\cos\alpha)}{2\sigma_t} \tag{2-11}$$

式(2-10)及式(2-11)表明，地下水压、断裂面尺度特征、岩体强度等均会对岩体的破坏失稳产生影响。

地下水径流或渗流路径无规律，水流补给来源丰富多样。地下水力学特性通过断层含水量、水压以及水力联系路径表现出来，地下水是断层发生灾害的基本条件之一，地下水丰富，水源补给充足时，工程更可能发生大规模灾害。含水量较小时，若发生灾害，一般为小规模涌泥，破坏性小。水压是决定断层发生大规模灾害与否的重要影响因素，水压较大时，地下水的动能越大，其产生的能量也就越大，发生灾害的可能越大。

2.3.3 人为因素

除工程地质因素及水文地质因素等自然因素外，影响断层破碎带灾害发生的另一重要因素是人为因素。

(1)勘察设计

在勘察隧道路线时，受目前技术或设备的水平所限，对需要穿越的断层破碎带位置、形态、规模、介质特征、地下水水位以及承压含水体规模等地质特征的情况勘察不到位，使设计人员对隧道所经路线的山体地质状态掌握不到位，所选路线及设计方案不合理。

(2)施工方法

在选择隧道的施工方案时，针对地层条件使用适合的开挖及支护方法能有效地减少发生地质灾害的概率。隧道在施工上分为开挖与支护两方面，开挖方法、工艺、进度与支护形式、材料、跟进速度等对断层破碎带岩体的扰动变形有重要影响，大量的断层破碎带灾害实例表明，根据不同地层岩性以及地质条件，采取不同的方法、工艺及速度能防止围岩产生过大变形。

2.3.4 断层破碎带致灾因素评价

通过与工程地质及水文地质相关影响因素分析突水突泥致灾的控制因素，对各影响因素重要程度进行排序,提出一种致灾因素评价方法,为隧道的路线选择、结构设计及施工提供指导作用。

基于模糊数学理论,采用层次分析法对断层破碎带隧道突水突泥灾害影响因素进行综合分析,将影响控制因素进行等级量化。即根据专家对各评价要素权重的评估,建立判断矩阵,赋予各种评价因素合理权,对各因素之间重要性进行数值量化,建立两级综合评价指标体系,研究不同控制因素的致灾影响程度。

(1)建立评价指标体系

根据致灾影响因素特点,对体系进行等级评价时,将 A 层指标设为工程地质因素、水文地质因素以及人为因素,同时建立二级指标层,对于断层破碎带隧道突水突泥致灾因素评价建立结构层次模型,如图 2-7 所示。

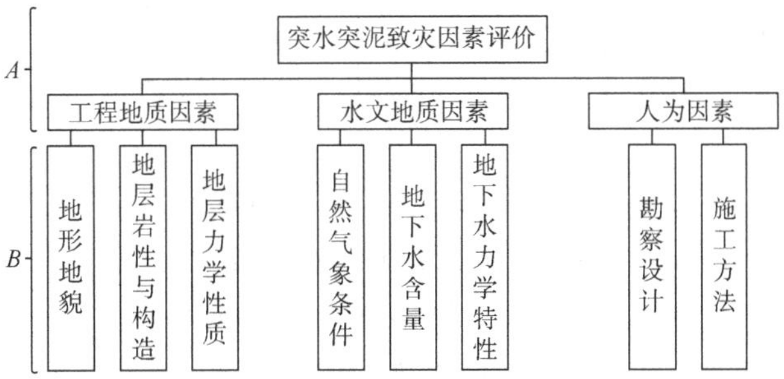

图 2-7　突水突泥致灾因素评价结构层次模型

(2)评价权重确定

根据大量断层破碎带突水突泥灾害案例实际情况及专家意见,结合层次模型结构,对评价影响因素建立比较判断矩阵,将 a_{ii} 的权重定义为 1。

$$A=\begin{pmatrix}1 & \cdots & a_{1j}\\ \vdots & & \vdots\\ a_{i1} & \cdots & \end{pmatrix}\tag{2-12}$$

对各行要素求平均值:

$$x_i=\frac{1}{n}\sum_{j=1}^{n}A(a_{ij})\qquad(i=1,2,3)\tag{2-13}$$

得到权向量:

$$w=(x_1,x_2,\cdots,x_n)^{\mathrm{T}}\tag{2-14}$$

构造一级指标与总目标(突水突泥致灾因素评价)之间的比较判断矩阵,通过专家意见,认为工程地质因素与水文地质因素对断层破碎带突水突泥致灾影响具有同等地位,而人为因素则相对较小,得到 A 层指标因素之间的比较判断矩阵:

$$A=\begin{pmatrix}1 & 1 & 5\\ 1 & 1 & 5\\ 1/5 & 1/5 & 1\end{pmatrix}$$

二级因素的比较判断矩阵：

$$B_1=\begin{pmatrix}1 & 1/4 & 1/3\\ 4 & 1 & 2\\ 3 & 1/2 & 1\end{pmatrix}\quad B_2=\begin{pmatrix}1 & 1/5 & 1/3\\ 5 & 1 & 2\\ 3 & 1/2 & 1\end{pmatrix}\quad B_3=\begin{pmatrix}1 & 3\\ 1/3 & 1\end{pmatrix}$$

判断矩阵建立之后，采用求各法对其进行归一化处理，将矩阵中的各因素除以各列的和，得到矩阵 A'、B'_1、B'_2、B'_3如下：

$$A'=\begin{pmatrix}0.455 & 0.455 & 0.455\\ 0.455 & 0.455 & 0.455\\ 0.09 & 0.09 & 0.09\end{pmatrix}\quad B'_1=\begin{pmatrix}0.125 & 0.143 & 0.1\\ 0.5 & 0.571 & 0.6\\ 0.375 & 0.286 & 0.3\end{pmatrix}$$

$$B'_2=\begin{pmatrix}0.111 & 0.118 & 0.09\\ 0.556 & 0.589 & 0.6\\ 0.333 & 0.294 & 0.3\end{pmatrix}\quad B'_3=\begin{pmatrix}0.75 & 0.75\\ 0.25 & 0.25\end{pmatrix}$$

得到权向量：

$$w=(0.455,0.455,0.09)^{\mathrm{T}}$$
$$w_1=(0.123,0.557,0.32)^{\mathrm{T}}$$
$$w_2=(0.106,0.582,0.309)^{\mathrm{T}}$$
$$w_3=(0.75,0.25)^{\mathrm{T}}$$

(3)一致性检验

用一致性指标 CI 衡量一致程度：

$$CI=\frac{\lambda_{\max}-n}{n-1} \tag{2-15}$$

$$\lambda_{\max}=\sum_{i=1}^{n}\sum_{j=1}^{n}A(a_{ij})x_i \tag{2-16}$$

对于上式，采用指标 RI 对 CI 值进行修正，RI 的取值见表 2-5。

平均随机一致性指标 *RI* 表 2-5

n	1	2	3	4	5	6	7	8	9
RI	0	0	0.58	0.9	1.12	1.24	1.32	1.41	1.45

$$CR=\frac{CI}{RI} \tag{2-17}$$

根据 $AW=\lambda W$ 可知：

$$Aw=\begin{pmatrix}1 & 1 & 5\\ 1 & 1 & 5\\ 1/5 & 1/5 & 1\end{pmatrix}\begin{pmatrix}0.455\\ 0.455\\ 0.09\end{pmatrix}=(1.36,1.36,0.272)^{\mathrm{T}},\lambda_{\max}^{A}=2.992$$

同理可得：

$$B_1w_1=(0.369,1.689,0.968)^{\mathrm{T}},\lambda_{\max}^{B_1}=3.025$$
$$B_2w_2=(0.325,1.73,0.918)^{\mathrm{T}},\lambda_{\max}^{B_2}=2.973$$
$$B_3w_3=(1.5,0.5)^{\mathrm{T}},\lambda_{\max}^{B_3}=2$$

根据式(2-15)可得：

$$CI^{A}=\frac{3-3}{3-1}=0, CI^{B_1}=0.0125, CI^{B_2}=0, CI^{B_3}=0$$

由式(2-17)及表2-5可得：

$$CR^{A}=0, CR^{B_1}=0.02, CR^{B_2}=0$$

(4)二级指标及总目标的影响权值

方案层的所有影响因素对总目标(目标层)的重要次序,在单排序的前提下进行致灾因素评价的层次总排序,可得到二级指标。

各影响因素对总目标的影响权值：

$$V_{Bi}=W_{Ai}\times W_{Bj} \tag{2-18}$$

式中：W_{Ai}、W_{Bj}——一、二级指标的权向量；

V_{Bi}——各影响因素对总目标的影响权值。

根据式(2-18)可得到各影响因素的影响权值：

$$V_{B1}=0.455\times 0.123=0.056$$

$$V_{B2}=0.455\times 0.557=0.253$$

$$V_{B3}=0.455\times 0.32=0.146$$

$$V_{B4}=0.455\times 0.106=0.048$$

$$V_{B5}=0.455\times 0.582=0.265$$

$$V_{B6}=0.455\times 0.309=0.141$$

$$V_{B7}=0.09\times 0.75=0.07$$

$$V_{B8}=0.09\times 0.25=0.02$$

由表2-6可知,二级影响因素中,断层破碎带突水突泥致灾影响因素为：地下水含量 > 地层岩性与构造 > 地层力学性质 > 地下水力学特性 > 勘察设计 > 地形地貌 > 自然气象条件 > 施工方法。

影响权值 表2-6

因素	V_{B1}	V_{B2}	V_{B3}	V_{B4}	V_{B5}	V_{B6}	V_{B7}	V_{B8}
权值	0.056	0.253	0.146	0.048	0.265	0.141	0.07	0.02

第3章 断层破碎带突水突泥灾变模型与试验研究

断层破碎带突水突泥实质上是在地应力及水压力联合作用下岩体不断形变失稳的过程，该过程受地质环境、地下水与土体的耦合作用以及岩土体受力状态等多方面作用共同影响。本章基于岩体的时效损伤本构模型，考虑地下水对岩土体的弱化作用，建立了断层破碎带突水突泥致灾突变模型，揭示了临灾判据及条件；分别研发了多次性灾害小型模拟试验系统与新型大比例真三维地质模型试验系统，研究了断层破碎带突水突泥灾变演化过程中多物理场信息的变化规律，分析了地质灾变体形态变化，研究了隧道突水突泥的时效特性，揭示了工程扰动及地下水综合作用下围岩活化机制。

3.1 突水突泥致灾突变模型研究

3.1.1 突水突泥灾变概述

在富水断层破碎带中开挖隧道时，岩土体的灾变过程是隧道围岩在地应力与水压力的联合作用下发生破坏并使突水突泥通道不断扩展变化的过程。岩土体在局部范围内所受的变形阻力取决于断层充填介质的黏性与通道形成空间展布状态，通道越少，宽度越小，发生突水突泥的阻力越大，即断层破碎带的变形情况也影响着突水突泥过程。

岩土体的弱化与位移形变是隧道突水突泥前兆的两种主要表现方式，而是否发生灾害以及灾害规模取决于断层破碎带岩体的能量释放值。隧道开挖过程中，岩土体的弹性模量、泊松比、刚度等力学参数以及孔隙率、颗粒损失等物理性能参数均发生改变，当岩体发生结构性破坏时，积聚的能量得到释放，隧道围岩就会发生塌方或突水突泥等地质灾害。

开挖过程中的渗流压力、应力应变、涌出物以及位移等参数可以反映断层破碎带岩体的变化状态。渗流压力方面，在未揭露断层前，渗流压力变化较为稳定，随开挖面临近断层破碎带，渗流压力呈上升趋势，离开挖面越近，其波动越明显，反之，其变化则相对平缓。围岩在经历一定时间的渗透破坏后，对断层整体的渗流都有所影响，渗流压力急剧下降时发生突变；随着掌子面的不断推进，位移呈上升趋势，而距离掌子面较远处，其位移变化则较小，当位移达到一定数值后，围岩即发生破坏，位移范围决定了灾变影响区域；应力应变关系受岩土体完整性、颗粒间作用方式、级配情况等因素影响，岩土体有自身的不均匀性，不同位置的岩土体的结构稳定性不同，当稳定性差的岩土体所受应力变大时，该位置容易发生失稳破坏。

3.1.2 断层破碎带工程地质模型

在岩土体的各物理场作用下围岩发生位移，当位移达到一定程度后，围岩失去承载能力而发生灾害，由此可知，研究断层破碎带岩土体结构的失稳机理能够很好地解释突水突泥灾变机理。断层破碎带岩土体突水突泥灾害具有明显的突变性及非线性特征，突变理论可以很好地解释系统的这种突变性。

断层破碎带突水突泥灾害的发生与地下水对岩土体介质的弱化作用密切相关，应力-应变全过程曲线能够很好地描述岩石的这种弱化失稳过程，在弱化过程中岩土体内部连续产生损伤直至破坏。由于断层破碎带岩土体极不均匀，强度分布也有所不同，其符合标准正态分布，即在变形初期，少量强度较低的岩土体发生破坏；变形中期，岩土体大量破坏，破坏特征明显；变形后期，未被破坏的高强度部分岩土体少量存在。

以断层破碎带为研究对象，岩土体在没有受到地下水弱化破坏之前具有相当程度的自承载能力，将上部未泥化的岩土体称为承载岩体，将在地下水作用下发生强度降低、岩质泥化的岩体称为泥化岩体，将断层破碎带分为两部分，系统研究扰动作用下断层破碎带突水突泥的灾变机理。

泥化岩体与承载岩体组合而成的力学系统是非线性的，其作用特性是由两部分共同决定的。运用突变理论描述泥化岩体与承载岩体力学系统在应力作用下的非连续灾变演化过程，断层破碎带岩体所受荷载包括初始荷载和扰动荷载，初始荷载主要为原始地应力，扰动荷载为水压力以及地下水弱化岩土体产生的荷载。

研究泥化岩体与承载岩体共同作用下的失稳机制，对于分析隧道围岩压力由缓慢增加到突然失稳的过程具有十分重要的作用。对于具有弱化性质的岩土体而言，应变弱化阶段，应力与应变之间存在非线性关系，加压初始阶段，岩土体处于稳定状态，随着应力缓慢增大，在岩土体的失稳阶段，位移变化速率减小，直到出现失稳破坏，不同介质的本构曲线如图 3-1 所示。

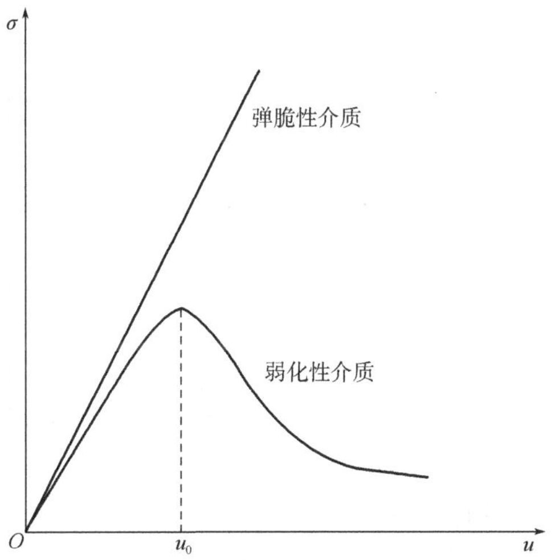

图 3-1 不同介质的本构曲线

断层破碎带工程地质模型如图 3-2 所示。断层破碎带在上下盘以及地下水的综合作用下,具有较高的初始地应力和渗透性。根据断层破碎带的破坏特征将断层由下而上分为泥化岩体及未泥化岩体。隧道开挖导致地下水渗流路径发生改变,向掌子面附近聚集,逐渐出现集中涌水,使隧道周围岩体结构遭到破坏,断层充填介质在地下水的弱化作用下发生崩解破坏,经过一段时间的充水饱和后,隧道临空面围岩逐渐失稳并破坏,突水突泥灾害使弱化范围不断向上扩展最终发展为整体破坏。

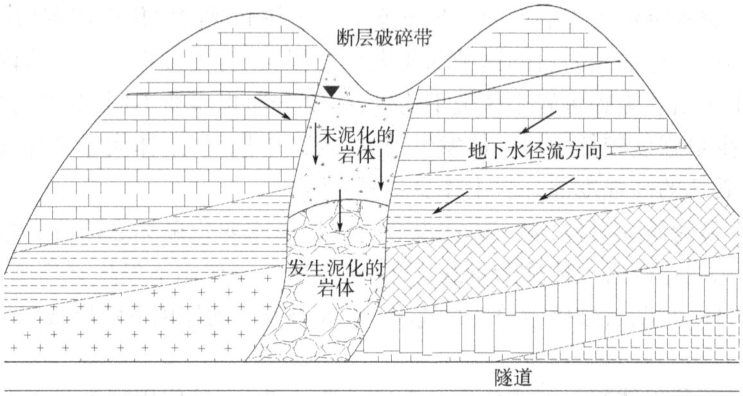

图 3-2 断层破碎带工程地质模型

3.1.3 模型简化及条件假设

对于依托工程钟家山,断层破碎带与地表联系紧密,断层岩体内部裂隙内多以松散充填物为主,断层破碎带所产生的构造应力较小,相比竖向应力,可忽略不计,因此进行力学模型简化时未考虑水平方向的小主应力作用。随着开挖面的推进,地下水对围岩的影响范围不断扩大,岩体裂隙及渗、导水通道逐渐发展,在岩体变化过程中,断层破碎带泥化范围不断向远离隧道方向扩展。将断层破碎带岩体泥化扩展过程及受力状态简化为柱状体,如图 3-3 所示。

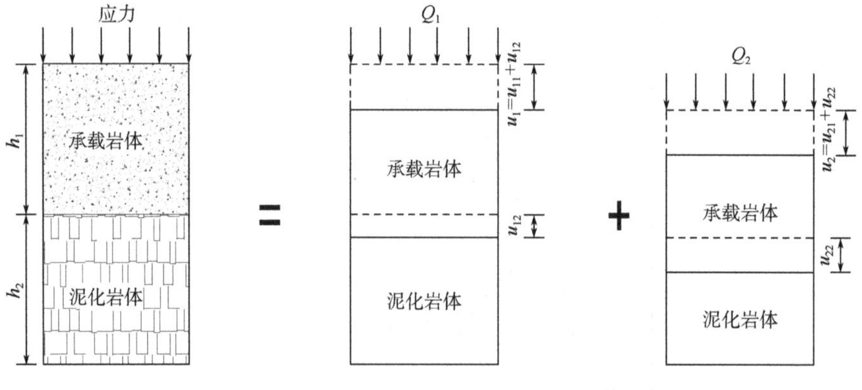

图 3-3 断层破碎带岩体系统的力学模型

根据上述分析,现对模型进行如下假设:

(1)将断层破碎带所受荷载等效至力学模型的顶部。

(2)考虑未开挖扰动前地下水对岩体的弱化作用(初始损伤),以开挖时断层岩体的地层状态为初始状态。

(3)断层岩体可压缩且各向同性,其中,承载岩体在应力作用下按弹性介质处理,服从胡克定律,对于泥化岩体需要考虑黏弹性及损伤特性,假设强度分布满足威布尔分布。

(4)忽略地下水对断层破碎带岩体的不均匀影响。

3.1.4 系统势能建立

为建立能表征岩土体变形破坏特征的理论模型,对应力作用下岩土体位移变化所产生能量进行研究,从而得到系统破坏的临灾判据,因此选取岩体的变形作为状态变量。

为表征断层破碎带岩体在位移变形过程中的非线性,选取竖向单元体进行应力及位移变化分析,岩土体未变化之前承载岩体与泥化岩体高度分别为 h_1、h_2,系统所受初始荷载与扰动荷载分别为 Q_1、Q_2,岩土体在初始荷载与扰动荷载作用下承载岩体与泥化岩体产生的位移量分别为 u_{11}、u_{12}和 u_{21}、u_{22}。

针对断层破碎带岩体特点,建立如下模型对破碎带软弱岩土体发生位移过程中的能量进行描述:

$$U = \lambda_1 u_0 \left[u_0 - (u_0 + u_{12}) \exp\left(-\frac{u_{12}}{u_0}\right) \right] + \frac{1}{2} k_1 (u_1 - u_{12})^2 +$$

$$\int_{u_{12}}^{u_{12}+u_{22}} \left\{ \exp\left(-\frac{u^m}{u'_0}\right) \left[\lambda_2 u + \gamma \frac{\mathrm{d}u}{\mathrm{d}t} \left(1 - \exp^{-\frac{\lambda_2}{\gamma}}\right) \right] \right\} \mathrm{d}u + \frac{1}{2} k_2 (u_2 - u_{22})^2 \quad (3\text{-}1)$$

式中:U——岩土体产生的能量(J);

u_0——峰值荷载所对应的位移值(m);

k_1、k_2——初始荷载及扰动荷载作用下承载结构的刚度(N/mm);

u_1、u_2——系统在初始及扰动荷载下的整体位移(mm);

λ_1——初始荷载作用下泥化岩体的初始刚度(N/mm);

λ_2——扰动荷载作用下泥化岩体的初始刚度(N/mm);

$u'_0 = u_{00} h_2^{m-1}$,u_{00}处于扰动荷载振幅对应泥化围岩的位移值和平均值之间(m);

m——威布尔分布中曲线的形状参数,与岩土体强度相关;

t——时间参数(s)。

3.1.5 非线性 $u-U$ 模型的建立

为确定建立的岩体能量表达式(3-1)中的各参数,通过分析岩土体在位移过程中的突变机理,通过公式中的参数与目前已获得岩土体力学参数得到断层破碎带突水突泥临灾判据。

(1)初始荷载作用下系统能量

承载岩体具有弹性性质,初始荷载 Q_1 与位移 u_{11} 的关系为:

$$Q_1 = k_1 u_{11}$$

$$k_1 = ES/h_1 \quad (3\text{-}2)$$

式中:E——初始荷载状态下承载岩体的弹性模量(MPa);

h_1——承载岩体高度(m);

S——断层破碎带计算平面面积(m^2)。

对于断层破碎带泥化岩体，其具有松散破碎的特点，需要考虑初始损伤，该本构关系是具有弱化性质的非线性关系，应力与应变的关系为：

$$\sigma = E\varepsilon \exp\left(-\frac{\varepsilon}{\varepsilon_0}\right) \tag{3-3}$$

上式可表示为初始荷载 Q_1 与相应的泥化岩体位移 u_{12} 的关系：

$$Q_1 = \lambda_1 u_{12} \exp\left(-\frac{u_{12}}{u_0}\right) \tag{3-4}$$

式中：λ_1——岩体初始刚度，$\lambda_1 = E_1 S/h_2$；

E_1——初始荷载作用下泥化岩体的初始弹性模量(MPa)。

初始荷载作用下的整体位移为 $u_1 = u_{11} + u_{12}$，系统的势函数为：

$$U_1 = \int_0^{u_{11}} Q_1 \mathrm{d}u + \int_0^{u_{12}} Q_1 \mathrm{d}u = \int_0^{u_{11}} k_1 u_{11} \mathrm{d}u + \int_0^{u_{12}} \left[\lambda_1 u_{12} \exp\left(-\frac{u_{12}}{u_0}\right)\right] \mathrm{d}u \tag{3-5}$$

对上式积分并将 $u_{11} = u_1 - u_{12}$ 代入得：

$$U_1 = \lambda_1 u_0 \left[u_0 - (u_0 + u_{12}) \exp\left(-\frac{u_{12}}{u_0}\right)\right] + \frac{1}{2} k_1 (u_1 - u_{12})^2 \tag{3-6}$$

(2)扰动荷载作用下系统能量

与(1)部分同理，扰动荷载 Q_2 与承载岩体的位移 u_{21} 的关系为：

$$\begin{gathered} Q_2 = k_2 u_{21} \\ k_2 = E_C S/h_1 \end{gathered} \tag{3-7}$$

式中：E_C——扰动荷载作用下承载岩体的弹性模量(MPa)。

考虑系统在初始荷载作用的基础上加入扰动荷载 Q_2，泥化岩体在地下水作用下产生弱化受损，且同时具备黏性特点，现将其损伤与黏性的本构关系进行合并，损伤体的微元强度分布函数满足双参数威布尔分布 $W(m, a)$，则其应力-应变本构关系可转化为：

$$\sigma = \mathrm{e}^{-\left(\frac{\varepsilon}{\varepsilon_0}\right)^m} \left[E_2 \varepsilon + \left(1 - \mathrm{e}^{-\frac{E_2 \varepsilon}{\eta \varepsilon}}\right) \eta \frac{\mathrm{d}\varepsilon}{\mathrm{d}t}\right] \tag{3-8}$$

式中：η——岩体的黏性系数；

E_2——扰动荷载下泥化岩体的初始弹性模量(MPa)。

式(3-8)可以在一个较窄的范围内描述断层破碎带岩体的本构关系，式(3-7)可表示为扰动荷载 Q_2 与泥化岩体的位移 u_{22} 的关系：

$$Q_2 = \exp\left(-\frac{u_{22}^m}{u_0'}\right)\left[\lambda_2 u_{22} + \gamma \frac{\mathrm{d}u_{22}}{\mathrm{d}t}\left(1 - \mathrm{e}^{-\frac{\lambda_2}{\gamma}}\right)\right] \tag{3-9}$$

式中：$\gamma = \eta S/h_2$；

$\lambda_2 = E_2 S/h_2$；

$u_0' = u_{00} h_2^{m-1}$。

系统在扰动荷载下的整体位移为 $u_2 = u_{21} + u_{22}$，扰动荷载下系统的总能量：

$$\begin{aligned} U_2 &= \int_0^{u_{21}} Q_2 \mathrm{d}u + \int_{u_{12}}^{u_{12}+u_{22}} Q_2 \mathrm{d}u \\ &= \int_{u_{12}}^{u_{12}+u_{22}} \left\{\exp\left(-\frac{u^m}{u'_0}\right)\left[\lambda_2 u + \gamma \frac{\mathrm{d}u}{\mathrm{d}t}\left(1 - \mathrm{e}^{-\frac{\lambda_2}{\gamma}}\right)\right]\right\} \mathrm{d}u + \frac{1}{2} k_2 (u_2 - u_{22})^2 \end{aligned} \tag{3-10}$$

由式(3-6)及式(3-10)可得系统在初始荷载及扰动荷载共同作用下的系统总能量为 $U = U_1 + U_2$，由此得到式(3-1)能量表达式。

3.1.6　临灾判据确定

(1)平衡方程确定

断层破碎带岩体失稳破坏发生灾害的主要影响因素是地下水对岩土体的泥化作用产生的位移，即系统在扰动荷载作用下产生的形变，因此选取 u_{22} 为状态变量。根据突变理论由 $\mathrm{grad}U = 0$，可得平衡曲面 M：

$$\begin{aligned}\mathrm{grad}_{u_{22}}U &= \mathrm{grad}_{u_{22}}(U_1 + U_2)\\ &= \frac{\mathrm{d}\left(\int_{u_{12}}^{u_{12}+u_{22}}\left\{\exp\left(-\frac{u^m}{u_0'}\right)\left[\lambda_2 u + \gamma\frac{\mathrm{d}u}{\mathrm{d}t}\left(1-\mathrm{e}^{-\frac{\lambda_2}{\gamma}}\right)\right]\right\}\mathrm{d}u + \frac{1}{2}k_2(u_2-u_{22})^2\right)}{\mathrm{d}u_{22}}\\ &= \exp\left[-\frac{(u_{12}+u_{22})^m}{u_0'}\right]\left[\lambda_2(u_{12}+u_{22}) + \gamma\frac{\mathrm{d}u_{22}}{\mathrm{d}t}\left(1-\mathrm{e}^{-\frac{\lambda_2}{\gamma}}\right)\right] - k_2(u_2-u_{22})\\ &= 0\end{aligned} \tag{3-11}$$

令 $\frac{\mathrm{d}u_{22}}{\mathrm{d}t} = u_{22}'$，根据式(3-11)，得到有可能导致系统发生灾变的奇点集为：

$$\begin{aligned}\mathrm{grad}_{u_{22}}(\mathrm{grad}_{u_{22}}U) = {}&\exp\left[-\frac{(u_{12}+u_{22})^m}{u_0'}\right]\\ &\left\{\lambda_2 - \frac{m(u_{12}+u_{22})^{m-1}}{u_0'}\left[\lambda_2(u_{12}+u_{22}) - \gamma u_{22}'\mathrm{e}^{-\frac{\gamma}{\lambda_2}} - \lambda_2\right]\right\} + k_2\end{aligned} \tag{3-12}$$

上式在尖点处有：

$$\begin{aligned}\mathrm{grad}_{u_{22}}[\mathrm{grad}_{u_{22}}(\mathrm{grad}_{u_{22}}U)] = {}&\exp\left[-\frac{(u_{12}+u_{22})^m}{u_0'}\right]\left[-\frac{m(u_{12}+u_{22})^{m-1}}{u_0'}\right]\cdot\\ &\left\{\lambda_2 - \frac{m(u_{12}+u_{22})^{m-1}}{u_0'}\left[\lambda_2(u_{12}+u_{22}) - \gamma u_{22}'\mathrm{e}^{-\frac{\gamma}{\lambda_2}} - \lambda_2\right]\right\} -\\ &\exp\left[-\frac{(u_{12}+u_{22})^m}{u_0'}\right]\left\{\left[\frac{m(m-1)(u_{12}+u_{22})^{m-2}}{u_0'}\right]\cdot\right.\\ &\left[\lambda_2(u_{12}+u_{22}) - \gamma u_{22}'\mathrm{e}^{-\frac{\gamma}{\lambda_2}} - \lambda_2\right] +\\ &\left.\left[\frac{m(u_{12}+u_{22})^{m-1}}{u_0'}\right]\lambda_2\right\}\\ = {}&0\end{aligned} \tag{3-13}$$

式(3-13)简化后为：

$$\begin{aligned}\mathrm{grad}_{u_{22}}[\mathrm{grad}_{u_{22}}(\mathrm{grad}_{u_{22}}U)] = {}&\exp\left[-\frac{(u_{12}+u_{22})^m}{u_0'}\right]\cdot\\ &\left\{-\lambda_2\frac{2m(u_{12}+u_{22})^{m-1}}{u_0'} + \left[\lambda_2(u_{12}+u_{22}) - \gamma u_{22}'\mathrm{e}^{-\frac{\gamma}{\lambda_2}} - \lambda_2\right]\cdot\right.\\ &\left.\left[\frac{m^2(u_{12}+u_{22})^{2m-2}}{u_0^2} - \frac{m(m-1)(u_{12}+u_{22})^{m-2}}{u_0'}\right]\right\}\\ = {}&0\end{aligned} \tag{3-14}$$

得到尖点处：
$$(u_{12}+u_{22})^m=\frac{m-1}{m}u_0'$$
$$u_{22}=[u_0'm/(m-1)]^{\frac{1}{m}}-u_{12}=u \tag{3-15}$$

利用变量替换法和 Taylor 展开对状态变量 u_{22} 将式(3-11)在尖点处展开并截至三次项：

$$\left(\exp\left[-\frac{(u_{12}+u_{22})^m}{u_0'}\right]\left\{\lambda_2-\frac{m(u_{12}+u_{22})^{m-1}}{u_0'}\left[\lambda_2(u_{12}+u_{22})-\gamma u_{22}'e^{-\frac{\gamma}{\lambda_2}}-\lambda_2\right]\right\}+k_2\right)u_{22}-$$
$$u+\frac{1}{2}\exp\left[-\frac{(u_{12}+u_{22})^m}{u_0'}\right]\left\{-\lambda_2\frac{2m(u_{12}+u_{22})^{m-1}}{u_0'}+\left[\lambda_2(u_{12}+u_{22})-\gamma u_{22}'e^{-\frac{\gamma}{\lambda_2}}-\lambda_2\right]\cdot\right.$$
$$\left.\left[\frac{m^2(u_{12}+u_{22})^{2m-2}}{u_0'^2}-\frac{m(m-1)(u_{12}+u_{22})^{m-2}}{u_0'}\right]\right\}(u_{22}-\tilde{u})^2+\frac{1}{6}\exp$$
$$\left[-\frac{(u_{12}+u_{22})^m}{u_0'}\right]\left[-\frac{m(u_{12}+u_{22})^{m-1}}{u_0'}\right]\cdot$$
$$\left(\left\{-\lambda_2\frac{2m(u_{12}+u_{22})^{m-1}}{u_0'}+\left[\lambda_2(u_{12}+u_{22})-\gamma u_{22}'e^{-\frac{\gamma}{\lambda_2}}-\lambda_2\right]\cdot\right.\right.$$
$$\left.\left[\frac{m^2(u_{12}+u_{22})^{2m-2}}{u_0'^2}-\frac{m(m-1)(u_{12}+u_{22})^{m-2}}{u_0'}\right]\right\}+$$
$$\left\{-\lambda_2\frac{2m(m-1)(u_{12}+u_{22})^{m-2}}{u_0'}+\right.$$
$$\lambda_2\left[\frac{m^2(u_{12}+u_{22})^{2m-2}}{u_0'^2}-\frac{m(m-1)(u_{12}+u_{22})^{m-2}}{u_0'}\right]+$$
$$\left[\lambda_2(u_{12}+u_{22})-\gamma u_{22}'e^{-\frac{\gamma}{\lambda_2}}-\lambda_2\right]$$
$$\left.\left.\left[\frac{m^2(2m-2)(u_{12}+u_{22})^{2m-3}}{u_0'^2}-\frac{2m(m-1)(m-2)(u_{12}+u_{22})^{m-3}}{u_0'}\right]\right\}\right)(u_{22}-\tilde{u})^3$$
$$=0 \tag{3-16}$$

上式可简化为：

$$A(u_{22}-u)+B(u_{22}-u)^2+C(u_{22}-u)^3=0 \tag{3-17}$$

式中：$A=\exp\left[-\frac{(u_{12}+u_{22})^m}{u_0'}\right]\left\{\lambda_2-\frac{m(u_{12}+u_{22})^{m-1}}{u_0'}\left[\lambda_2(u_{12}+u_{22})-\gamma u_{22}'e^{-\frac{\gamma}{\lambda_2}}-\lambda_2\right]\right\}+k_2$

$$B=\frac{1}{2}\exp\left[-\frac{(u_{12}+u_{22})^m}{u_0'}\right]\left\{\begin{array}{l}-\lambda_2\frac{2m(u_{12}+u_{22})^{m-1}}{u_0'}+\left[\lambda_2(u_{12}+u_{22})-\gamma u_{22}'e^{-\frac{\gamma}{\lambda_2}}-\lambda_2\right]\\ \left[\frac{m^2(u_{12}+u_{22})^{2m-2}}{u_0'^2}-\frac{m(m-1)(u_{12}+u_{22})^{m-2}}{u_0'}\right]\end{array}\right\}$$
$$=-\lambda_2\exp\left[-\frac{(u_{12}+u_{22})^m}{u_0'}\right]\frac{m(u_{12}+u_{22})^{m-1}}{u_0'}$$

$$C=\frac{1}{6}\exp\left[-\frac{(u_{12}+u_{22})^{m}}{u_0'}\right]\left[-\frac{m(u_{12}+u_{22})^{m-1}}{u_0'}\right]$$

$$\left\{\begin{array}{l}\left\{-\lambda_2\frac{2m(u_{12}+u_{22})^{m-1}}{u_0'}+\begin{bmatrix}\lambda_2(u_{12}+u_{22})-\\ \gamma u_{22}'\mathrm{e}^{-\frac{\gamma}{\lambda_2}}-\lambda_2\end{bmatrix}\begin{bmatrix}\frac{m^2(u_{12}+u_{22})^{2m-2}}{u_0'^2}-\\ \frac{m(m-1)(u_{12}+u_{22})^{m-2}}{u_0'}\end{bmatrix}\right\}\\ \left\{-\lambda_2\frac{2m(m-1)(u_{12}+u_{22})^{m-2}}{u_0'}+\lambda_2\begin{bmatrix}\frac{m^2(u_{12}+u_{22})^{2m-2}}{u_0'^2}-\\ \frac{m(m-1)(u_{12}+u_{22})^{m-2}}{u_0'}\end{bmatrix}\right.\\ \left.+\left[\lambda_2(u_{12}+u_{22})-\gamma u_{22}'\mathrm{e}^{-\frac{\gamma}{\lambda_2}}-\lambda_2\right]\begin{bmatrix}\frac{m^2(2m-2)(u_{12}+u_{22})^{2m-3}}{u_0'^2}-\\ \frac{2m(m-1)(m-2)(u_{12}+u_{22})^{m-3}}{u_0'}\end{bmatrix}\right\}\end{array}\right\}$$

$$=\frac{1}{6}\exp\left[-\frac{(u_{12}+u_{22})^{m}}{u_0'}\right]\left[-\frac{m(u_{12}+u_{22})^{m-1}}{u_0'}\right]$$

$$\left\{\begin{array}{l}-\lambda_2\frac{2m(u_{12}+u_{22})^{m-1}}{u_0'}-\lambda_2\frac{2m(m-1)(u_{12}+u_{22})^{m-2}}{u_0'}+\\ \left[\lambda_2(u_{12}+u_{22})-\gamma u_{22}'\mathrm{e}^{-\frac{\gamma}{\lambda_2}}-\lambda_2\right]\begin{bmatrix}\frac{m^2(2m-2)(u_{12}+u_{22})^{2m-3}}{u_0'^2}-\\ \frac{2m(m-1)(m-2)(u_{12}+u_{22})^{m-3}}{u_0'}\end{bmatrix}\end{array}\right\}$$

令 $u_{22}-u=\frac{1}{\sqrt[3]{C}}x-\frac{B}{3C}$代入上式，得到：

$$x^3+px+q=0 \tag{3-18}$$

式中：$p=\frac{1}{\sqrt{C}}\left(A-\frac{B^2}{3C}\right)$；

$q=\frac{-B^2}{3C^2}$。

(2)系统失稳条件

如图3-4所示，式(3-18)是由状态参量 x 以及控制变量 p(初始应力)、q(扰动应力)构成的平衡曲面，该曲面由上、中、下三叶构成。对该平衡曲面进行稳定性分析从而找到势函数的灾变点。

式(3-18)中当 $p>0$ 时，对系统安全性进行分析，得到：

$$A-\frac{B^2}{3C}>0 \tag{3-19}$$

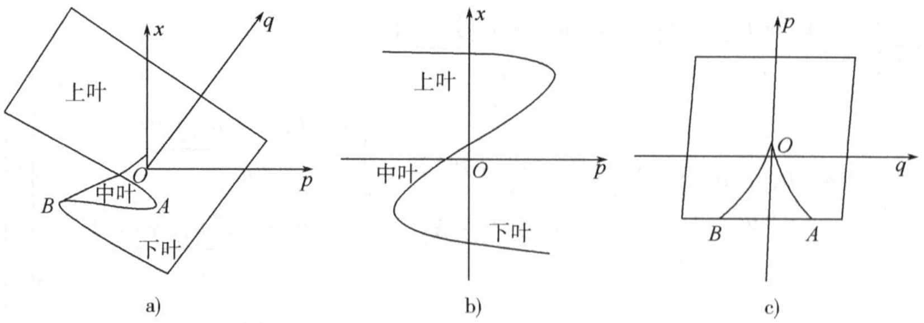

图 3-4　尖点突变模型平衡曲面

由前述可知，$\gamma\geqslant0, u'_{22}\geqslant0, \mathrm{e}^{-\frac{\gamma}{\lambda_2}}\geqslant0, \lambda_2\geqslant0$，因此有：

$$\begin{aligned}A&=\exp\left[-\frac{(u_{12}+u_{22})^m}{u'_0}\right]\left\{\lambda_2-\frac{m(u_{12}+u_{22})^{m-1}}{u'_0}\left[\lambda_2(u_{12}+u_{22})-\gamma u'_{22}\mathrm{e}^{-\frac{\gamma}{\lambda_2}}-\lambda_2\right]\right\}+k_2\\&\leqslant\exp\left[-\frac{(u_{12}+u_{22})^m}{u'_0}\right]\left[\lambda_2-\frac{m(u_{12}+u_{22})^{m-1}}{u'_0}\lambda_2(u_{12}+u_{22})\right]+k_2\\&=\lambda_2\left(1-\frac{m^2}{m-1}\right)\exp\left(-\frac{m}{m-1}\right)+k_2\end{aligned}\tag{3-20}$$

$$\begin{aligned}\frac{3A}{B^2}&=\frac{\frac{1}{2}\left[-\frac{m(u_{12}+u_{22})^{m-1}}{u'_0}\right]\left\{\begin{array}{l}-\lambda_2\frac{2m(u_{12}+u_{22})^{m-1}}{u'_0}-\lambda_2\frac{2m(m-1)(u_{12}+u_{22})^{m-2}}{u'_0}+\\\left[\lambda_2(u_{12}+u_{22})-\gamma u'_{22}\mathrm{e}^{-\frac{\gamma}{\lambda_2}}-\lambda_2\right]\left[\begin{array}{l}\frac{m^2(2m-2)(u_{12}+u_{22})^{2m-3}}{u'^2_0}-\\\frac{m(2m-2)(m-2)(u_{12}+u_{22})^{m-3}}{u'_0}\end{array}\right]\end{array}\right\}}{-\lambda_2\frac{2m(u_{12}+u_{22})^{m-1}}{u'_0}}\\&\leqslant\frac{1}{2}\left\{\begin{array}{l}-\frac{m(u_{12}+u_{22})^{m-1}}{u'_0}+\frac{m(m-1)(u_{12}+u_{22})^{m-2}}{u'_0}+\\\frac{m^2(m-1)(u_{12}+u_{22})^{2m-2}}{u'^2_0}-\frac{m(m-1)(m-2)(u_{12}+u_{22})^{m-2}}{u'_0}\end{array}\right\}\\&=-\frac{m(u_{12}+u_{22})^{m-1}}{2u'_0}+\frac{m(m-1)^2(u_{12}+u_{22})^{m-2}}{2u'_0}+\frac{m^2(m-1)(u_{12}+u_{22})^{2m-2}}{2u'^2_0}\\&=-\frac{m(u_{12}+u_{22})^{m-1}}{2u'_0}\end{aligned}\tag{3-21}$$

$$\frac{B^2}{3C}=\frac{B}{\frac{3C}{B}}\geqslant2\lambda_2\exp\left(-\frac{m}{m-1}\right)\tag{3-22}$$

$$\begin{aligned}A-\frac{B^2}{3C}&>\lambda_2\left(1-\frac{m^2}{m-1}\right)\exp\left(-\frac{m}{m-1}\right)+k_2-\lambda_2\exp\left(-\frac{m}{m-1}\right)\\&=\lambda_2\frac{m^2}{m-1}\exp\left(-\frac{m}{m-1}\right)+k_2>0\end{aligned}\tag{3-23}$$

$$k_2 > \frac{2m^2}{m-1}\lambda_2 u'_0{}^{-\frac{1}{m}} \left(\frac{m}{m-1}\right)^{\frac{2m-2}{m}} \exp\left(-\frac{m}{m-1}\right) - \lambda_2\left(1-\frac{m^2}{m-1}\right)\exp\left(-\frac{m}{m-1}\right) \quad (3\text{-}24)$$

由式(3-15)及式(3-24)得到：

$$\frac{k_2}{\lambda_2} < \frac{m^2}{m-1}\exp\left(-\frac{m}{m-1}\right) \quad (3\text{-}25)$$

将 λ_2及 k_2代入上式，将式(2-25)变为：

$$K = \frac{E_c}{E_2}\cdot\frac{h_2}{h_1} < \frac{m^2}{m-1}\exp\left(-\frac{m}{m-1}\right) = I \quad (3\text{-}26)$$

当式(3-25)处于成立状态时，断层破碎带岩体保持稳定，不会发生突水突泥灾害，反之系统会发生失稳。从式(3-25)中可以看出，判据与扰动作用下承载岩体与泥化岩体的初始弹性模量之比以及泥化岩体与承载岩体厚度之比相关，即系统是否发生灾变由岩土体的力学特性以及岩土体被地下水弱化的范围决定的。由此可知，只有当岩土体具有能够被地下水弱化破坏的特性时，才能使系统发生失稳，隧道会发生突水突泥灾害，且弱化特性越强，系统越容易发生突变。

由式(3-26)可知，E_c与 E_2与之比越大、h_1与 h_2之比越小，系统越容易发生破坏，其表明扰动作用下隧道泥化岩体的初始弹性模量越小、弱化范围越大，隧道发生灾害的可能性越大。

断层破碎带隧道发生突水突泥灾害是由初始应力、扰动应力及岩土体的弱化性质共同决定的，由此可推断出影响系统发生突变失稳的主要影响因素。

3.2　突水突泥灾变演化过程小型模拟试验

3.2.1　模拟试验系统研发

模拟试验系统拟具备功能：

①在高地应力与高水压的耦合作用下密封性较好。

②能够实现对岩土体的参数变化的实时采集。

③能够模拟不同地质条件下(断层破碎带内部存在承压含水体等不良地质)的突水突泥试验。

④在试验进行过程中能够对外部受力(地应力、水压力)状态进行调整。

⑤能够进行多次性突水突泥灾害。

⑥模型安全可靠，能够循环利用，保证试验的安全进行。

试验系统各组成部分能够提供试验所需要的条件，在试验过程中采集各项数据信息，其中试验台是模型试验的主体组成部分，能够满足试验的密封性要求系统如图3-5所示。

图3-5　突水突泥模拟试验系统

(1)模拟试验架

试验架由高强度钢材制成。试验架尺寸为长×宽×

高 = 1640mm × 1040mm × 1720mm，钢板厚为 20mm，底部设有尺寸为 1740mm × 1140mm 的底板。

台架的中部外壁设置横梁，用于与台架共同抵抗试验产生的横向应力，减少试验台架的侧向变形，在台架两侧面各设置一根立柱与其他受力构件形成整体。正面设置位置对称的两个洞径为 92.5mm 的洞口，在侧面中部及底部位置分别设置两个元件引线孔与排水孔，对模型架进行高强度密封。

（2）地应力加载系统

加载水箱设置在模型架的顶部，通过输水管与水源相连。在模型架顶部设置两个液压千斤顶，液压千斤顶作用于加载水箱之上，该水箱既能传递液压千斤顶的压力又能为模型介质提供均匀水压力，如图 3-6 所示。千斤顶施加压力时，由油压泵控制向加载水箱施加压力，加载水箱将所施加的压力均匀施作于模型试验材料上，油压泵上装有压力指示表控制压力。如试验受场地条件限制，部分不足的地应力用加载系统加以补充，见图 3-7。

图 3-6　加载水箱

图 3-7　液压加载系统

(3)水压加载系统

水压加载系统主要包括主供水水箱与梯级压力水箱(即阶段性储水装置)。将供水水箱置于高处,通过抽水泵保持试验地下水的持续供应。供水水箱除与加载水箱通过输水管连接,同时直接通过试验架顶部的供水通道向模型内部供水,以保持模型台架内的相似材料断层区域的水力梯度。阶段性储水装置由 4 个容器组成,容器安装相互具有一定高差,容器间相互不连通,各容器分别通过独立管道与台架连接,能够实现不同位置及不同范围的不良地质体条件下的试验模拟,如图 3-8 所示。

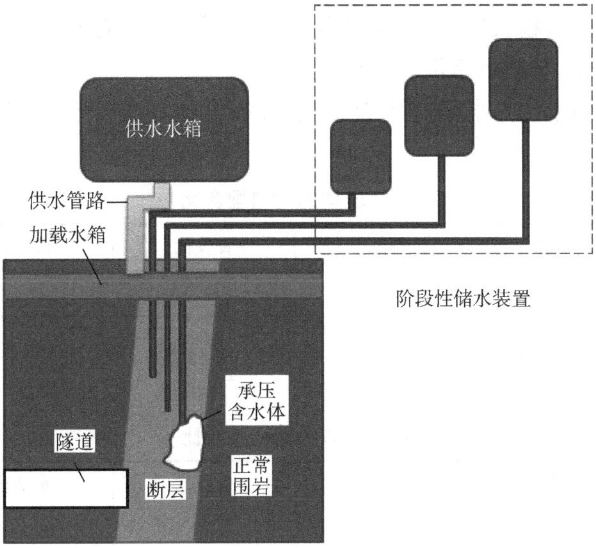

图 3-8 水压加载系统原理示意图

(4)信息监测系统

试验过程中将渗压计、土压计、应变砖以及位移计等数据传感器埋置于重点监测位置,并将其连接至数据采集器(静态电阻应变仪),通过软件对数据进行解译。

3.2.2 突水突泥模拟试验设计

在高地应力及高水压的作用下进行断层破碎带隧道突水突泥试验,在断层破碎带中设置承压地质含水体,分析隧道开挖过程中岩土体的力学性能对能量变化的影响以及突水突泥灾害后岩土体的扰动形态及影响范围。试验前,对地应力、水压力、相似材料性能、元件埋设位置以及模拟地质条件等进行设计,以达到试验目的。

(1)材料研制

在模型试验中,特别是涉及流-固耦合问题,材料的性能对于模型试验结果的客观性起至关重要的作用。本模拟试验涉及突水突泥灾变过程中正常及断层岩体内部位移场以及渗流场等多场演化规律,对材料与水的耦合效应的要求更为突出。试验要求模型体两侧为正常岩体,中间为断层岩体,因此,需要研制两种性质不同的相似材料,其参数见表 3-1。

模型材料的物理力学参数 表 3-1

材料类型	ρ(g/cm^3)	σ_c(MPa)	E(GPa)	k(cm/s)	c(kPa)	φ(°)
正常岩体	2.43 ~ 2.56	0.25 ~ 0.35	0.05 ~ 0.09	8.1×10^{-5} ~ 1.7×10^{-4}	113.62 ~ 171.74	34 ~ 39
断层岩体	1.94 ~ 2.05	0.13 ~ 0.2	0.017 ~ 0.02	9.6×10^{-6} ~ 4.1×10^{-5}	118.53 ~ 159.78	33 ~ 41

正常岩体相似模拟材料要求在应力作用下遇水不软化，试验结束后材料具有一定的强度，能够使围岩保持较好的自稳；断层岩体模拟相似材料则要求具有遇水逐渐软化的性能，试验结束后材料完全成松散体，与地下水混合呈流泥状。

正常岩体材料使用水泥和乳胶作为胶结剂，以级配良好的中砂、重晶石粉以及滑石粉为骨料，详细参数见表 3-2。

正常岩体的材料配合比 表 3-2

砂土比	水灰比	滑晶比	骨胶比	砂灰比	水胶比
1.5 : 1	1.5 : 1	2 : 1	10 : 1	12 : 1	0.8 : 1

断层岩体相似模拟材料的胶结剂使用石蜡油以及石膏，骨料为砂、滑石粉及膨润土，得到的试样详细参数见表 3-3。

断层岩体的材料配合比 表 3-3

砂土比	水膏比	滑润比	骨胶比	水油比	砂膏比
1 : 1	0.8 : 1	2.2 : 1	3.5 : 1	3.5 : 1	6.3 : 1

(2)模型体制作及监测点布置

设计试验填料高度为1.7m，上部设有0.12m厚的加载水箱，隧道上部岩体高度为1.05m，为最大限度地模拟真实地质情况，并充分利用模型试验系统，模型试验设置正常岩体与断层岩体两部分，断层与横向方向夹角为5°，垂直方向90°，断层岩体位置如图 3-9 所示。

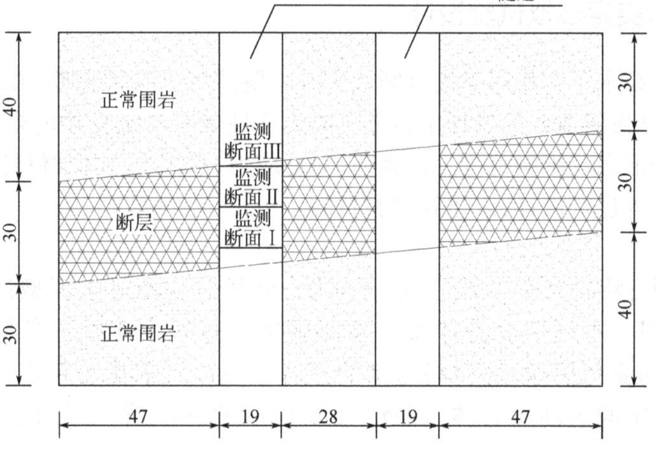

图 3-9 断层岩体布置示意图(尺寸单位：cm)

在试验模型体材料充填过程中,为模拟断层破碎带中的不良地质体,在断层相似材料隧道中间位置埋设含水空腔,尺寸为250mm×100mm×300mm,该空腔空隙率较大,透水性较好。

按照材料配合比配制试验填充材料,分层填筑,模型体制作过程中严格执行材料的充填密度。试验信息监测系统包括数据传感器、静态电阻应变仪以及监测软件,部分监测元件如图3-10所示。

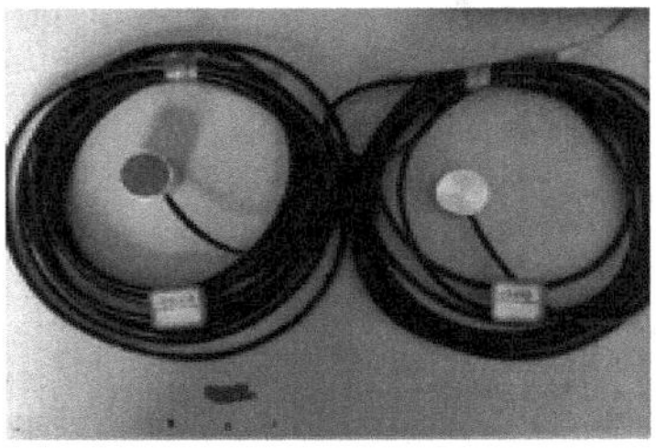

a)渗压及土压计

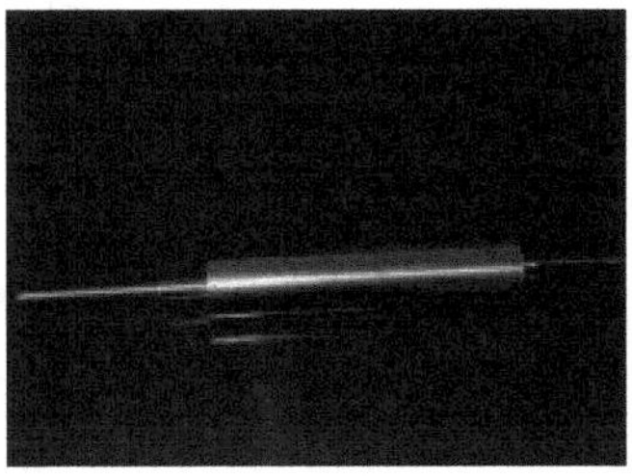

b)位移计

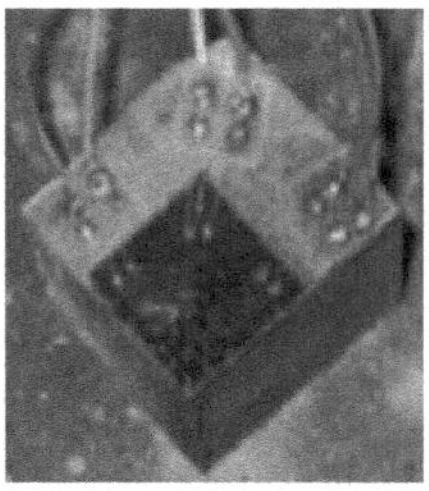

c)应变砖

图3-10 部分监测元件

相似材料填筑及监测元件埋设施作结束后,使用加载系统(地应力、水压力)对模型体施加应力,应力与水压加载初期,监测数据有所响应,出现不规律变化,此阶段模型体在受压状态下变形及吸水饱和,待模型试验数据达到设计初始状态后,开始进行相关试验。

(3)临灾判据验证

为对断层破碎带隧道临灾判据的正确性进行验证,研究岩体的力学性质及弱化范围对断层破碎带岩体灾变过程的影响,进行六组不同条件的试验,分别得到六组不同的试验结果。前三组试验保持地应力不变,改变水头压力,即考虑改变扰动应力对系统的影响,利用液压加载系统将地应力加载至50kPa保持不变,水头压力则分别调整至16kPa,14kPa,12kPa;后三组试验保持水头压力不变,取16kPa,地应力分别调整为63kPa,72kPa,81kPa,通过埋设在模型内部的压力及应变传感器对岩体参数变化信息进行采集。试验过程及结果如图3-11与图3-12所示。

图3-11 隧道开挖

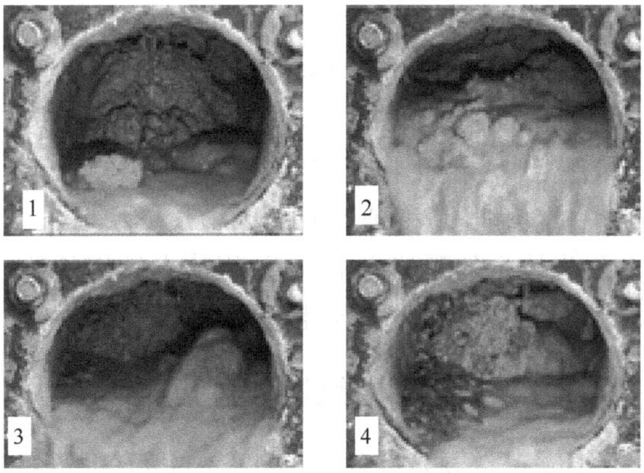

图3-12 突水突泥过程

3.2.3 试验过程岩体受力变形特征

隧道系统在扰动应力与初始应力作用下围岩的应力应变曲线如图3-13所示。分析应力—应变图确定参数 $m, E_c, E_2, h_2/h_1$。其中，m 是通过应力应变曲线对形状参数进行计算获得的，E_2是通过计算应力应变曲线弹性阶段的斜率获得的，E_c是通过断层岩体材料力学性能测试获得的。通过对曲线分析及必要的试算，获得初始弹性模量，计算结果详见表 3-4。

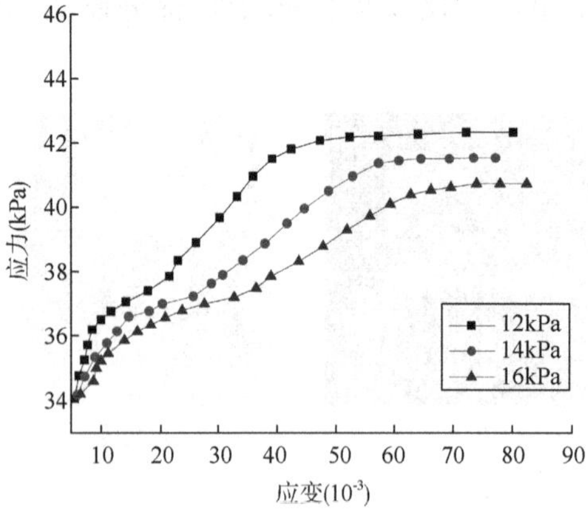

a)扰动应力作用

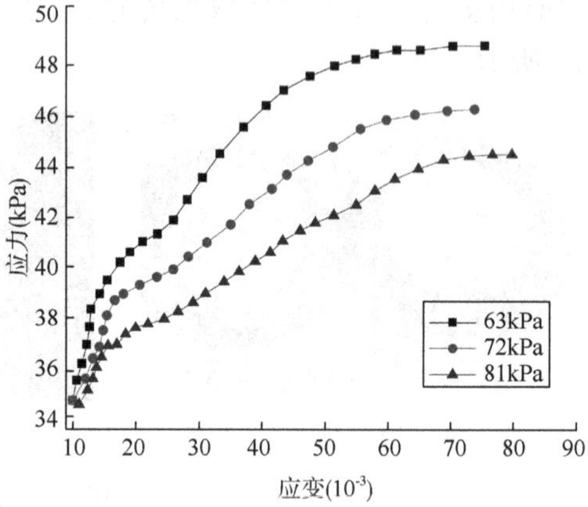

b)初始应力作用

图 3-13　岩体的应力应变曲线

试验参数表　　表 3-4

Q_1(kPa)	Q_2(kPa)	E_c(MPa)	E_2(MPa)	m	h_2/h_1	K	I
50	16	20	12	1.912	0.3	0.667	0.493
50	14	20	13	1.95	0.35	0.538	0.514
50	12	20	14	2.01	0.4	0.571	0.547
63	16	20	13	1.935	0.4	0.615	0.506
72	16	20	14	2.12	0.45	0.643	0.605
81	16	20	15	2.18	0.5	0.667	0.635

试验地下水头高度在 1.2～1.6m 范围内时，系统在荷载作用下发生突水突泥灾害时均为 $K > I$，表明所提出的灾变判据是合理的。

从图 3-13 中可知，无论是在扰动应力或是初始应力作用下，破碎带岩体的应力应变曲线都具有相似的变化特征。随着开挖的进行，地下水逐渐弱化隧道围岩，围岩性能降低，当应力超过一定值时，应变值短时间内增长较快。由于本次试验为三维状态，当岩体处于初期饱水状态时，岩体中的裂隙尚未贯通，岩体有较好的抗变形能力。随着裂隙的贯通，孔隙水对岩体的弱化作用明显，岩体的弹性模量、渗透性等力学性质弱化严重，有利于岩体的变形。

3.2.4　物理场参数响应特征

揭露正常围岩过程中，从图 3-11 可知，开挖面的两台阶均保持了较好的状态，未见明显的不良变化(涌水、颗粒涌出等)。揭露断层后，由于材料具有遇水软化特性，隧道围岩变形明显，在开挖面附近岩体出现松动软化现象，并伴随水流向外涌出。在地应力及地下水作用下，围岩经历了拱顶渗水-股状出水-塌方-突水突泥的过程，如图 3-12 所示。当第一次灾害结束之后，在淤泥堆积体的阻挡作用下，隧道围岩受力进入平衡，在时间作用下，堆积体由于无侧向限制作用再次破坏,第二次灾害发生。如此往复,每次突水突泥都会造成一定区域内围岩松动区的扩大,直到延伸至地表使山顶发生塌陷。开挖扰动引起岩土体各物理场参数发生变化,如渗流压力、应力应变及位移等,各参数相互影响,最终引发突水突泥灾害。

(1)渗流压力影响

图3-14为试验隧道开挖至断层破碎带后Ⅰ、Ⅱ两断面5号监测点的渗流压力随时间的变化曲线。开挖初始正常围岩段压力变化较为稳定,对渗流压力是开挖至断层后的数据信息,采集次数为985次,时间为49min,从图中可以得出如下规律:

①开挖扰动使断层地层孔隙率增大,地下水流动速度加快,进而使围岩渗流压力逐渐增大,Ⅰ、Ⅱ两个断面的渗流压力整体均呈上升趋势,且Ⅰ断面波动幅度比Ⅱ更大。

②涌出物体量与围岩的渗流压力密切相关,随着渗压的增加,固体颗粒体量也有所增长,当渗流发生突变时,突出物质量骤然增加,如图3-14中的1、2、3点所示。

③第一次和第三次突水突泥前,断面Ⅰ监测点渗流压力出现了阶段性峰值,且峰值附近渗压出现的波动更为频繁。

④每次灾害发生时在隧道开挖方向洞周岩体都将进行一次"加荷-卸荷"作用过程,发生加荷作用时,渗流应力增加,表明在每次灾害发生前,岩体的结构性都会遭到一次破坏。

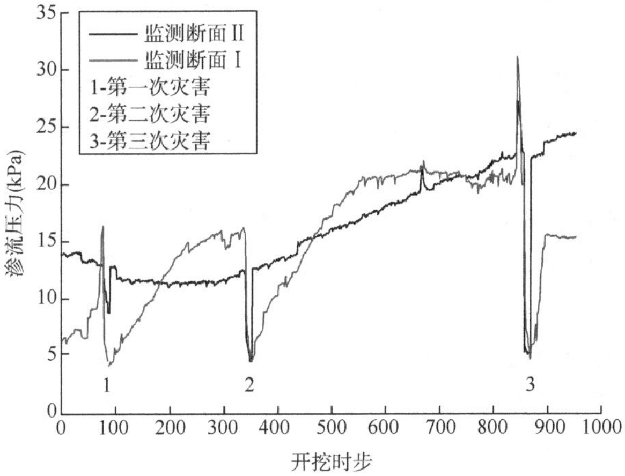

图3-14 渗流压力变化曲线

(2)涌出物影响

图3-15为涌出物不同阶段的变化趋势,采集次数为96次,由图3-15可知:

①随着隧道开挖深度的增加,隧道涌出物质量整体呈上升趋势,突水突泥时达到阶段峰值。

②第一次到第三次灾害发生之前,涌出物在到达峰值之前均有一个明显的下降趋势,结合渗流压力分析可知,在灾害发生之前,岩体的结构遭到破坏,岩体孔隙率减小;而涌出物质量的增加是由于在渗流压力作用下,断层泥不断流失,渗流通道的持续贯通造成的,在此情况下,地应力作用对于突水突泥的影响作用较小。

③对涌出物的特征分析,需要结合其他参数响应信息,如岩体扰动范围,结合突水突泥对断层岩体造成的破坏范围及扰动形态可知突水突泥灾害对断层造成的破坏程度以及地层孔隙

率变化，从而为后续的加固处理范围及充填量进行指导。

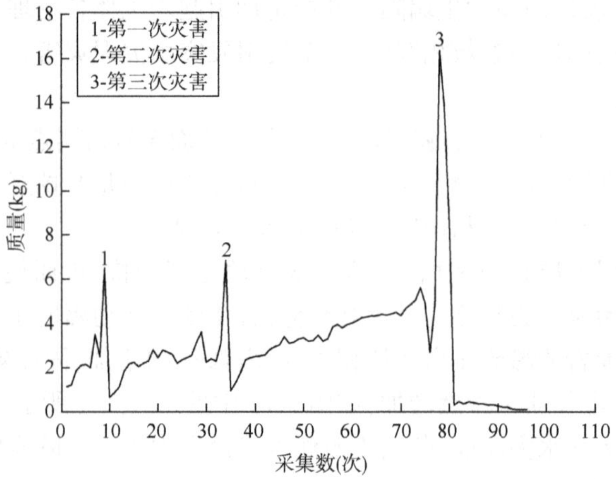

图 3-15　突水突泥量变化曲线

（3）水平位移影响

如上所述，渗流作用引起岩土体变形增大，位移时变曲线如图 3-16 所示，从图 3-16 中可知：

①开挖开始阶段，Ⅰ、Ⅱ监测面出现了负位移的情况，表明该位置出现了向隧道方向的位移，这是因为隧道的开挖使围岩应力得到释放，隧道受到上覆岩体的挤压，拱顶位置竖向位移影响较大。

②对于拱腰位置则是水平方向影响较大，随着应力的不断增大，拱腰水平位移由朝向洞外变为朝向洞内，这是由于下部围岩变得致密，在围压作用下拱腰位置变形方向临空面发生改变。

③灾害发生时，位移也出现了突变，灾害发生一段时间后，位移仍出现较小幅度的增长，且趋于平稳，断面Ⅲ因距离掌子面较远且位于交接处，受影响更小。

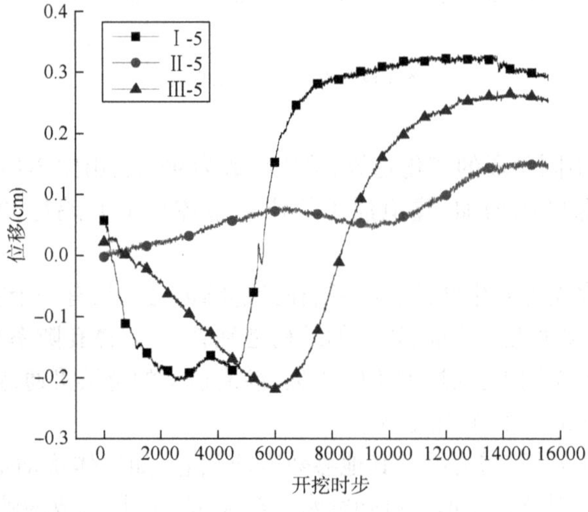

图 3-16　位移时变曲线

(4)应力应变影响

图3-17为隧道开挖过程中的应力应变曲线,如果定义应力起点为零点,围岩应变能为应力-应变曲线下的面积。对图3-17进行分析,可以得到不同围岩作用下应变能,包括断层岩体在静水压力和构造应力等作用下产生的应变能以及动水压力产生的运动势能。

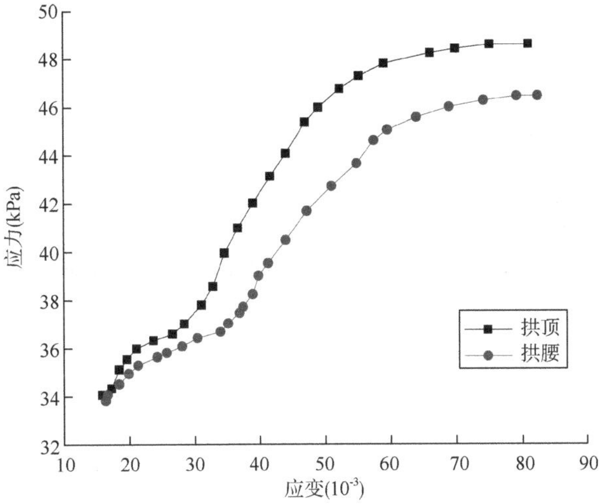

图3-17　开挖过程应力应变曲线

相同相应力状态下,拱腰位置应变比拱顶位置大,弹性模量则是拱腰围岩比拱顶围岩小,表明对于断层破碎带,水压对初始弹性模量的弱化作用明显。由于岩体的不均匀性,隧道围岩不同位置所具有的稳定状态是不同的,低稳定状态的岩体在小扰动作用下就会发生突水突泥灾害,地下水对岩体的弱化过程也可视为一种扰动作用。因此,在实际工程中应该对稳定性差但所受应力大的围岩位置进行重点关注。

3.2.5　岩体扰动形态演化

当突水突泥结束后,断层岩体趋于稳定,打开模型试验架顶部密封板,突水突泥影响范围已经达到模型充填材料顶部形成塌坑,且塌坑范围较大,而在上述突水突泥口位置位于隧道拱顶右侧。试验未能取得最直接的围岩破坏形态,但灾后的治理为低压充填注浆,因此可认为水泥浆充填边界即为试验塌陷区,如图3-18所示。

图3-18　岩土体破坏形态

试验过程中位移能最直观地反映出不同时刻及不同位置岩土体的沉降变形状态,图3-19、图3-20及图3-21分别是三个断面位移监测点布置示意图,现对监测点编号情况做出相关说明,从隧道拱顶开始顺时针定义为1~8,以ⅠZ12为例,Ⅰ为监测断面,Z为左洞,1为1倍洞径,2为右侧拱肩位置,下面分别讨论隧道开挖正常围岩及揭露断层后断层岩体的位移扰动形态变化情况。

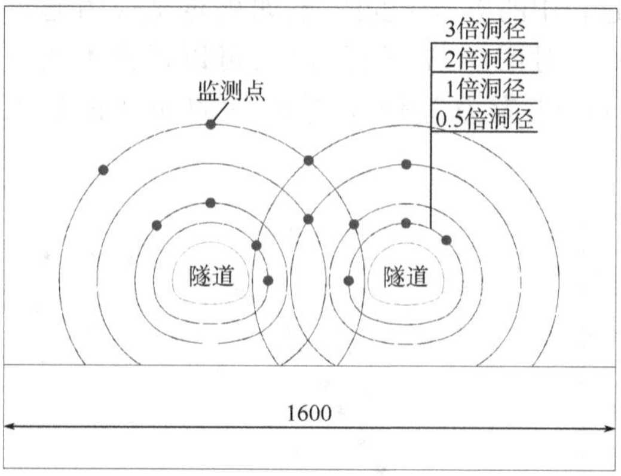

图 3-19　I 断面位移监测点布置示意图(尺寸单位:mm)

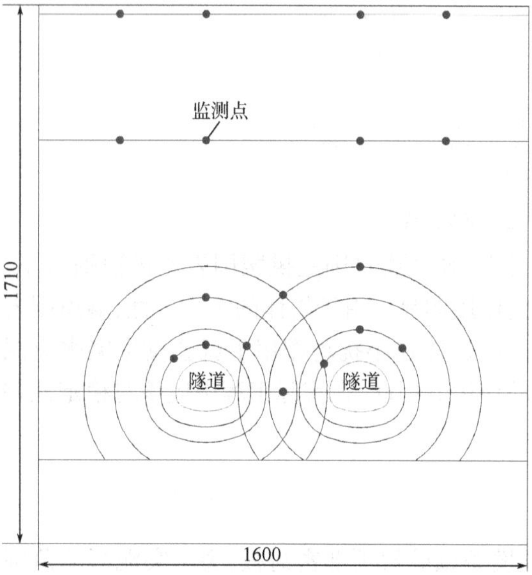

图 3-20　Ⅱ断面位移监测点布置示意图(尺寸单位:mm)

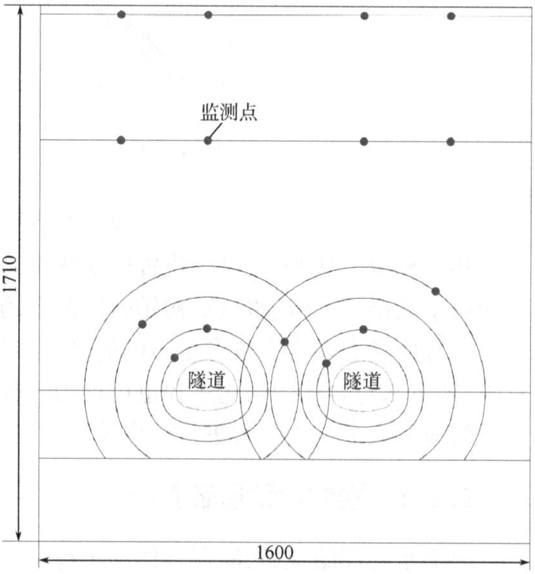

图 3-21　Ⅲ断面位移监测点布置示意图(尺寸单位:mm)

(1)开挖正常围岩

开挖正常围岩时信息采集系统 5s 采集一次,共采集 298 次,耗时约 25min,下面对各位置的岩体位移进行对比分析。

分析图 3-22a)可知,0~28 采集次,位移变化较小,表明开挖初期,岩体基本未发生形变;29 采集次之后,位移开始出现震荡式增长,且数值与其到掌子面的距离成正比,越靠近掌子面的位移值越大。而图 3-22b)则进一步说明了该现象,断层岩体远离隧道开挖轮廓线的顶部监测点 IZ72 与 IZ92 发生了极小的位移且数值基本一致,最大值为 0.014mm。

为直观观察开挖正常围岩时断层岩体的扰动情况,将沉降值设置为负值,对 I 断面典型位置岩体位移状态进行分析说明。图 3-23 为 I 断面部分监测点第 280 采集次(约第 23min)的位移,可以看出,突水突泥口附近及左右洞中间岩体的位移均小于隧道拱顶岩体位移;根据距离隧道开挖轮廓线位置，同一时刻内由上到下岩体发生的位移程度逐次增大，图 3-23 显示，最靠近开挖线的 0.5 倍洞径处大于其他平面，且右侧位移大于左侧，最大值为 0.195mm，为顶部岩体的 13 倍。

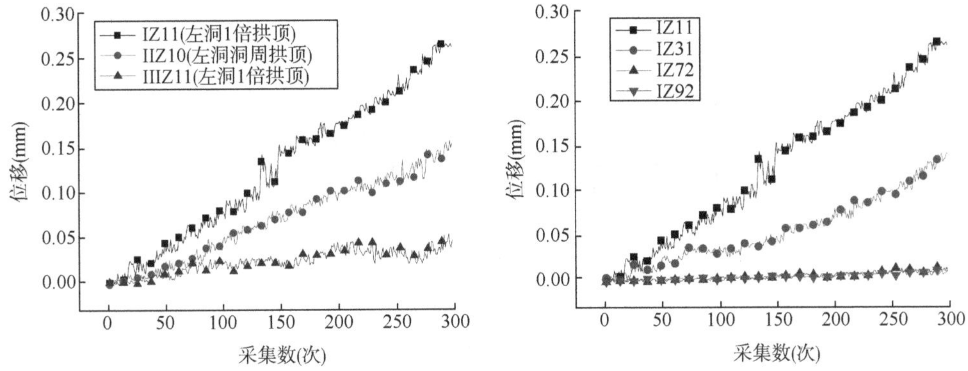

a)相同高度监测点位移曲线　　b)不同高度位移对比曲线

图 3-22　左洞位移对比曲线

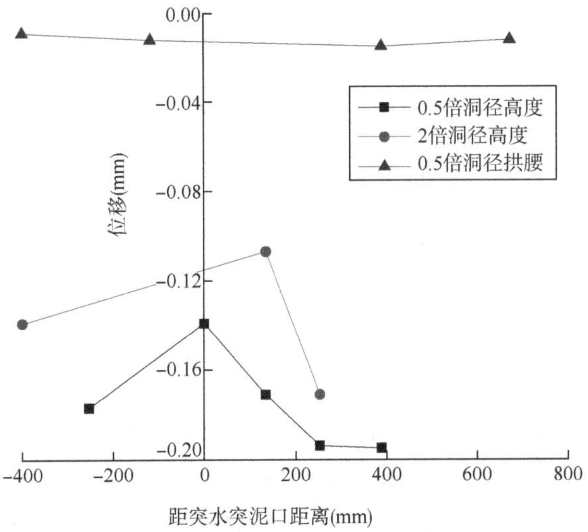

图 3-23　Ⅰ断面部分监测点位移

(2)揭露断层围岩

揭露断层破碎带后，停止开挖，观察数据变化，直至发生突水突泥灾害后进行位移分析。图 3-24 为揭露断层后各监测点位移随时间的变化规律，由图可知，揭露断层后各监测点均保持缓慢增长，发生第一次突水突泥时，ⅠZ18 与ⅠY01 表现相对平稳，其余各点则发生极为明显的跳跃式增长，且越靠近左右洞中间的承压含水体跳跃幅度越大，ⅠZ38 虽然出现了突跳，但是其跳跃幅度较小，表明突水突泥对该区域的影响作用明显变小，Ⅰ断面位移突跳监测点的分布情况如图 3-25 所示，其中监测点连线区域为突水突泥主要影响范围，越靠近隧道临空面及开挖轮廓线沉降值越大，突水突泥结束后，各监测点位移均趋于稳定，围岩暂时进入平衡状态。

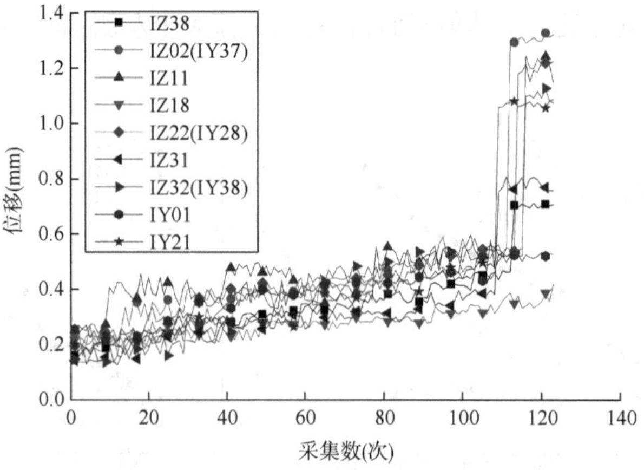

图 3-24 Ⅰ断面监测点不同时刻位移

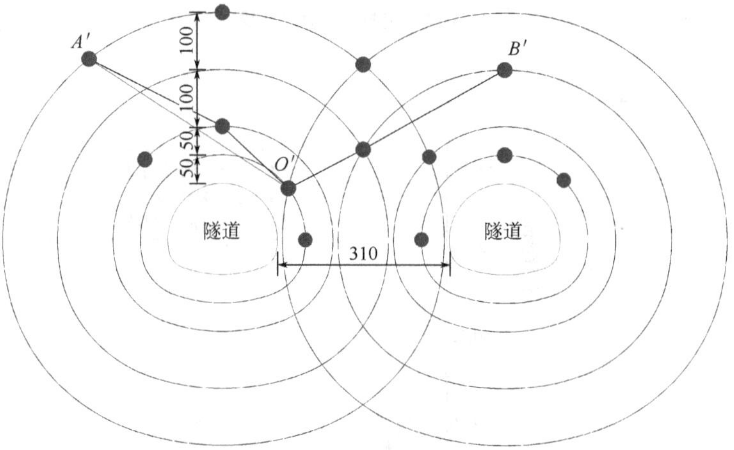

图 3-25 Ⅰ断面位移突跳监测点示意图(尺寸单位:mm)

图 3-26 为试验过程中岩体沉降及最终形态曲线,从图中可以看出,隧道开挖初期,各监测点基本未出现变化;随着开挖的继续进行,掌子面与断层距离越来越小,地下水尤其是承压含水体对断层破碎带岩体的弱化影响作用逐步显现,至揭露断层初期,位移出现明显变化,且两隧道拱顶处的沉降值比突水突泥口处更大;隧道发生突水突泥时,突泥口处发生了较大沉降,其变形状态由“w”形逐渐向“v”形转变;灾害后期,岩体趋于稳定,其位移值与扰动形态基本一致。

距离左右洞中间不良地质含水体较近的几个测点位移较其他点变化更大。以 1 倍洞径高度为监测断面,开挖初期至突水突泥开始前,IZ11、IZ02 与 IZ22 测点的位移量分别为起始位移量的约 135 倍、152 倍、49 倍。突水突泥后期,各监测点位移增量出现最大值,揭露断层初期次之,初期开挖正常围岩时最小。

随着时间的推移,岩体在地下水的弱化作用下继续失稳变形,带内压力拱破坏,形成第二次突水突泥,岩体的位移变形最直观地体现了这一过程灾害过程位移图如图 3-27 所示。

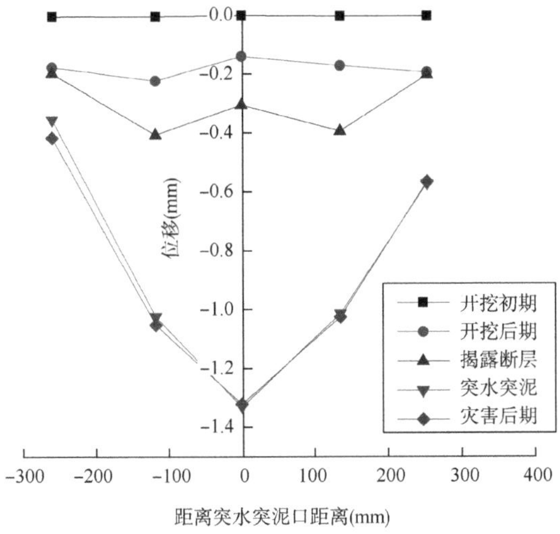

图 3-26 岩体沉降及最终形态曲线

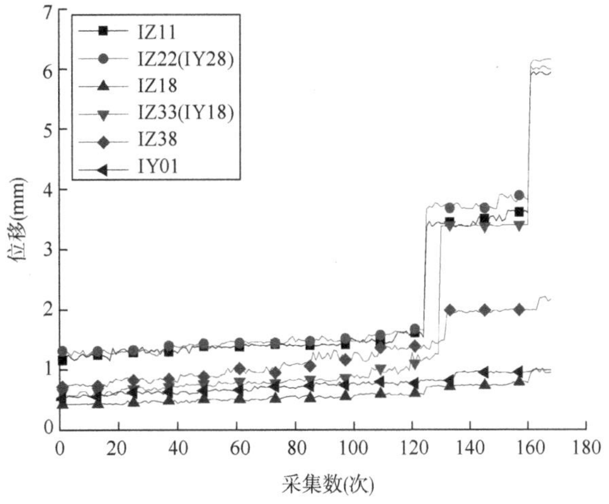

图 3-27 灾害过程位移图

从图 3-27 中可以看出,突水突泥灾害发生时, IZ11、IZ22、IZ33 出现明显的突跳式增长, IZ38 的位移幅度较小,而 IZ18 与 IY01 则表现平稳,未发生激变现象。出现突跳的监测点所形成的范围如图 3-25 所示的 $A'O'B'$ 区域,这表明,在发生第二、三次突水突泥灾害时,该区域形态已形成并稳定,成为主要扰动影响区。

图 3-28 为多次灾害位移形态图,多次灾害使第一次突水突泥造成的局部“锥形”破坏模式,逐渐发展为整体“抛物形”破坏模式。结合图 3-28 可知,远离突水突泥口的两端监测点虽然出现了较大位移,但其增量较小,表明该区域受突水突泥影响较小。

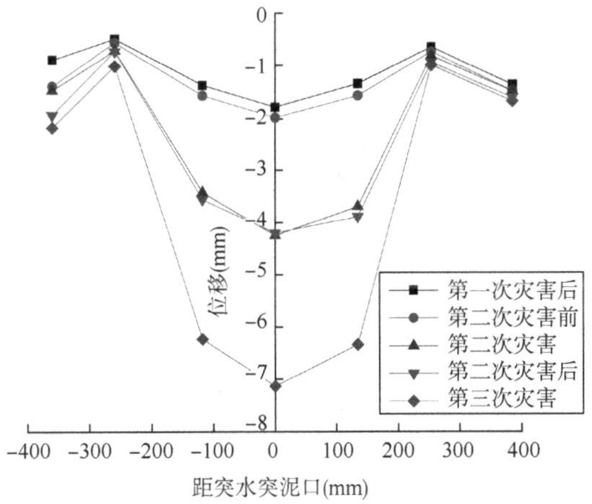

图 3-28 多次灾害位移形态图

随着突水突泥次数增加,断层破碎带岩体向上延展范围及程度可从顶部岩体的变形量及变形形态中获得。以顶部岩体从开挖到第三次突水突泥灾害发生后发生的位移进行分析可看出岩体破坏模式的转变过程,图 3-29 为顶部岩体在灾害过程中的变形情况,对试验过程中的典型阶段进行曲线的绘制。

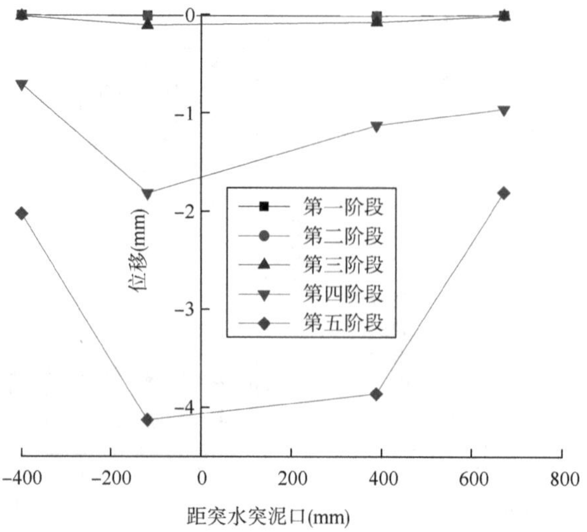

图 3-29　顶部岩体位移

图 3-29 中,第一阶段为开挖正常围岩,第二阶段为揭露断层初期,第三阶段为第一次突水突泥,第四、五阶段分别为第二次及第三次突水突泥。分析可知,前三个阶段中,顶部岩体基本未发生变化,仅在发生第一次突水突泥灾害时发生了极小的位移。随着突水突泥次数的增多,断层破碎带岩体的扰动范围不断增大直至影响到顶部岩体后发生地表塌陷。

以上分析为Ⅰ断面的不同高度及不同时刻的位移变化情况,从各图及其分析可以验证断层破碎带岩体扰动形态及范围。下面对第Ⅲ断面的位移进行分析,并结合其他监测点信息以及试验后岩体的塌陷形态可以得到三维状态下突水突泥对断层破碎带岩体的影响作用。

3.2.6　扰动形态及影响因素分析

研究隧道开挖及突水突泥过程中岩土体的不同变形状态,对不同阶段的不同破坏模式形态进行追踪。灾害后期破坏扰动形态基本稳定不变,即如前所述,局部破坏时为锥体,整体破坏时破坏形态为抛物线旋转体。

(1)局部破坏模式

为便于研究和描述灾害对岩体的影响形态,建立以破坏点为坐标原点,以距突水突泥口距离为横坐标(x 轴),以岩体竖向位移为纵坐标(z 轴),当突水突泥灾害结束后,岩土体趋于稳定,当超过一定高度后的扰动区顶部变为曲面,因其形态关于坐标轴基本对称,现对局部破坏模式形态进行二维描述。

从前述位移曲线分析可知,隧道突水突泥范围区域内岩土体位移较大,而边界处产生较小的位移,且到灾害后期趋于稳定。为便于研究岩土体突水突泥的扰动机制及影响分析,在岩体破坏影响范围内,影响高度为 h,h 为扰动区域与上层岩体的混合临界区域高度差。通过对多组试验中断层破碎带岩体扰动形态及界限的描绘,总结出了局部破坏模式的岩体变化规律:

①突水突泥破坏范围造成局部岩体破坏,呈现接近锥体的形态,二维表达式符合

式(3-28)。

②岩土体破坏形态及界限与影响半径 r 及影响高度 h 有关,令 $b=h/r$,而 r 与 h 由岩土体在荷载作用下的力学参数决定,尤其渗透压力起决定作用。

③当 $z>h-n$ 后,扰动区顶部由平面变为曲面。

隧道发生突水突泥后,当灾害规模较小或多次性灾害中的前期对断层破碎带岩体造成局部破坏时,岩体扰动形态如图 3-30 和图 3-31 所示。根据试验位移数据可对扰动边界形态,即岩体位移与突水突泥口距离关系进行拟合,二者具有较高的相关性,见表 3-5 和表 3-6。

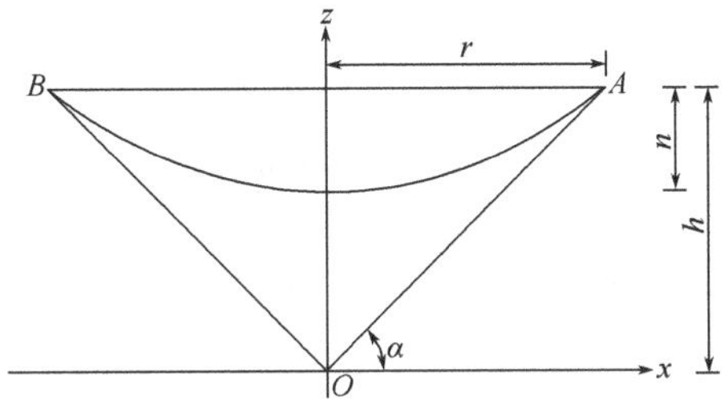

图 3-30　局部破坏模式形态二维示意图

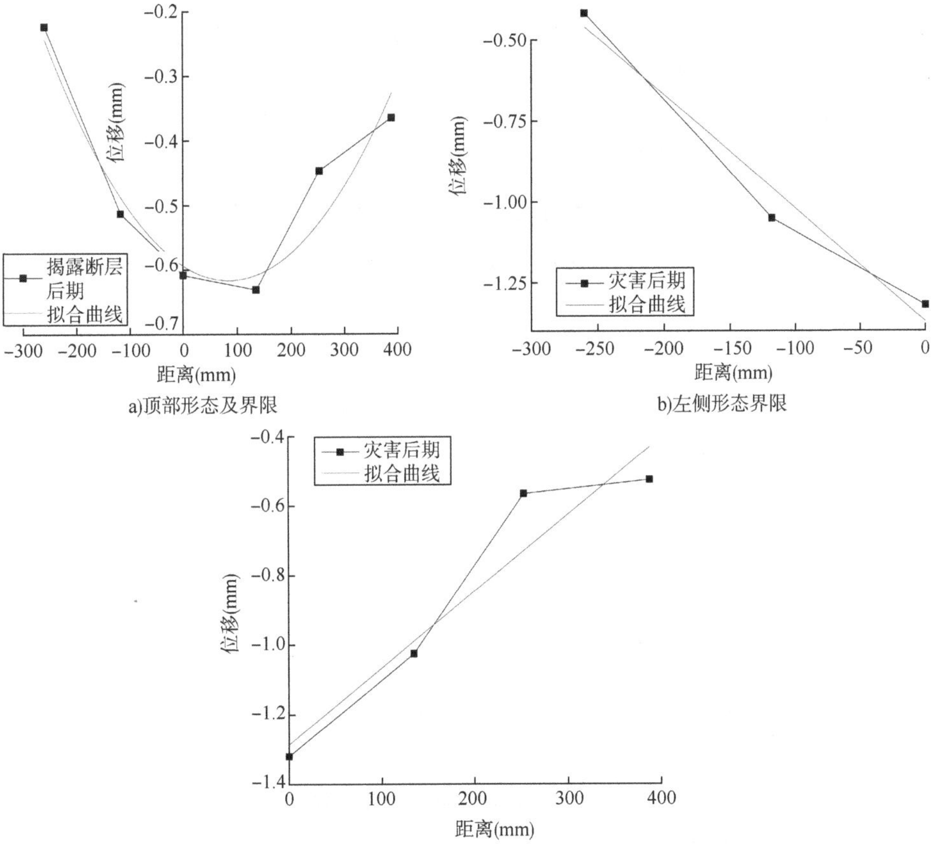

a)顶部形态及界限

b)左侧形态界限

c)右侧形态及界限

图 3-31　局部破坏扰动形态

不同位置扰动形态拟合函数及相关系数　　表 3-5

位置	距突水突泥口距离	拟合函数	相关系数
两侧	$x \geqslant -r$	$z=-1.37-0.0035x$	0.9378
	$x \leqslant r$	$z=-1.29+0.002x$	0.8698
顶部	$-r \leqslant x \leqslant r$	$z=-0.59-5.3\times10^{-4}x-3.14\times10^{-6}x^2$	0.865

下部岩体位移和突水突泥口距离拟合函数及相关性　　表 3-6

渗透压力(kPa)	拟合公式	相关系数
9.15	$z=-0.637-0.002x$	0.895
13.31	$z=-1.38-0.0038x$	0.95
15.94	$z=-1.37-0.0035x$	0.938

表 3-5 表达式可统一描述为：

$$\begin{cases} z=a+bx & (-r\leqslant x\leqslant r, z\leqslant h) \quad 两侧边界 \\ z=c+dx+fx^2 & (-r\leqslant x\leqslant r, z\geqslant h-n) \quad 顶部区域 \end{cases} \tag{3-27}$$

式中，系数 a、b、c、d、f 是与渗透压力 p 相关的函数，为得到渗透压力 p 与扰动形态及范围的关系，因其基本关于坐标轴对称，现以左侧位移为研究对象，通过试验数据对 a、b、c、d、f 与 p 的关系进行拟合。

渗透压力 p 与 a、b 关系如图 3-32 所示，经过拟合得：

$$\begin{cases} a=3.96-0.74p+0.025p^2 \\ b=0.01-0.02p+0.00007p^2 \end{cases} \tag{3-28}$$

式中：p——渗透压力(kPa)。

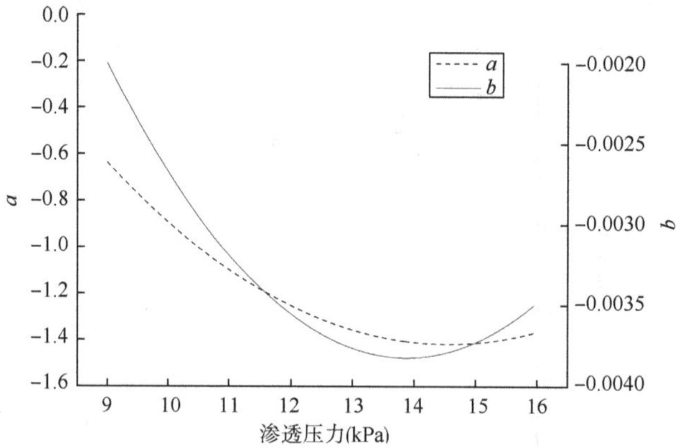

图 3-32　系数 a 与 b 随渗压变化曲线

则两侧岩体位移可表示为：

$$z=3.96-0.74p+0.025p^2+(0.01-0.02p+0.00007p^2)x \tag{3-29}$$

渗压对上部岩体影响的拟合函数及相关性见表3-7。

渗压对上部岩体影响的拟合函数及相关性 表3-7

渗透压力(kPa)	拟合公式	相关系数
14.32	$z=-1.71-2\times10^{-4}x+1.8\times10^{-5}x^2$	0.973
14.85	$z=-1.94-2.4\times10^{-4}x+2\times10^{-5}x^2$	0.989
16.23	$z=-4.35-3\times10^{-4}x+5.4\times10^{-5}x^2$	0.975

渗透压力 p 与 c、d 及 f 关系与式(3-29)同理可得:

$$\begin{cases}c=19.36-1.46p\\ d=5.19\times10^{-4}-5.06\times10^{-5}p\\ f=-2.72\times10^{-4}+2\times10^{-5}p\end{cases}\tag{3-30}$$

顶部岩体位移可表示为:

$$z=19.36-1.46p+(5.19\times10^{-4}-5.06\times10^{-5}p)x+(-2.72\times10^{-4}+2\times10^{-5}p)x^2\tag{3-31}$$

(2)整体破坏模式

随着突水突泥次数的增加,岩体破坏范围不断扩大达到地表,其破坏模式由局部破坏逐渐转化为整体破坏,破坏形态则由锥体演化为抛物线旋转体,如图3-33所示,除两侧边界状态,内部岩体变化与局部破坏模式基本相同,因此,重点对边界处岩体位移进行研究,顶部岩体扰动形态的拟合函数及相关性见表3-8。

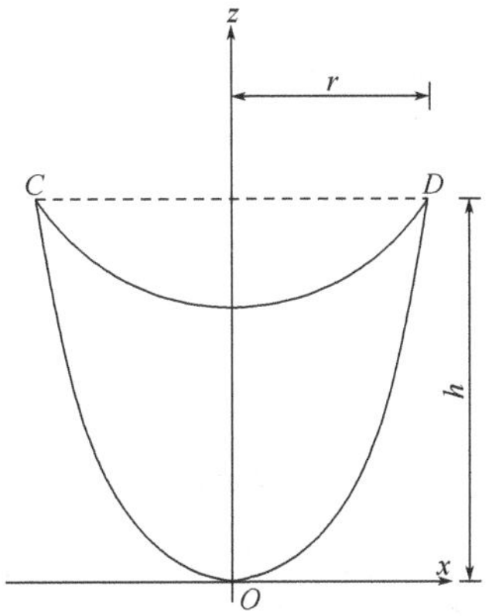

图3-33 整体破坏模式形态二维示意图

顶部岩体扰动形态的拟合函数及相关性 表3-8

距突水突泥口距离	位置	拟合函数	相关系数
$-r\leqslant x\leqslant r$	两侧	$z=-7.57+6.1\times10^{-5}x+9.9\times10^{-5}x^2$	0.969
	顶部	$z=-4.46-0.002x+9.3\times10^{-6}x^2$	0.992

表3-8表达式可抽象为:

$$z=g+ix+mx^2\tag{3-32}$$

渗压对两侧边界岩体影响的拟合函数及相关性见表3-9。

渗压对两侧边界岩体影响的拟合函数及相关性 表3-9

渗透压力(kPa)	拟合公式	相关系数
16.23	$z=-4.35-3\times10^{-4}x+5.4\times10^{-5}x^2$	0.975
20.34	$z=-4.43-5.3\times10^{-4}x+5.4\times10^{-5}x^2$	0.961
31.08	$z=-7.57+6.1\times10^{-5}x+9.9\times10^{-5}x^2$	0.969

经拟合可得渗透压力 p 与 g、i 及 m 关系为:

$$\begin{cases}g=-0.22-0.23p\\ i=0.003-3.29\times10^{-4}p+7.47\times10^{-6}p^2\\ m=-4.61\times10^{-6}+3.26\times10^{-6}p\end{cases}\tag{3-33}$$

整体破坏模式两侧岩体位移可表示为：

$$z = -0.22 - 0.23p + (0.003 - 3.29 \times 10^{-4}p + 7.47 \times 10^{-6}p^2)x + (-4.61 \times 10^{-6} + 3.26 \times 10^{-6}p)x^2 \tag{3-34}$$

渗压对顶部岩体影响的拟合函数及相关性见表3-10。

渗压对顶部岩体影响的拟合函数及相关性　　表3-10

渗透压力(kPa)	拟合公式	相关系数
16.23	$z = -0.11 - 8 \times 10^{-5}x + 3.5 \times 10^{-7}x^2$	0.853
20.34	$z = -1.95 - 1 \times 10^{-3}x + 4.2 \times 10^{-6}x^2$	0.941
31.08	$z = -4.5 - 2 \times 10^{-3}x + 9.5 \times 10^{-6}x^2$	0.999

同理，经过拟合可得 g'、i'及 m'的关系为：

$$\begin{cases} g' = 4.2 - 0.28p \\ i' = 0.002 - 1.22 \times 10^{-4}p \\ m' = -8.7 \times 10^{-6} + 5.91 \times 10^{-7}p \end{cases} \tag{3-35}$$

整体破坏模式顶部岩体位移可表示为：

$$z = 4.2 - 0.28p + (0.002 - 1.22 \times 10^{-4}p)x + (-8.7 \times 10^{-6} + 5.91 \times 10^{-7}p)x^2 \tag{3-36}$$

通过试验发现，泥质断层破碎带岩体在地下水的泥化作用下发生软化后，渗透压力与位移关系密切，岩体在不同阶段的渗透压力对位移量影响不同，从试验结果观察，无论是局部破坏模式还是整体破坏模式都表明，越靠近突水突泥口，渗透压力越大，岩体产生的位移也就越大，从而使岩体在不同阶段产生了不同的破坏扰动形态。

3.3　断层破碎带突水突泥大型真三维模型试验

研发了可实现非均匀梯级加载、可模拟不良地质承压含水体等特点的新型大比例真三维地质模型试验系统，使用该系统能够还原突水突泥过程，通过土压力、渗透压力、位移、应变等多物理场数据监测，研究断层破碎带突水突泥灾变演化过程中多物理场信息的变化规律，分析地质灾变体形态变化，研究隧道突水突泥的时效特性，揭示工程扰动及地下水综合作用下围岩活化机制。

3.3.1　突水突泥大型真三维模型试验系统研发

依托江西萍莲高速公路永莲隧道突水突泥灾害处治工程，研发突水突泥大型真三维模型试验系统。模型体、加载系统(地应力、水压)以及监测系统构成了新型地质模型试验，模型体有足够的强度抵抗高地应力带来的侧向压力；能够实现高应力与高水压耦合作用下的试验模拟，最高提供2MPa的地应力和1MPa的水压；信息监测系统则可以实现实时采集，图3-34为模型试验系统。

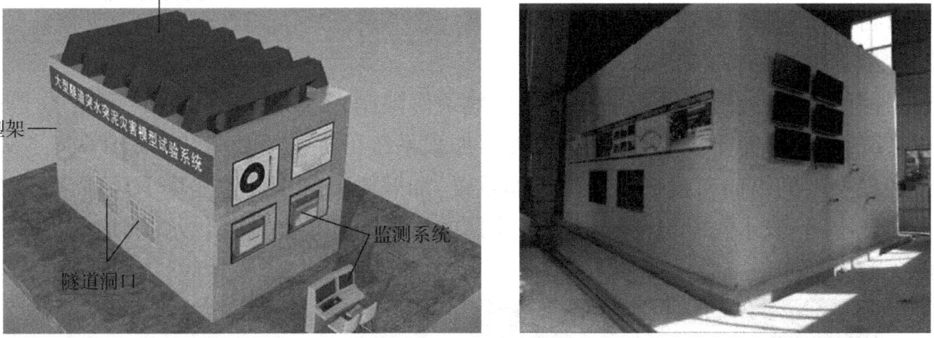

a)三维示意　　　　b)试验系统实物

图 3-34　突水突泥大型真三维模型试验系统

1)模型试验架

(1)模型架装置

模型架装置为钢筋混凝土结构,在建设过程中预留隧道洞口,并用预制钢框架制作洞口,通过调整洞口钢框架位置可进行试验比尺的改变,为最大程度模拟永莲隧道实际工况,将模拟比例定为 1∶20,因此,模型体尺寸为 8m×4.5m×5m(长×宽×高),基础和墙体的混凝土分别浇筑,先绑扎基础钢筋及基础内墙体插筋,待基础混凝土浇筑完毕后,再绑扎墙体上部钢筋,墙体内两层钢筋网之间设置拉筋拉结墙体的两层钢筋网,墙顶设置 70cm 高的暗梁,各构件通过焊接方式组成一个合理高强的受力系统,如图 3-35 和图 3-36 所示。

图 3-35　柱与基础梁的连接

图 3-36　双层钢筋网

为保证框架整体强度,在钢柱上部设置横梁,使钢柱与加载梁通过该横梁组成封闭成环的受力体系。钢隔板之间使用高强螺栓进行连接,与钢化玻璃挡土板共同抵抗试验产生的侧向压力。

(2)引排孔及引线孔

模型架正面排水沟宽度为 30cm,侧面和背面为 20cm,排水沟距外墙距离均为 27.5cm。模型架底部设置 10 个排水管道,其中正面和背面各 3 个,两侧各 2 个。

由于监测元件数量大、种类多、引线长,为便于引线埋设与管理,采用引线分域控制,每区域内引线通过预设引线管集中导出。引线管布置在模型架周边,其中两侧各 4 个,背面 5 个。

在排水沟端部设置尺寸为1m×1m×2m(长×宽×高)的集水井,用于汇集突水突泥后的泥水混合物。

2)地应力液压加载系统

根据相似原理,隧道覆厚应为9m,受场地条件限制,实际覆厚为2.9m,不足的土压力用液压加载系统补充,补充土压力约为0.5MPa。加载系统可提供荷载为$0.5\times10^6\times4.5\times8=18\times10^6$kN,在模型架的纵向布置6道箱型式加载梁,加载梁下分别设置三个千斤顶,每个千斤顶对应一个加载水箱,该水箱既能传递液压千斤顶的力又能为模型体提供水源,地应力液压加载系统如图3-37所示。

a)反力梁及液压千斤顶　　b)液压控制站

图3-37　地应力液压加载系统

3)水压加载系统

永莲隧道拱顶距地表180m,地下水位在地表以下50m处,根据相似原理,模型试验隧道拱顶处的水压相当于6.5m的水头。隧道洞口高0.6m,洞口底距地0.95m,因此共需相当于6.5m+0.6m+0.95m=8.05m水头的压力。

在室外设置高为6.55m(8.05m-1.5m=6.55m)的钢架,用来放置供水水箱,在供水水箱1.5m高度处设置溢流管,始终保持水箱内水位在1.5m高度处,当水箱内水位高于1.5m时水通过溢流管流入下部的泵送水箱,以此种供水方式保证试验所需水压,可对供水水箱实现密封,并接入水大量程压力泵,对供水进行加压,水压加载系统如图3-38所示。

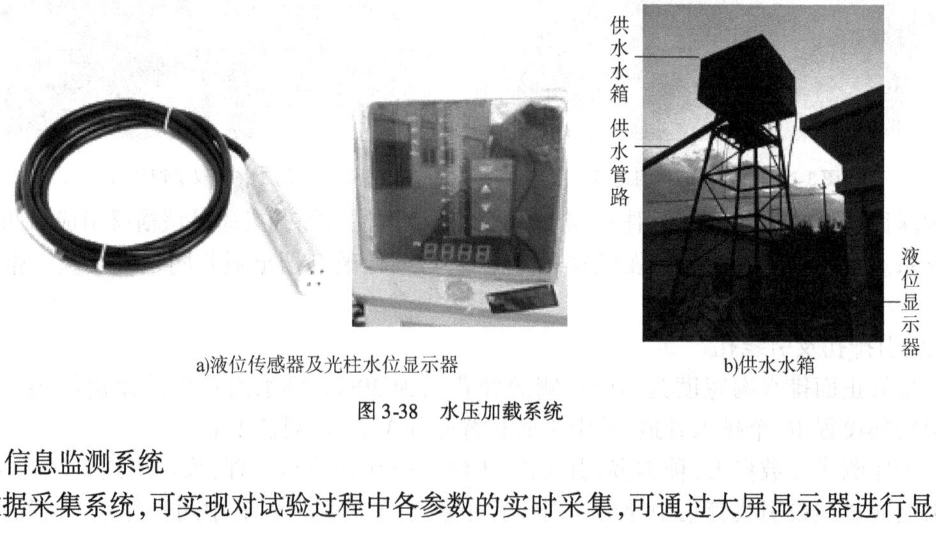

a)液位传感器及光柱水位显示器　　b)供水水箱

图3-38　水压加载系统

4)信息监测系统

数据采集系统,可实现对试验过程中各参数的实时采集,可通过大屏显示器进行显示,通过实时观察数据可对岩土体的变化情况进行预判，信息监测系统如图3-39所示。

a)监测软件　　　　b)采集系统

图3-39　信息监测系统

3.3.2　突水突泥新型相似材料研发

与多次性突水突泥灾害试验中的相似材料相同，根据对大量断层破碎带隧道地质勘察报告以及模型试验对相似材料水理特性及物理力学特性方面的要求，对相似材料与水的耦合效应进行研制。

1)相似原理

地质力学模型试验是对真实地质及工程情况的再现模拟，其要求模型试验过程中各数据与原型相似，如模型的几何尺寸、试验体所受荷载、边界条件等宏观条件，相似材料的重度、强度、变形等物理力学特征以及材料的崩解性、渗透性等水理特征与实际工程中的岩土体参数具有相似规律。

根据相似比原理可得：

$$C_{\mu} = C_{\varepsilon} = C_{\varphi} = 1 \tag{3-37}$$

$$C_{\sigma} = C_{\sigma_c} = C_{\sigma_t} = C_E = C_c \tag{3-38}$$

由平衡方程推导相似关系如下：

原型平衡方程为：

$$(\sigma_{ji,j})_m + (f_i)_p = 0 \tag{3-39}$$

模型平衡方程为：

$$(\sigma_{ji,j})_m + (f_i)_m = 0 \tag{3-40}$$

$$\frac{C_{\sigma}}{C_L}(\sigma_{ji,j})_m + C_{\gamma}(f_i)_m = 0 \tag{3-41}$$

由式(3-39)与式(3-40)两式可得：

$$\frac{C_L C_{\gamma}}{C_{\sigma}} = 1 \tag{3-42}$$

$$\frac{C_{\delta}}{C_{\varepsilon} C_L} = 1 \tag{3-43}$$

$$\frac{C_{\sigma}}{C_{\varepsilon} C_E} = 1 \tag{3-44}$$

$$C_{k}=\frac{\sqrt{C_{L}}}{C_{\gamma}} \tag{3-45}$$

式(3-37)~式(3-45)中，γ 为重度，L 为长度，δ 为位移，E 为弹性模量，σ 为应力，σ_t 为抗拉强度，σ_c 为抗压强度，ε 为应变，c 为黏聚力，φ 为内摩擦角，μ 为泊松比，K 为渗透系数。

对于相似比尺：C_μ 为泊松比相似比尺，C_ε 为应变相似比尺，C_φ 摩擦角相似比尺，C_σ 为应力相似比尺，$C_{\sigma c}$ 为抗压强度相似比尺，$C_{\sigma t}$ 为抗拉强度相似比尺，C_E 为弹性模型相似比尺，C_c 为黏聚力相似比尺，C_L 为几何相似比尺，C_γ 为容重相似比尺，C_K 为渗透系数相似比尺。

2)相似材料的研制

研制断层破碎带相似材料的关键是同时满足材料的力学性能及水理性能，本次试验需要实现大规模突水突泥，经过对不同组分的多次配合比调整，进行试件制作并养护，得到了各参数随材料组成成分的变化规律。

试件养护结束后，通过渗透试验、单轴抗压强度试验、直剪试验以及崩解性试验等力学参数以及水理性参数的测试，现对所用相似材料的组成成分相关字符进行说明，S、C、T、B、L、W分别表示砂、水泥、土、重晶石粉、乳胶、水。

(1)材料强度试验

相似材料制作模具如图3-40所示，相似材料破坏形态如图3-41所示。相关实验表明，相似材料试件的破坏形态及应力—应变曲线与岩石试件加载破坏过程极其相似。正常围岩相似材料强度见表3-11。由表3-11可以看出，围岩相似材料的抗拉强度与抗压强度之比为1:7.4~1:8.8，该值与断层破碎带岩体的平均值1:9较为接近。

图3-40 相似材料制作模具

图3-41 相似材料破坏形态

正常围岩相似材料强度　　表3-11

试验编号	材料配合比(S:C:T:B:L:W)	抗压强度σ_c(MPa)	抗拉强度σ_t(MPa)	σ_t/σ_c
1	1:0.04:0.44:0.22:0.08:0.13	0.72	0.107	1:8
2	1:0.08:0.44:0.22:0.08:0.13	1.05	0.141	1:7.4
3	1:0.12:0.44:0.22:0.08:0.13	1.11	0.128	1:8.6
4	1:0.08:0.44:0.22:0.06:0.13	0.81	0.102	1:7.9
5	1:0.08:0.44:0.22:0.10:0.13	0.96	0.144	1:8.8

(2)材料黏聚力与内摩擦角试验

通过直剪仪对试件进行试验,将试件置入试验盒中,缓慢施加荷载进行剪切试验,相似材料直剪试件如图 3-42 所示,表 3-12 及表 3-13 分别为正常围岩与断层围岩的黏聚力 c 与内摩擦角 φ 值。

图 3-42 相似材料直剪试件

正常围岩相似材料 c、φ 值 表 3-12

试验编号	材料配合比(S:T:L:W)	黏聚力 c(kPa)	内摩擦角 φ(°)
1	1:0.69:0.08:0.13	130.38	36
2	1:0.72:0.08:0.13	171.74	39
3	1:0.75:0.08:0.13	127.29	34
4	1:0.78:0.08:0.13	126.51	35
5	1:0.81:0.08:0.13	113.62	35

断层围岩相似材料 c、φ 值 表 3-13

试验编号	材料配合比(S:T:G:P:E:W)	黏聚力 c(kPa)	内摩擦角 φ(°)
1	1:0.04:0.18:0.03:0.08:0.11	133.14	33
2	1:0.04:0.24:0.03:0.08:0.11	137.03	35
3	1:0.04:0.30:0.03:0.08:0.11	159.78	38
4	1:0.04:0.24:0.01:0.08:0.11	123.30	41
5	1:0.04:0.24:0.05:0.08:0.11	118.53	37

(3)水理性试验

根据不同性质要求,分别对正常围岩材料和断层围岩材料进行亲水性、水解性和渗透性试验。

①吸水率试验

正常围岩相似材料吸水率试验结果如图 3-43 所示。

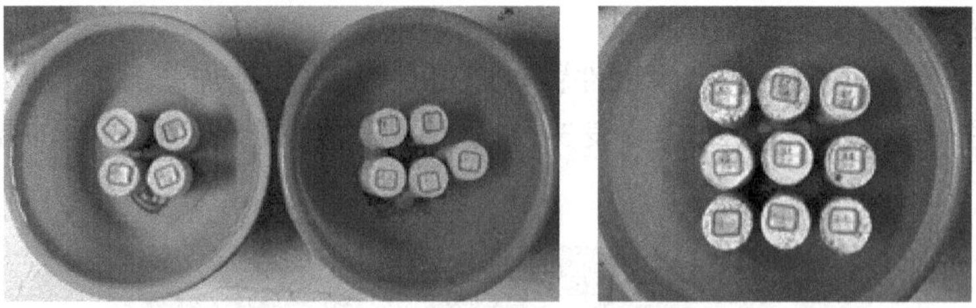

图 3-43 正常围岩相似材料吸水率试验

对于正常围岩相似材料，不同配合比条件下试件的吸水率差异性较小，基本维持在0.87% ~2.94%之间，为非亲水性。

②水解性试验

断层破碎带岩体在地下水作用下会发生软化、溶解等破坏作用，为真实模拟岩体该特征，对部分配合比材料进行水解性试验，将断层围岩相似材料养护七天后，置于水中进行浸泡试验，材料水解性随浸泡时间的变化如图 3-44 所示。

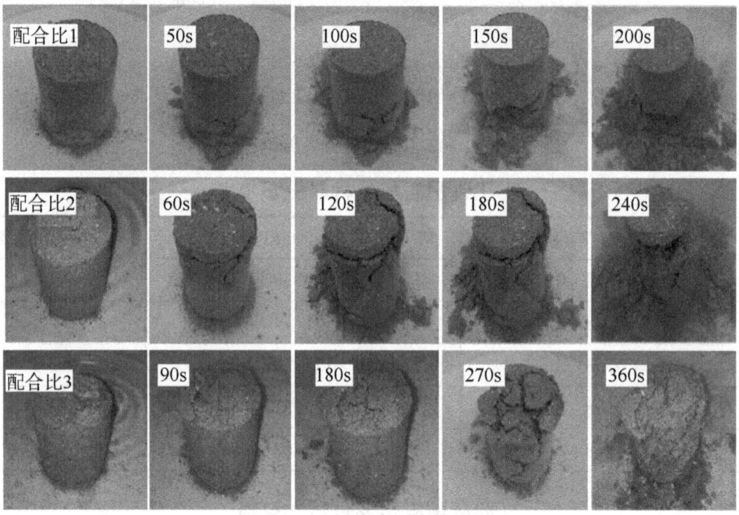

图 3-44 断层围岩材料水解性试验

③渗透系数试验

渗透性作为表征岩体水理性的一个重要指标，可以用渗透系数进行表征，渗透系数越大，表明材料的渗透性越强，表3-14 及表3-15 分别为正常围岩及断层围岩相似材料部分配合比试件的渗透系数。

正常围岩材料部分配合比渗透性 表 3-14

试验编号	材料配合比(S：C：T：B：L：W)	渗透系数(cm/s)
1	1：0.06：0.44：0.22：0.08：0.13	6.2×10^{-4}
2	1：0.09：0.44：0.22：0.08：0.13	1.7×10^{-4}
3	1：0.12：0.44：0.22：0.08：0.13	8.1×10^{-5}
4	1：0.09：0.44：0.22：0.06：0.13	7.3×10^{-4}
5	1：0.09：0.44：0.22：0.10：0.13	6.6×10^{-5}

断层围岩材料部分配合比渗透性 表 3-15

试验编号	材料配合比(S：T：G：P：E：W)	渗透系数(cm/s)
1	1：0.22：0.34：0.04：0.10：0.13	5.7×10^{-6}
2	1：0.22：0.28：0.04：0.10：0.13	9.6×10^{-6}
3	1：0.22：0.28：0.01：0.10：0.13	4.1×10^{-5}

(4)相似材料试验结果分析

进行多组配合比试验,通过调节组成材料含量,得到各成分对试件性能的影响规律,获得材料最佳性能的配合比。

①抗压强度影响

当水泥含量为 0 ~7% 时,强度受其影响较小,此阶段材料强度主要由乳胶提供;当水泥含量超过 7% 后,材料的强度增长率加快。当乳胶含量为 0 ~3% 时,强度无明显变化,当含量超过 3% 后,材料的强度随乳胶含量的增加迅速降低,如图 3-45 所示。

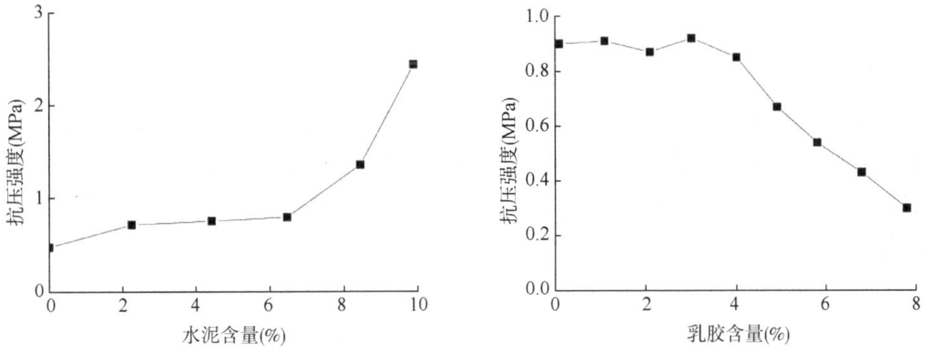

a) b)

图 3-45 凝胶剂对正常围岩材料强度影响

断层围岩相似材料通过调节石蜡油及石膏含量改变强度指标,当石蜡油掺量为 0 ~5% 时,材料强度受石蜡油的影响较大;当掺量大于 5% 后,材料强度出现明显的下降;当石膏掺量为 0 ~15% 时,材料强度受石膏的影响较大;掺量大于 15% 后,石膏含量对其影响较小,如图 3-46 所示。

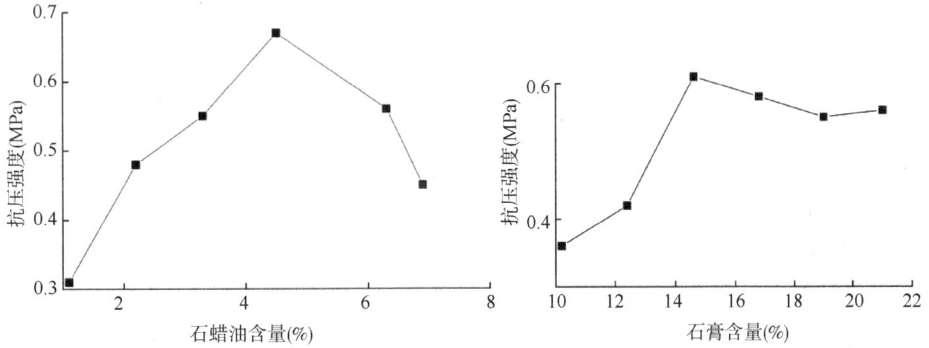

a) b)

图 3-46 凝胶剂对断层围岩材料强度影响

②渗透系数影响

随着水泥及乳胶掺量的增加，材料的渗透系数呈明显的下降趋势，这是由于随着凝胶剂的增加，材料组成之间胶结致密，黏结能力增加，孔隙率减小，材料渗透性变差，如图 3-47 所示。

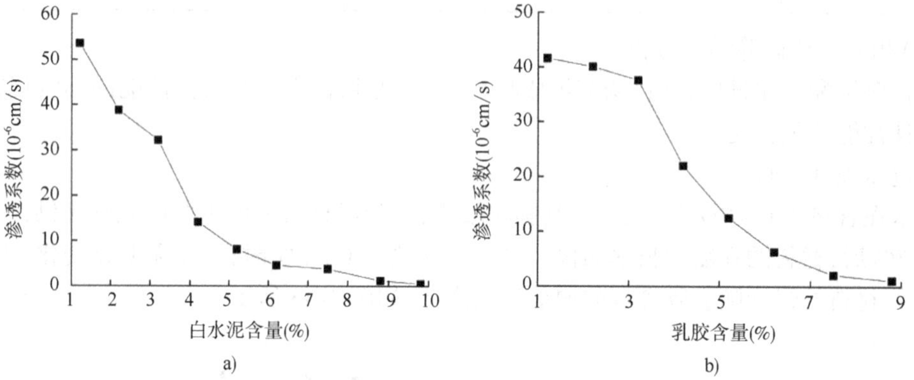

图 3-47　凝胶剂对正常围岩材料渗透系数影响

由图 3-48 可知，凝胶剂对断层围岩材料的渗透系数也有较大影响，石膏掺量大于 3.5% 时，石膏的胶结作用开始明显，渗透系数急剧下降；石蜡的掺量大于 2.5% 后，渗透系数开始趋于稳定，这是因为石蜡为非亲水性材料，当其能够充满相似材料试件孔隙时，可以阻断材料的渗导水通道，提高材料抗渗性。

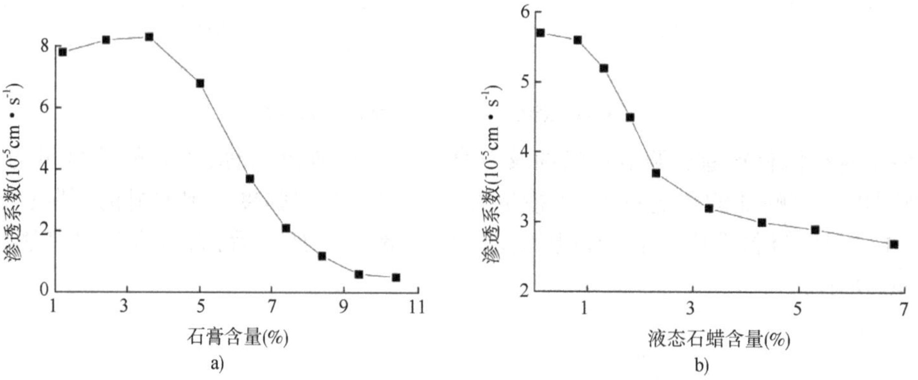

图 3-48　凝胶剂对断层围岩材料渗透系数影响

③黏聚力影响

黏聚力受影响因素较多，凝胶剂及骨料掺量对其变化均有明显影响，通过改变石蜡及砂土掺量可以在一定程度上改变材料的黏聚力。

图 3-49 为黏聚力随乳胶及砂土比的变化曲线。当乳胶含量超过 5% 后，黏聚力基本无变化。砂土比对黏聚力的影响更为明显，当砂土比为 2∶1 时，黏聚力最大，这是因为骨料掺量对材料的密实度影响较大，不合理的骨料颗粒级配会对黏聚力造成不良影响。

图 3-50 为黏聚力随石蜡及膨润土含量的变化曲线。当膨润土掺量大于 6% 后，材料的黏聚力随膨润土的增加黏聚力出现下降趋势，数值最终保持在 80kPa 左右。

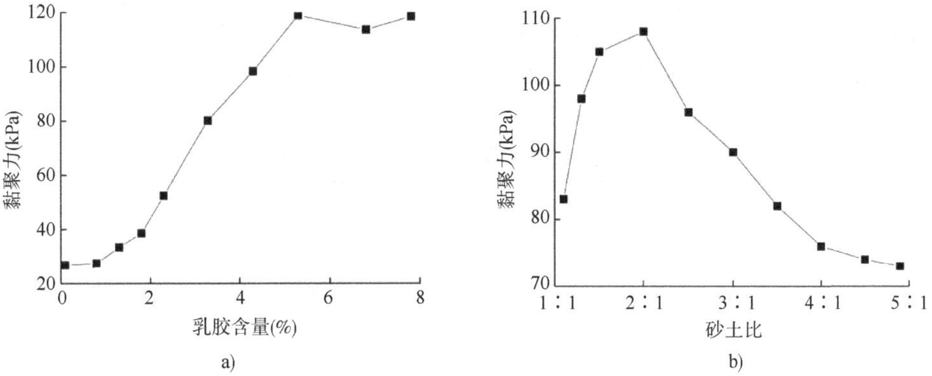

图 3-49　乳胶及砂土比对正常围岩材料黏聚力影响

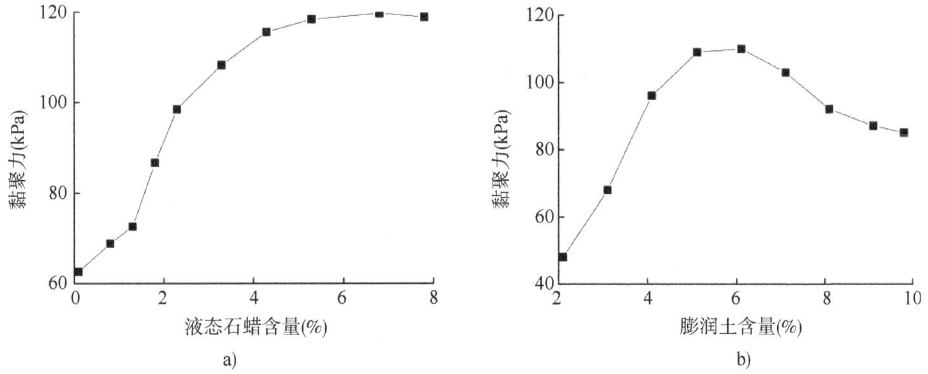

图 3-50　石蜡及膨润土对断层围岩材料黏聚力影响

3.3.3　断层破碎带突水突泥模型试验

1)相似材料选定

原岩与相似材料的物理力学参数见表 3-16。

原岩与模型相似材料的物理力学参数　　表 3-16

类型	密度 ρ (g/cm^3)	抗压强度 σ_c (MPa)	弹性模量 E (GPa)	渗透系数 k (cm/s)	黏聚力 c (kPa)	内摩擦角 φ (°)
正常岩体原状	2.43 ~ 2.56	15 ~ 20	3 ~ 5	4.86×10^{-3} ~ 1.02×10^{-2}	2.3×10^{3} ~ 3.4×10^{3}	34 ~ 39
正常岩体相似	2.43 ~ 2.56	0.75 ~ 1	0.15 ~ 0.25	2.43×10^{-4} ~ 5.1×10^{-4}	113.62 ~ 171.74	34 ~ 39
断层岩体原状	1.94 ~ 2.05	6 ~ 10	0.8 ~ 1.0	4.95×10^{-4} ~ 2.18×10^{-3}	2.1×10^{3} ~ 2.9×10^{3}	36 ~ 42
断层岩体相似	1.94 ~ 2.05	0.3 ~ 0.5	0.04 ~ 0.05	2.475×10^{-5} ~ 1.09×10^{-4}	105.03 ~ 145.5	36 ~ 42

正常围岩和断层围岩的物理力学参数见表3-17和表3-18。相似材料室内实验参数见表3-19。根据试验要求，从大量配合比试验中选定性能最好的组合作为本次试验的相似材料。

正常围岩的材料配合比及物理力学参数 表3-17

土砂比	灰水比	土晶比	骨胶比	砂灰比	水胶比
1.5 : 1	1.5 : 1	2 : 1	10 : 1	12 : 1	0.8 : 1
密度 ρ (g/cm^3)	抗压强度 σ_c (MPa)	弹性模量 E (GPa)	渗透系数 k (cm/s)	黏聚力 c (kPa)	内摩擦角 φ (°)
2.43 ~ 2.56	0.72 ~ 1.11	0.1	8.1×10^{-5} ~ 1.7×10^{-4}	113.62 ~ 171.74	34 ~ 39

断层围岩的材料配合比及物理力学参数 表3-18

砂土比	水膏比	灰土比	骨胶比	水油比	砂膏比
3.1 : 1	0.8 : 1	2.2 : 1	3.5 : 1	3.5 : 1	6.3 : 1
密度 ρ (g/cm^3)	抗压强度 σ_c (MPa)	弹性模量 E (GPa)	渗透系数 k (cm/s)	黏聚力 c (kPa)	内摩擦角 φ (°)
1.94 ~ 2.05	0.28 ~ 0.41	0.32	9.6×10^{-6} ~ 4.1×10^{-5}	118.53 ~ 159.78	33 ~ 41

相似材料室内实验参数 表3-19

材料类型	密度 ρ (g/cm^3)	抗压强度 σ_c (MPa)	弹性模量 E (GPa)	渗透系数 k (cm/s)	黏聚力 c (kPa)	内摩擦角 φ (°)
正常岩体	2.49	0.91	0.22	4.91×10^{-4}	153.6	35
断层岩体	1.98	0.3	0.04	8.69×10^{-5}	113.4	39

2)模型体制作

根据永莲隧道F2断层与隧道相对位置，确定断层与横向方向夹角为5°，垂直方向90°，考虑经济性要求，在模型边缘隧道开挖影响范围之外使用普通土进行填筑。为保证填筑过程中材料的性质稳定，铺一层夯实一层，填料时每层夯实至30cm高，断层和围岩之间用模板控制倾角，为减少填筑材料的人为分层对试验结果造成的影响，每铺一层对材料表面进行打磨，用水平仪、施工线与模拟配合对断层角度进行控制，铺设填料模板如图3-51所示。

材料填筑过程中在指定位置埋设导水通道及渗透裂隙，如图3-52所示，施作至模型架顶部后，埋置供水管道，通过上部三个直径100mm供水管与外部供水水箱相接，为避免下部填筑材料进入到供水管内，供水管缠绕土工布，供水管道位置示意图及实物图如图3-53和图3-54所示。

图 3-51　铺设填料模板

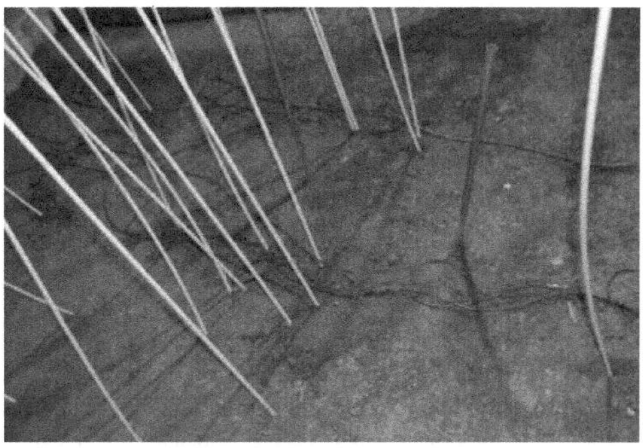

图 3-52　埋设导水通道

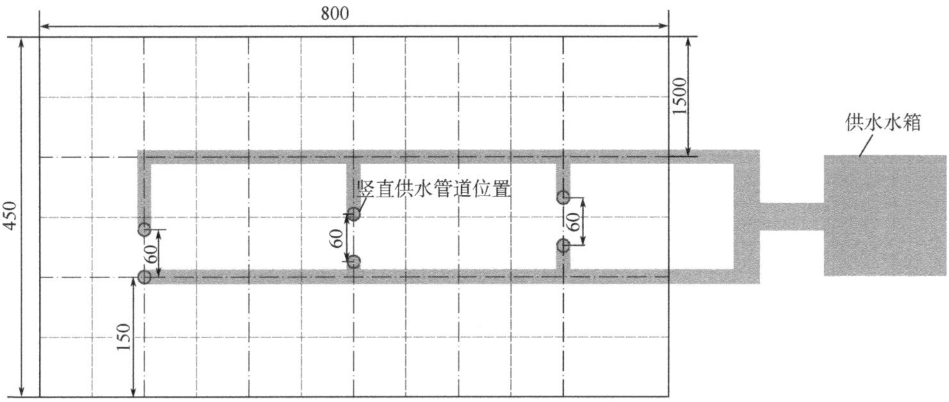

图 3-53　供水管道位置示意图(尺寸单位:cm)

图 3-54　供水管道实物图

3)监测元件设计及埋设

试验过程中的主要监测内容为隧道开挖过程中正常围岩以及断层围岩灾变前后物理场对时效性的响应规律。本次试验横向共布设 5 个监测断面,其中,1 个位于断层内,1 个位于断层与正常围岩交接处,3 个位于正常围岩内;纵向在 0 ~ 9 倍洞径的不同位置设置不同类型元件,对隧道中间岩体位置进行适当加密,如图 3-55 所示。

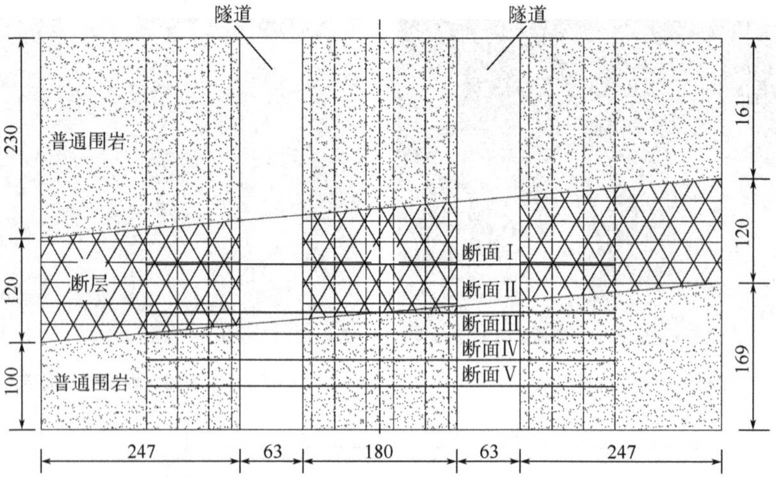

a)横向监测断面

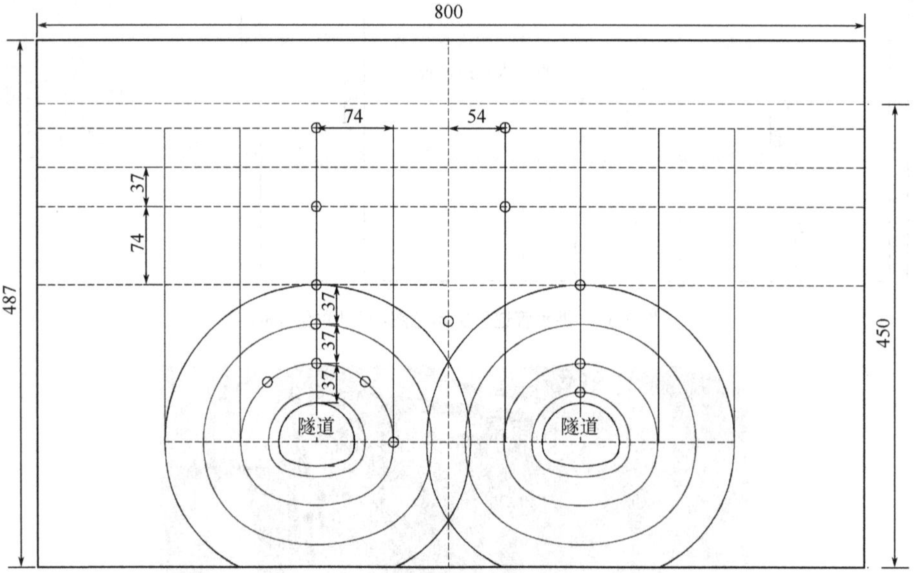

b)Ⅰ断面部分渗压传感器布置

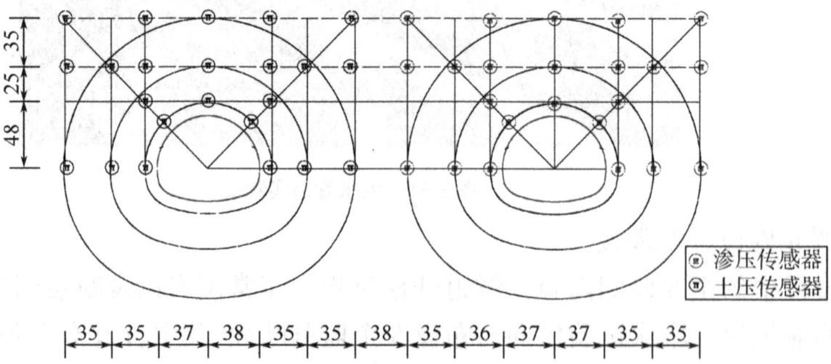

c)Ⅲ断面部分传感器布置

图3-55　监测断面位置(尺寸单位:cm)

埋设元件与材料填筑同时进行，共埋设位移传感器60个，电阻式(光纤)土压传感器48个，电阻式(光纤)渗压传感器55个，防水电阻应变砖28个，其中位移计从顶部密封板引出，布设完成后对密封板进行密封处理，部分监测元件如图3-56所示。

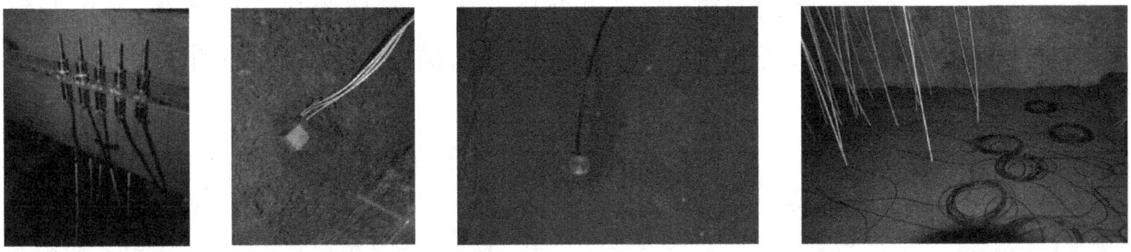

a)位移传感器　b)应变砖　c)土压计　d)元件埋设

图3-56　部分监测元件

为测得已开挖段围岩隧道重点部位(拱顶、拱肩及拱腰等)的位移变化情况，在初次支护钢筋网片上相应部位设置固定标定物(图3-57)，在外部洞口处安置两个固定标定尺，模型试验外部配合使用经纬仪对标定物的变化进行观察，利用相似三角形法进行计算，从而得到隧道洞壁的收敛情况(图3-58)。

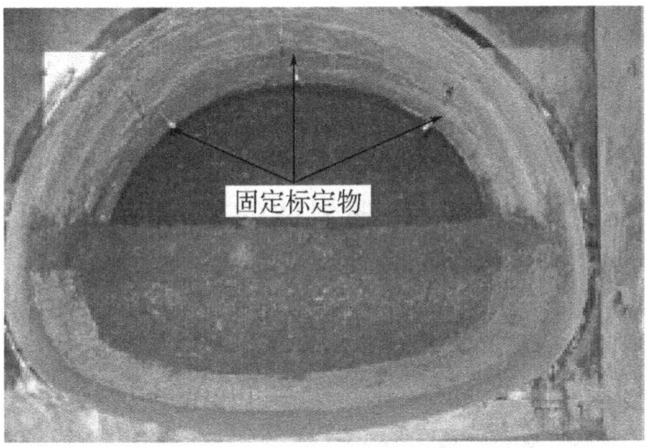

图3-57　标定物位置

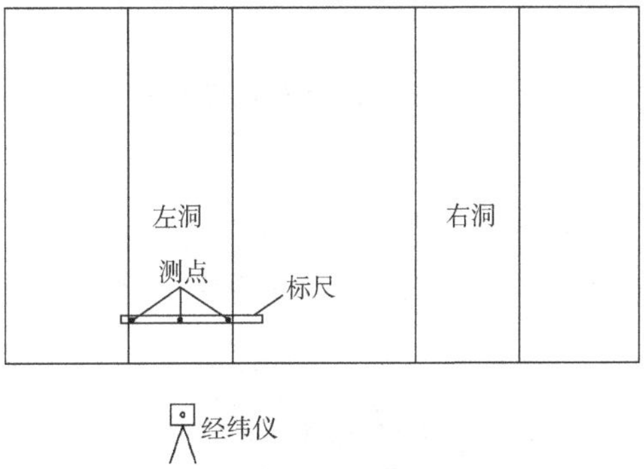

图3-58　围岩收敛监测

4)模型架密封

材料填筑及元件埋设结束后，将模型架密封，施加地应力以及水压10d，开始进行试验。模型架上部设有加载装置，因此模型架顶部需采用既能密封又能起到传力作用的20mm钢板。模型架尺寸较大，将密封加载板分为3块尺寸为4.5m×2.67m的钢板，接缝处上下设置5mm厚的钢垫板，采用高强螺栓将钢板连接，在垫板下设置胶皮垫，钢板与模型架接触位置采用涂抹硅胶的方式保证其密封性，模型架顶部填筑20cm厚抗渗性较好的膨润土，阻止地下水对顶部密封板造成过大的压力。

5)试验实施

(1)试验参数设计

隧道上覆厚为2.9m，使用液压加载系统施加0.1MPa的荷载，隧道洞口高0.45m，洞口底端距底面0.95m，供水系统提高水位高度为8.5m。

(2)开挖及支护

在开挖面揭露断层之前的围岩段设置支护结构(初次支护、二次衬砌)，两台阶开挖法，上台阶高度25.7cm，下台阶高度为19.3cm，台阶长度为40cm，每次进尺为5cm，相当于现场上下台阶距离8m，进尺1m。具体流程为：

下台阶→初次支护→前两榀二次衬砌→开挖→第三榀二次衬砌→剩余段开挖支护。

在隧道外进行二次衬砌结构的拼装，衬砌外用0.5cm厚橡胶垫进行缠绕，厚度与钢箍齐平，在二次衬砌底部安装滑轨，将其推入开挖隧道内部，试验信息采集如图3-59所示，隧道开挖如图3-60所示。

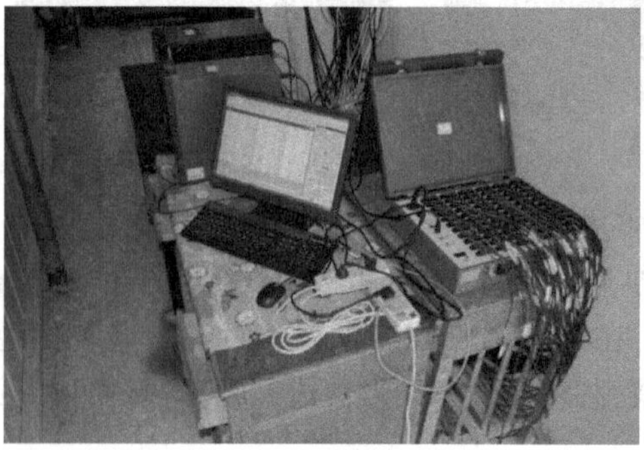

图3-59　试验信息采集

图3-60　隧道开挖

3.3.4　模型试验结果及分析

1）突水突泥过程

隧道揭露断层后，拱顶有渗水，并由点状逐渐发展成线、股状，随岩体的软化破坏，隧道发生塌方并最终引发突水突泥灾害，具体过程如图3-61和图3-62所示。

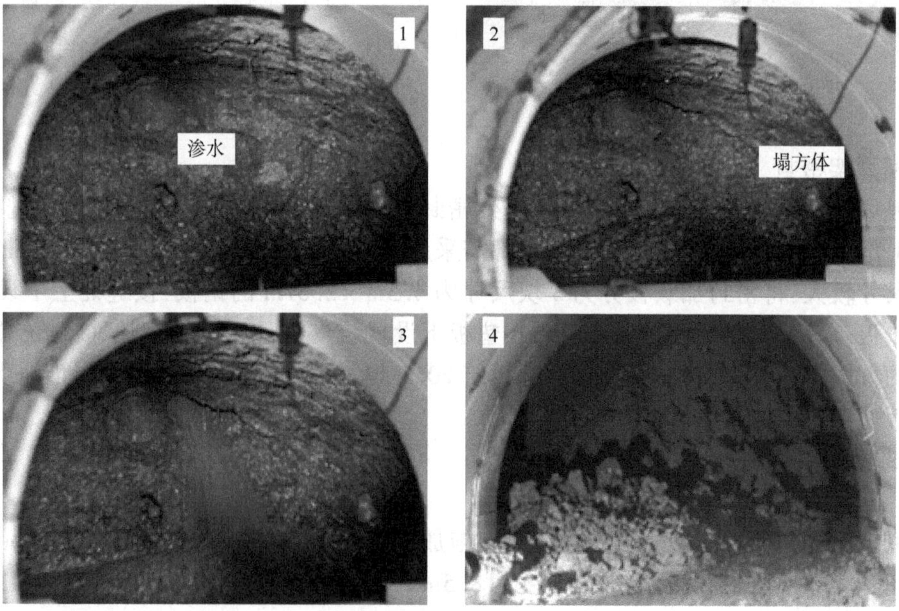

图3-61　突水突泥过程

图 3-62 突水突泥后涌出物

2)渗压变化特征

(1)正常段开挖变化规律

渗压随开挖步的变化曲线如图 3-63 所示,在距离断层破碎带较远的正常岩体段开挖时,随着隧道开挖面的不断推进,各监测断面均呈上升趋势。从图中可以看出:

①在第 3 开挖步前,位于断层破碎带的Ⅰ、Ⅱ两断面渗压值变化极小,基本未受开挖影响;而位于正常岩体内的Ⅲ、Ⅳ、Ⅴ断面相比断层破碎带岩体,其渗压上升趋势更为明显。

②在开挖第Ⅴ断面至第Ⅲ断面时,各断面渗压上升趋势较为接近,其中第Ⅰ断面变化幅度最大,由开挖初始阶段的最小值(约 5.6kPa)增长到最大值(约 20.5kPa)。

③在开挖正常段围岩时,地下水水力联系路径即开始发生改变,第Ⅰ断面因距离开挖面较远,其前期渗压最小,除此断面外,其他断面渗压越靠近断层其值越大。在约第 16~17 开挖步后,Ⅰ断面渗压值迅速上升,并超过其他断面,表明掌子面超过第Ⅳ监测面后开始对断层产生影响。

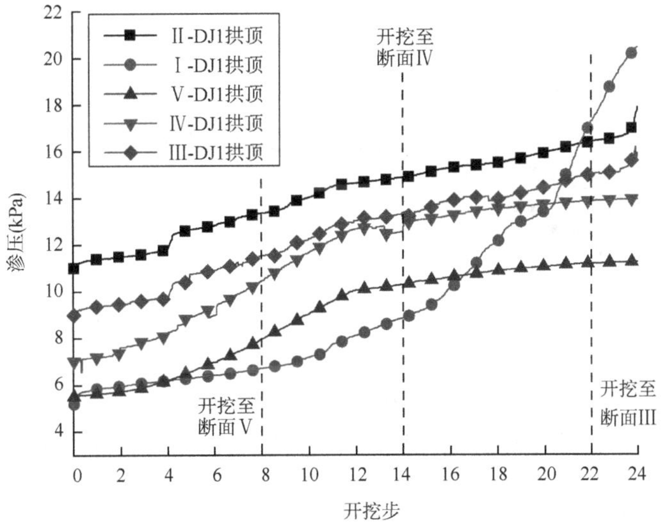

图 3-63 渗压随开挖步的变化曲线

(2)揭露断层后变化规律

揭露断层后渗压随时间的变化曲线如图3-64所示,分析可知:

①渗压经历了"上升期—平稳期—波动期"三个阶段。揭露断层初期,所有断面拱顶监测点均呈上升趋势,且Ⅰ断面渗压值最大,距离断层破碎带较远的Ⅳ、Ⅴ断面的变化较为平稳。分析原因为:裂隙的发展改变了断层孔隙率及结构性,使地下水渗流路径发生更大改变后对正常岩体及断层破碎带岩体造成更为明显的影响,由于断层破碎带岩体遇水易弱化、坍塌后地下水发生了复杂无规律的渗流,对正常围岩造成了一定程度的不规律影响,因此出现了第Ⅲ断面拱顶比Ⅳ、Ⅴ断面更小的现象。

②第二阶段为"平稳期",此阶段岩体裂隙发展到一定程度,渗流通道较为稳定,渗流压力变化平缓。

③随着时间的增长,渗压变化进行入波动期,揭露断层约31min后,开挖面附近围岩出现明显失稳,渗压小幅波动,表明在这个阶段地下水对结构造成反复冲击。当该变化发展到一定程度后,断层岩体严重弱化,失去承载能力,隧道发生突水突泥灾害,渗流压力突变,灾害影响范围内断面的渗流压力在突水突泥时均为迅速上升后发生突跳式下降,随后趋于稳定。三个阶段的渗压特征表明,渗流压力对结构的变化具有高度敏感性,因此,在实际工程中,可以在隧道围岩外侧埋设渗压计对地下水的渗流压力进行监测。

④Ⅳ、Ⅴ两断面渗压值从上升期到波动期全过程表现平稳,均未出现突跳式激变,第Ⅲ断面渗压值虽然为最低值,但在发生突水突泥时也出现了突跳现象,综合Ⅰ、Ⅱ、Ⅲ断面变化信息,再次验证了越靠近断层影响越明显的结论。

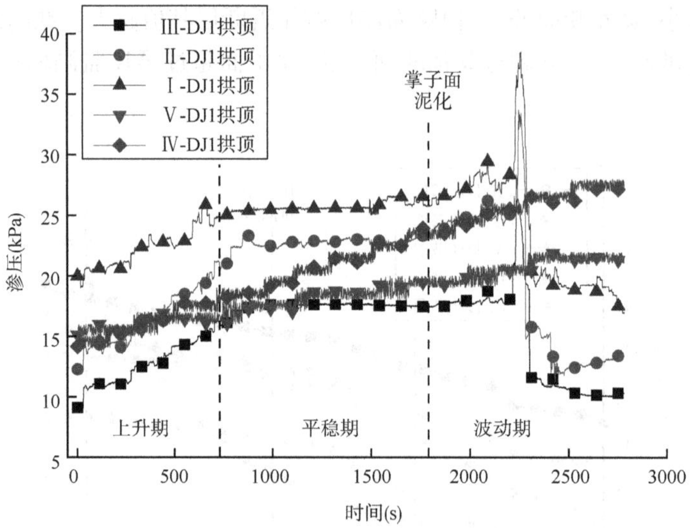

图3-64 揭露断层后渗压随时间的变化曲线

以突水突泥前后渗压值变化为例,对各断面监测点进行分析,详见表3-20。

渗压数值表 表3-20

监测点	开挖深度(cm)	峰值(kPa)	灾后(kPa)	差值(%)
Ⅰ-DJ1拱顶	190	38.5	20.44	46.9
Ⅱ-DJ1拱顶	135	33.44	15.65	53.2

续上表

监测点	开挖深度(cm)	峰值(kPa)	灾后(kPa)	差值(%)
Ⅲ-DJ1 拱顶	110	26.37	11.8	55.3
Ⅳ-DJ1 拱顶	80	25.95	26.67	2.8
Ⅴ-DJ1 拱顶	50	21.91	21.49	1.9

分析表3-20可知，Ⅰ、Ⅱ、Ⅲ断面在发生突水突泥灾害前后渗流压力差值分别为46.9%、53.2%以及55.3%，差值百分比较大，而Ⅳ、Ⅴ断面则基本保持平稳。综上所述，渗流压力对断层破碎带隧道岩体的变化响应较为敏感，因此，根据渗流压力值的变化可以对岩体的结构性及渗流通道的发展状态进行判断。

(3)相同断面渗压变化规律

①Ⅲ断面渗压变化

图3-65为揭露断层后至突水突泥前隧道围岩第Ⅲ断面不同位置的渗压变化，开挖至如图3-66所示位置后，对渗压数据进行分析，从图3-65中可以看出，开挖方法对特征参数的变化也有着明显的影响，上台阶开挖结束后，由于拱顶与拱肩距离较近，有着相似的变化趋势，都在经历一段时间的上升后进入稳定阶段。拱腰位置位于下台阶，在未开挖时，渗压值未出现特征性变化，基本呈线性增长趋势。当下台阶开挖结束后，由于开挖引起岩体内部渗流通道发生改变，水力路径随之变化，上台阶中的拱顶及拱肩进入平稳状态，地下水流向拱腰位置，导致其增长趋势更加明显。由该现象可知，不同的开挖方法对岩体变化状态有着不同的影响，因此，在开挖断层破碎带岩体时，选择适当的开挖工法对灾害的控制有着重要影响。

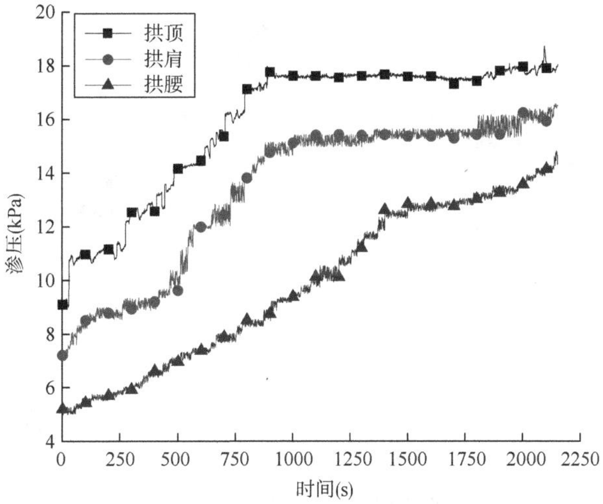

图3-65 Ⅲ断面渗压变化曲线

三个监测点的渗压值由大到小分别为拱顶(18kPa)、拱肩(16.53kPa)及拱腰(14.67kPa)，由此可知，虽然下台阶的开挖导致岩体的渗流路径发生了一定程度的改变，但其破坏程度未达到隧道拱顶及拱肩附近围岩的程度，因此，其渗压值由上及下依次减小。

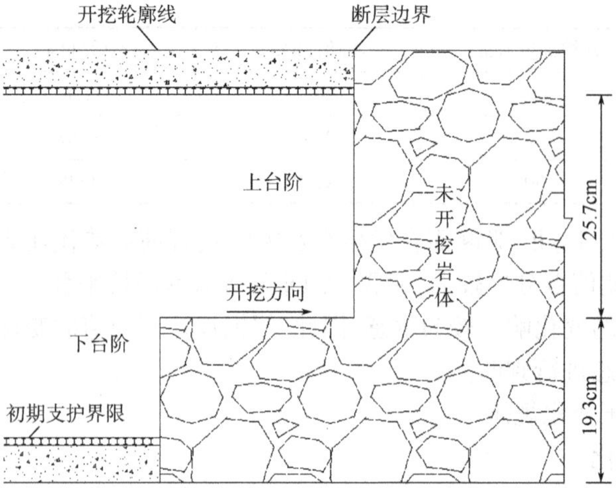

图 3-66　隧道开挖剖面图

②Ⅰ断面渗压变化

断层破碎带突水突泥灾害的特征响应规律应被重点关注,因此,对位于断层破碎带内部Ⅰ断面的洞周渗压变化进行分析。由图 3-67 可知,与前文所述的渗压规律极为相似,突水突泥前后,第Ⅰ断面由上至下各监测点均出现上升 – 峰值 – 下降阶段。拱顶与拱肩处因位置较近其变化趋势及渗压值都较为接近,而拱腰及拱脚处的三阶段变化则相对模糊,且越靠近隧道拱顶处渗压值越大,结合隧道突水突泥口位于拱顶右侧位置,表明越靠近突水突泥口的岩体受灾害影响越明显。

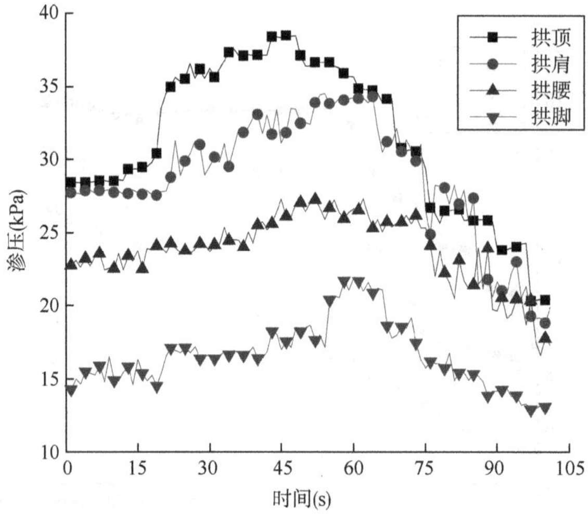

图 3-67　Ⅰ断面渗压变化曲线

从四处监测位置的采集数据中可以看到,峰值出现的时间有所不同,拱顶处第 45s 出现峰值(38.5kPa),拱肩处时间为 53s,渗压值为 34.44kPa,拱腰及拱脚渗压达到峰值时间分别为 45s、60s,渗压值分别为 27.29kPa、21.91kPa。由此可知,发生突水突泥后,断层破碎带岩体遭到破坏,其影响范围自上而下,当拱顶处渗流通道完全破坏后,岩体裂隙及弱化范围向下扩展,距离突水突泥点越远，影响作用越小，导致拱腰与拱脚的数据变化状态没有上部岩体明显，其峰值数据与灾后差值也较小。

3）涌出物特征

在开挖正常段岩体时，涌出物基本无变化，其对断层破碎带的研究意义不大，因此，从揭露断层后的变化特征对隧道涌出物进行研究，揭露断层后对涌出物质量约15s采集一次，涌出物变化过程如图3-68所示。

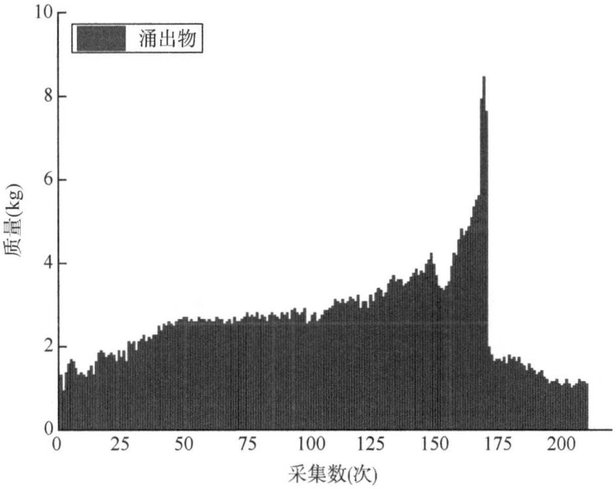

图3-68　涌出物变化曲线

（1）监测初期，随着渗流压力的增加，岩土体逐渐被弱化，渗流通道缓慢发展，弱化后的岩土体被地下水挟带而出，固体颗粒的流失使地层孔隙率变大，随后，涌出物质量变得较为稳定，其与渗流压力的稳定是相关的，此时渗流压力进入平稳期，渗流压力变化特征与涌出物质量变化特征表明，断层破碎带岩体在突水突泥前存在一个相对较为稳定的阶段，在现实工程中应当对此特征进行重点观察。

（2）在第二阶段，涌出物出现增长，在灾害前出现减少，分析原因为：由于在涌出物增加、渗流压力上升后，在应力释放作用下，隧道围岩结构已改变，断层岩体变得致密，地下水的流动路径受阻造成的。

（3）当地下水继续渗透软化围岩，岩体弱化范围不断扩大，当围岩不足以承受上部荷载后，伴随着渗透压力的降低，隧道拱顶右侧（右侧拱肩）掌子面发生破坏，从突水突泥口处大量地下水及固体物质涌出。

（4）对试验开挖全段进行取样分析（图3-69），从图3-69中可以看出，开挖面越靠近断层破碎带涌出物湿度越大，开挖前期，涌出物基本以正常岩体为主，因此其颗粒较大，含水率较低，且颗粒间黏结力较差；随着开挖的继续深入，由于渗流路径的改变以及渗透压力的变化，固体颗粒逐渐形成团絮状结构；快接近断层破碎带边界时，涌出物颗粒变大，其中夹杂少量断层材料；揭露断层后，涌出物呈现明显的灰黑色状态，这是因为大量泥化的断层材料被地下水携带而出，其大部分颗粒较细，少量呈粉末状，涌出物岩性柱状图如图3-70所示。

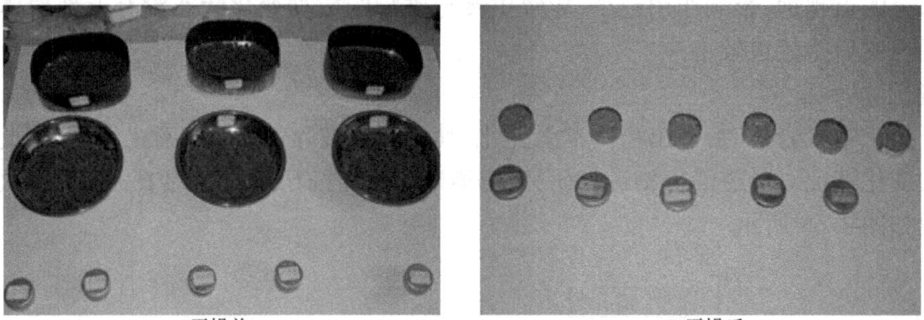

a)干燥前　　b)干燥后

图 3-69　涌出物室内试验

开挖深度	0 ~ 40cm	40 ~ 60cm	60 ~ 80cm	80 ~ 100cm
岩性图样	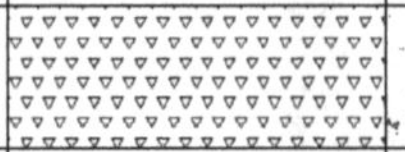	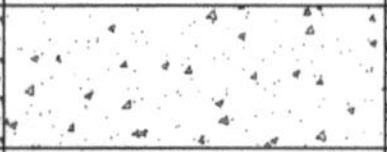	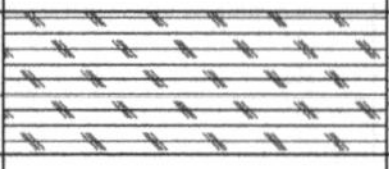	
岩性描述	颜色为正常岩体材料，固体颗粒较大，含水率低	颗粒—团絮状泥，夹杂块状材料	团状正常岩体为主，含少量断层材料	断层泥为主，含大量粉状材料

图 3-70　涌出物岩性柱状图

对涌出物进行室内烘干后对其进行含水率对比分析，从表 3-21 中可以看出，随着开挖深度的增加，涌出物含水率呈增长趋势，表明越靠近断层破碎带地下水渗流路径越复杂，且随着时间的推移，断层破碎带内部岩土体泥化量增加，导致涌出物的含水率增加。

涌出物含水率　　表 3-21

开挖深度(cm)	0 ~ 40	40 ~ 60	60 ~ 80	80 ~ 100
干燥前(g)	30	34	34	33
干燥后(g)	25.8	28.3	27.6	25.5
含水率(%)	14	16.8	18.8	22.7

4)应力应变变化特征

因发生突水突泥的位置位于隧道右侧拱捎区域，以Ⅰ断面 1 倍、3 倍洞径右侧拱肩以及左右洞中间位置的 5 号监测点为例进行分析，应力应变变化规律如图 3-71 所示。

分析图 3-71 可知：

(1)如图 3-71a)及图 3-71c)所示，其应力变化有着极为相似的规律，均在约 17min 进入相对平稳阶段，在灾害发生前到灾害后期，应力均呈快速增长，Ⅰ断面中间 5 号点应力最大峰值为 22.36kPa，最小峰值为 4.13kPa，平稳期应力值为 10 ~ 11.18kPa；而在 1 倍洞径右侧拱肩最大值为 29.32kPa，最小值为 5.87kPa，平稳期应力值为 15.2 ~ 17.8kPa。由表 3-22 可以看出，无论是在增长期还是稳定期，1 倍洞径位置的应力值以及应力差值均大于左右洞中间的 5 号监测点，表明揭露断层破碎带后至发生突水突泥时，越靠近隧道开挖轮廓线，围岩应力受其影响程度越大。

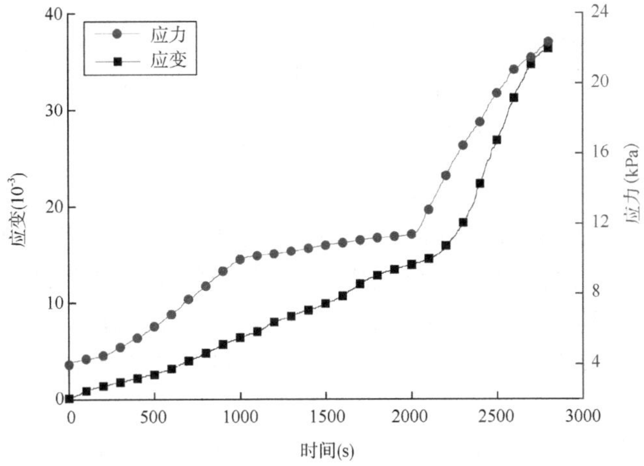

a) Ⅰ断面左右洞中间5号点应力应变变化规律

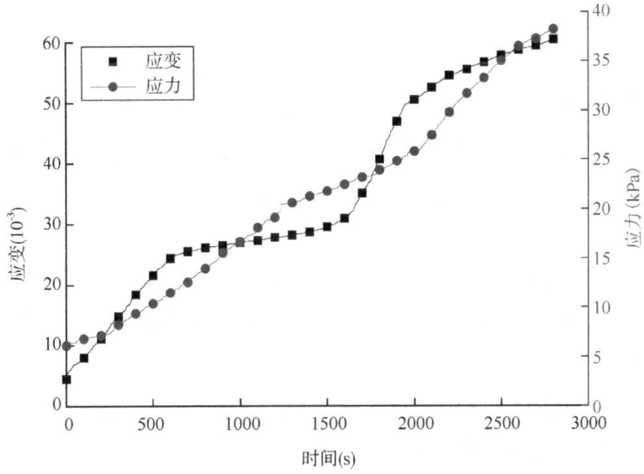

b) Ⅰ断面3倍洞径右侧拱肩应力应变变化规律

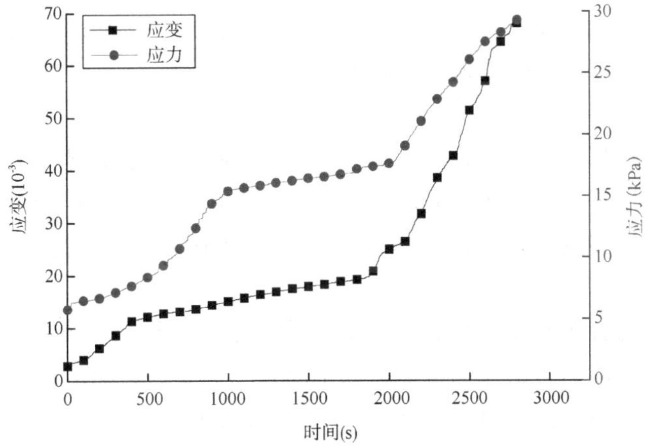

c) Ⅰ断面1倍洞径右侧拱肩应力应变变化规律

图3-71　断层应力应变变化规律

应力值对比表(kPa)　　表3-22

监测点	增长期		差值	稳定期		差值
	最大值	最小值		最大值	最小值	
中间5号	22.36	4.13	18.23	11.18	10	1.18
DJ1 右拱肩	29.32	5.87	23.45	17.8	15.2	2.6

(2)图3-71b)所示的Ⅰ断面3倍洞径右侧拱肩应力基本未出现稳定期,分析原因,可能是由于该监测点位于岩体的地下水渗流路径中,沿该路径的小范围区域内岩体发生软化导致该监测点应力上升,且其最大值为38.13kPa,最小值为10.03kPa,差值为28.1kPa,该现象进一步验证前述分析,表明地下水对断层破碎带岩体的软化作用对突水突泥的影响起着重要作用。

(3)综合突水突泥过程、渗流压力以及土压力的变化特征,可以得到隧道从开挖到发生灾害时岩土体所经历的变化过程为裂隙形成阶段(渗流通道形成)、发展阶段、稳定阶段、压密阶段以及破坏阶段。

①裂隙形成阶段

隧道开挖初期,部分围岩应力因开挖进行应力释放导致应力增大,同时地下水向岩体薄弱环节进行渗流,造成靠近轮廓线及部分的围岩形成裂隙。掌子面越靠近断层各监测点渗压值越大,表明隧道围岩的裂隙开始形成,且影响范围不断扩大。

②发展阶段

当隧道围岩的裂隙形成范围超过一定区域后停止扩展,而已形成的裂隙在长度及宽度方面继续发展,表现为涌出物及渗流压力的持续增长,渗涌水逐渐由点状发展为线状。

③稳定阶段

当裂隙发展到一定程度后,岩体进入一段相对平稳的阶段,此阶段在地下水及应力释放的共同作用下岩土体的骨架结构(即结构性)到达临界状态。

④压密阶段

随着岩土体的结构性遭到破坏,在上覆岩体的自重作用下,前期形成裂隙被压密,各物理场参数对此表现较为敏感,应力、应变以及渗压显著提高,由于围岩渗流通道被破坏,周围岩体出现塑性变形但尚未发生破坏,隧道涌出物明显减少。

⑤破坏阶段

在地下水的持续弱化作用下断层破碎带岩体达到崩解性极限,当岩体最小防突厚度不足以承受前方压力后,崩解后的岩体以泥水夹杂石块状态喷涌而出,在发生灾害时,应力及应变继续增长,涌出物质量骤然上升,而渗流压力则发生突跳式下降,此时,岩体在一定区域内以一定形态完全破坏。

综上所述可知,随着泥质充填断层破碎带岩体在地下水连续不断的形成—发展—闭合—形成的演化过程,岩土体的各物理场特征参数不断发生变化,经历多个不同阶段后,在突水突泥灾害发生前后,呈现出不同的典型变化特征,突水突泥发生后,位于灾害影响范围内的岩土体形成塑性变形区,而扰动界限外则为弹性变形。灾害的变化动力主要来源于具有遇水弱化性质的断层岩土体泥化后因开挖导致的土应力释放及渗流压力增大的联合作用。

5)位移变化特征

图3-72为开挖正常围岩段各监测断面拱顶位移随开挖步的变化曲线,图3-73为揭露断层后Ⅰ、Ⅳ监测断面洞周及3倍洞径拱顶位移随时间的变化曲线。

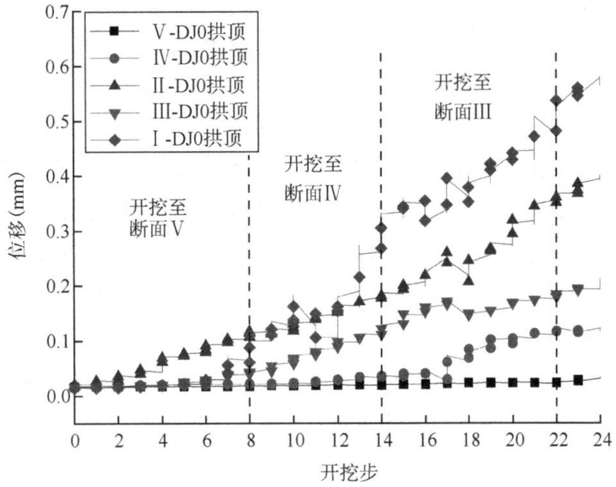

图3-72 位移随开挖步的变化曲线

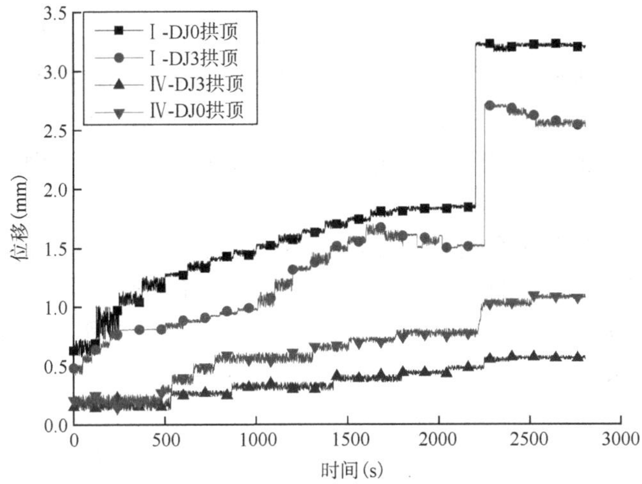

图3-73 位移随时间的变化曲线

(1)由图3-72可知,随着开挖面的不断推进,各断面监测点位移缓慢增长,靠近断层破碎带位移增长速率较快,变形值大,表现为隧道拱顶的持续沉降,在开挖面通过Ⅳ断面后(约开挖至第16~18步),拱顶沉降出现小幅波动后继续增长,尤其Ⅰ、Ⅱ两断面受开挖影响较为明显,距离断层破碎带较远的Ⅳ、Ⅴ两断面受影响程度则较小,Ⅴ断面则基本不受其影响,分析认为衬砌结构对围岩位移的限制也是造成该现象的原因之一。

(2)由图3-73可知,灾害发生前各监测点均保持缓慢增长,发生突水突泥灾害时,Ⅰ断面洞周(Ⅰ-DJ0)及3倍(Ⅰ-DJ3)洞径拱顶位移发生跳跃式激增,而Ⅳ断面相应监测点的位移则表现平稳;图3-72及图3-73表明无论是在正常围岩开挖过程中还是揭露断层后,断层破碎带岩土体的位移幅度均大于正常围岩断面,且越靠近断层破碎带及隧道开挖轮廓线位移沉降值越大,突水突泥结束后,围岩重新达到相对稳定状态。

3.3.5 断层破碎带突水突泥灾变分析

隧道发生灾害的条件:一是开挖引起局部区域岩体的性能参数发生改变,从而积聚了大量能量,即具备发生灾害所需要的高能量;二是岩体需要具备遇水弱化崩解的性质,即断充填物质以泥水形式存在。

针对上述两个条件,在试验参数基础上,采用前述的判据方法对灾害进行评价分析。通过对应力应变变化规律曲线进行分析确定判据中所需要参数,支护结构在正常岩体内施作,未进入断层破碎带,因此,本次试验参考数据为无支护结构条件下的揭露缓发型灾害。

表3-23中数据为试验过程中不同时刻所采集到的参数信息,以Ⅰ断面不同高度处(即不同洞径)拱顶处渗压值变化情况为代表进行分析说明,初始应力Q1为土压力,扰动应力Q2为渗流压力,E_C为相似材料在无地下水条件下室内试验弹性模量,E_2为被地下水扰动后的岩体弹性模量,其数值随扰动作用影响程度有所不同,m是通过隧道围岩系统的地应力及水压加载试验获得,h_2/h_1的变化可通过渗压的变化间接获得。

岩体高度比时间变化 表3-23

时间(min)	12.5	20	28	32	—
泥化高度(m)	0.37	0.74	1.11	1.85	—
岩体高度比	0.14	0.33	0.48	1.18	3.12

Ⅰ断面不同高度渗压变化如图3-74所示,分析可知1~7倍洞径拱顶位置不同时刻的渗压变化情况,1倍洞由于最靠近隧道开挖轮廓线,因此岩体受地下水及各因素影响较大,出现较大波动,3倍与5倍洞径具有相似的变化曲线,但其出现变化时间不同,从图中可知,3倍位置的响应时间早于5倍位置处,表明下部岩体受到地下水作用后泥化范围开始向上部延伸直至发生突水突泥灾害。7倍洞径渗流压力曲线变化较为平缓,未出现明显阶段性变化,只在约第21min上升速率发生了较小的增长。因此,可以得到结论揭露断层后Ⅰ断面岩体弱(泥)化范围自下而上出现扩大,且弱化强度及规模与隧道开挖轮廓线的距离正相关,随着范围的扩大,h_2/h_1的值越来越大。

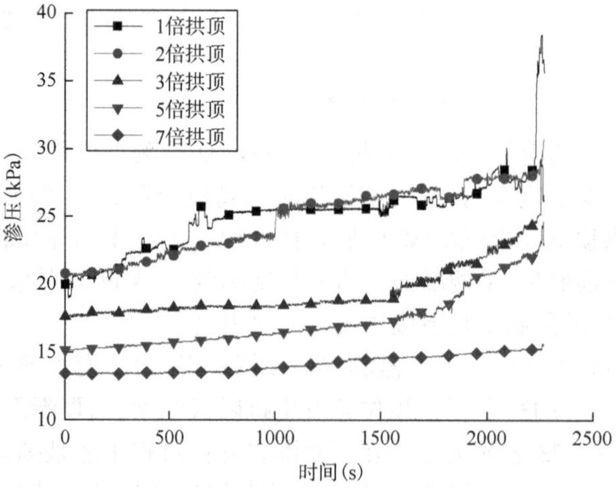

图3-74 Ⅰ断面不同高度渗压变化

岩体高度比随时间变化曲线如图3-75中,泥化岩体与承载岩体的高度比随时间的增长而提高,岩体逐渐向上发生泥化。揭露断层25min后,岩体高度比增长速率明显提高,分析认为,随着时间的推移,当断层岩体泥化范围达到一定程度后(图3-75中为0.35),地下水对岩体的泥化作用越来越明显,导致岩体性能变化加速,泥化岩体范围迅速扩大,这也解释了突水突泥灾害的突发性。

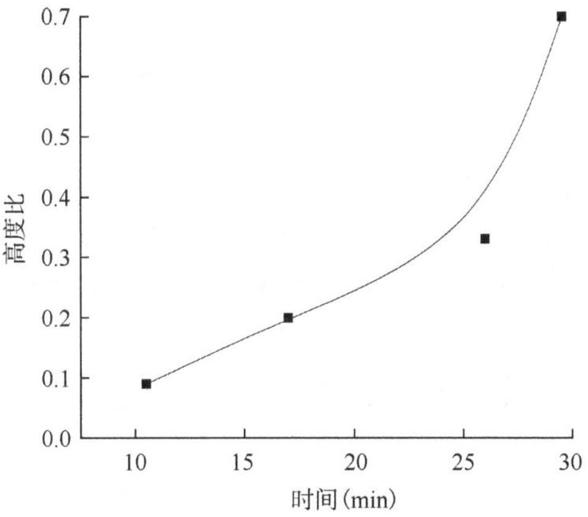

图3-75 岩体高度比随时间变化曲线

断层破碎带岩体受地下水影响主要集中在隧道掌子面附近区域,选择Ⅰ监测断面不同高度处的岩体性能参数作为判据系数的取值依据,各参数取值结果见表3-24。

试验参数表 表3-24

时间(min)	Q_1(kPa)	Q_2(kPa)	E_C(MPa)	E_2(MPa)	m	h_2/h_1	K	I
17	15.1	25.5	40	23	1.89	0.29	0.504	0.48
25	9.4	26.45	40	25	1.93	0.35	0.56	0.5
32	44.7	21.64	40	26	1.99	0.4	0.615	0.54
37	8.7	23.26	40	28	1.92	0.42	0.6	0.497

分析表3-24及图3-75可知,揭露断层约25~26min后,泥化岩体与承载岩体高度增长速率出现明显加快,说明断层岩体被地下水弱化到一定的空间范围或经过一段的持续时间后,上部原承载岩体维持初始性能较前期更快更明显,这也是导致灾害具有突发性特点的原因之一。由表3-24可知,在约第32min时$K>I$,判断隧道h_2范围内岩体已发生破坏,隧道系统发生失稳。在约第30min掌子面发生大面积泥化(塌方)涌出现象,该现象及出现时间与前述的突水突泥过程以及图3-75中的泥化时间基本吻合。

判据结果表明,一次性灾害的突发性与断层破碎带充填物质的泥化时效密切相关,断层揭露后,随着时间的增长泥化岩体范围越来越大,灾害越可能发生。由此可见,泥质充填断层破碎带岩体的性质决定了其具有显著的灾害突发倾向性。

第4章　断层破碎带突水突泥机理数值模拟分析

本章采用数值模拟方法对隧道穿越断层破碎带过程中应力场、渗流场、位移场、应变场、塑性区等多物理场信息演化过程进行研究，并分析围岩等级、地下水位、围岩渗透性等因素对隧道稳定性与涌水量的影响规律，进一步揭示富水断层破碎带突水突泥机理。

4.1　断层破碎带突水突泥机理数值建模

通过数值模拟分析方法，考虑流固耦合作用，采用 COMSOL Multiphysics（以下简称 COMSOL）有限元数值软件模拟分析隧道开挖至断层破碎带过程中应力场、位移场、渗流场等的变化对隧道突水突泥危险性的影响，主要从隧道断层围岩稳定性角度研究隧道遇断层发生突水突泥机理。

4.1.1　COMSOL 简介及其流固耦合计算原理

COMSOL Multiphysics 数值模拟软件基于有限元法，通过求解偏微分方程或者偏微分方程组来实现物理现象的仿真。COMSOL 提供了多种物理应用模式，包括渗流、应力、热传导等，用户可以通过这些预定义的应用模式快速建模；此外，还支持用户自定义偏微分方程组进行求解。软件提供的各物理接口可以自主完成多物理场的耦合模型分析，在处理复杂多物理场的耦合分析问题时较灵活方便。软件的架构比较开放，用户可以在图形界面中自由的定义所需的独立函数、材料属性、边界条件、载荷等控制参数。软件内嵌 CAD 建模工具，用户可直接在软件中进行二维和三维建模，也可以通过 CAD 导入进行几何建模。软件提供的网格剖分较为方便，可以支持多种形式网格剖分，还支持移动网格功能。此外，软件的后处理功能较为丰富，用户可根据需要进行数据、曲线、图片以及动画的结果输出与分析。

地下水在岩体中流动时，会对岩体产生静水压力和渗流动水压力，造成岩体应力场分布的变化；同时，应力场的改变会使岩体裂（孔）隙产生变形，导致介质渗透性能和孔隙水压的改变，如此反复直至平衡，这种渗流场和应力场相互影响效应称为流固耦合作用。采用 COMSOL 中的流体流动模块和固体力学模块进行流固耦合数值分析，将岩体视为均质、各向同性的等效连续介质，地下水流动遵循达西定律，并假设流体为单相流，且具有不可压缩性；忽略温度变化引起的介质变形，渗流场处于等温状态。基于 Terzaghi 有效应力原理，主要渗流场—应力场耦合方程如下：

$$-\nabla\cdot\sigma = F_v, \sigma = s \tag{4-1}$$

$$s - S_0 = C:(\varepsilon - \varepsilon_0 - \varepsilon_{inel}) - \mathrm{trace}(C:(\varepsilon - \varepsilon_0 - \varepsilon_{inel})/3 + p_w) - \alpha_B p_f \tag{4-2}$$

$$\varepsilon = \frac{1}{2}[(\nabla u)^T + \nabla u] \tag{4-3}$$

$$\rho S \frac{\partial p_f}{\partial t} + \nabla \cdot (\rho u) = Q_m - \rho \alpha_B \frac{\partial e_{vol}}{\partial t} \tag{4-4}$$

$$u = -\frac{k}{\mu}(\nabla p_f + \rho g \nabla D) \tag{4-5}$$

$$S = \varepsilon_p \chi_f + \frac{(\alpha_B - \varepsilon_p)(1 - \alpha_B)}{k} \tag{4-6}$$

式中：F_v——体荷载（N/m^3）；

σ——应力场（Pa）；

u——位移场（m）；

p_w, p_f——压力（Pa）；

α_B——Biot-Willis 系数；

μ——流体动力黏度（Pa · s）；

χ_f——压缩率（1/Pa）；

k——渗透率（m^2）。

上述流固耦合数学模型包括渗流场方程和应力场方程，在模型中赋予各自相应的边界条件和初始条件，便可构成定解问题。此外，在 COMSOL 流固耦合计算过程中，通过在渗流和应力场中设置耦合交叉项，定义交叉项的函数或者参数，软件便可在求解两场时可以相互调用计算结果，迭代计算，从而实现渗流、应力的耦合求解计算。

4.1.2　流固耦合数值计算基本假定

（1）岩体为均质、各向同性的等效连续渗透介质。

（2）隧道开挖前孔隙水处于静止状态，自由水面以下的岩体处于饱和状态。隧道开挖后地下水流动满足达西定律，渗流为单相饱和流动，并处于稳定状态。

（3）岩体的初始应力场不考虑构造应力，仅考虑其自重应力。

（4）将岩体变形视为弹塑性变形，岩体采用 Mohr-Coulomb 弹塑性本构模型。

（5）为方便计算和分析，假设研究区隧道为单洞隧道，仅按单洞考虑。

（6）不考虑初期支护和二次衬砌的影响，仅按毛洞进行模拟分析，计算结果虽然一定程度上夸大了渗流和应力耦合作用效应，但是有利于更好地分析和揭示突水突泥信息规律。

4.1.3　计算几何模型及边界条件

以吉莲高速公路永莲隧道左洞作为研究对象，研究隧道穿越 F2 断层破碎带突水突泥机理。隧道在该断层区域平均埋深 179m，地下水位线平均高度位于地表下 50m；隧道断面为四心圆，隧道毛洞洞径为 15.5m，高 13m；断层宽度取 50m，倾角 84°。相关实践和理论分析表明：地下洞室开挖仅对距离洞室中心点 3 ~ 5 倍洞径范围内的围岩应力、位移产生较大影响，在 3 倍洞径之外影响一般小于 5%。因此，综合考虑边界约束条件对计算结果的影响和必要的计算精度、效率，在水平方向上，计算模型由隧道轴线向两侧各取 60m；在竖直方向上，下边界取至隧底48m,上边界取至静止水位线处,即距隧道拱顶129m,将超出模型计算范围的50m岩体按岩土体自重应力均布在隧道模型上表面。此外,隧洞掌子面施工至距断层0.75~1.25倍洞径范围时,围岩应力、位移有较大变化,因此计算模型纵向范围也应作相应的延伸,由断层向两侧各延伸70m。整个计算模型三维尺寸为120m×190m×190m,如图4-1所示,其中,以隧道纵向为x轴,竖直向上为z轴,垂直于xz平面为y轴,原点为模型底部前视角点处。计算模型横断面、纵断面图如图4-2所示。

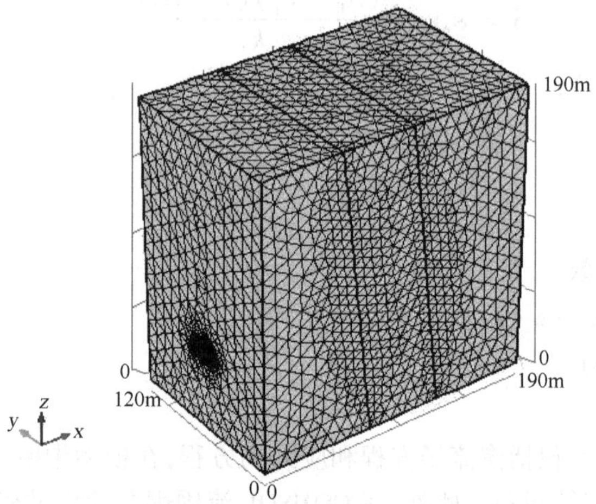

图4-1　三维计算模型及网格划分图

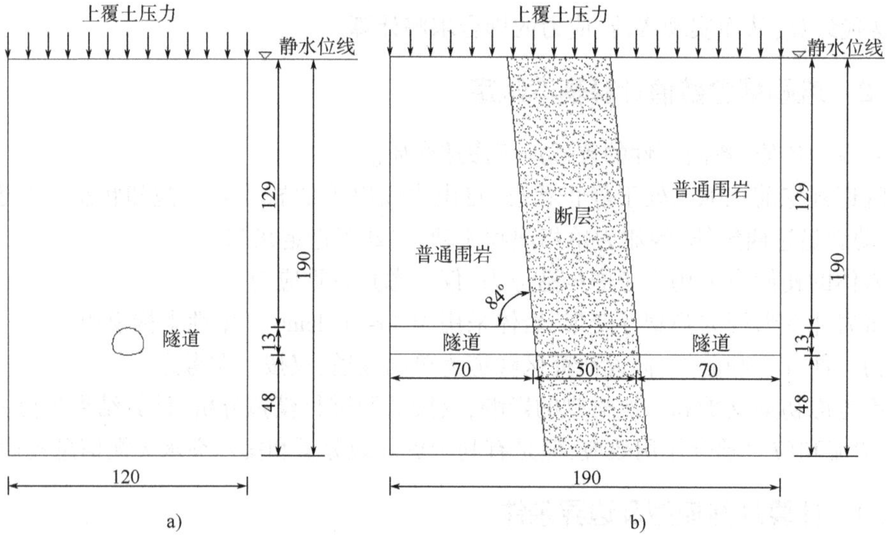

图4-2　计算模型横断面、纵断面(尺寸单位:cm)

渗流场边界条件:模型上表面为自由水面,设置孔隙水压力为零边界;隧道开挖周边及掌子面由于与大气相通,也设置孔隙水压力为零边界;隧道左右、前后以及底部设为无流动边界。

应力、位移场边界条件:模型上表面受上覆50m岩土体重力作用,取岩土体重度20kN/m^3,计算得到边界压应力为10^6N/m^2;隧道开挖周边及掌子面为自由边界;隧道左右、前后限制水平位移,设为辊支承约束;隧道底部设为固定约束。

4.1.4 计算参数及模拟方法

为方便计算和建模，将计算模型的围岩视为普通围岩和断层破碎带围岩两种形式的岩体，根据研究区工程地质勘察报告，普通围岩按Ⅳ级围岩，断层破碎带按Ⅴ级围岩考虑。

各计算参数主要参考永莲隧道工程地质报告，部分不详参数参考隧道断层破碎带常见围岩状况并根据《公路隧道设计规范 第一册 土建工程》(JTG 3370.1—2018)及《工程地质手册》(第四版)有关规定进行选取，各参数具体取值见表4-1。主要研究隧道过断层破碎带时突水突泥机理及规律，因此，对隧道开挖施工模拟做了适当的简化：隧道采用全断面开挖方式，进入断层前开挖步距2m，当开挖接近断层破碎带后开挖步距改为1m；普通围岩开挖70m，断层破碎带开挖22m，共开挖92m；在开挖掌子面后方一定距离处布设监控断面，进行对比研究。根据以上数值模拟方案，从孔隙水压力、主应力、位移、塑性区、渗流量、渗流速度等的变化角度研究隧道穿越断层破碎带突水突泥机理。

围岩的物理力学参数取值表 表4-1

材料名称	弹性模量(GPa)	重度(kN/m^3)	泊松比	内摩擦角(°/rad)	黏聚力(MPa)	渗透率(m^2)	孔隙率
Ⅳ级围岩(普通围岩)	4.7	21.5	0.3	34/0.593	0.42	9.83×10^{-14}	0.2
Ⅴ级围岩(断层破碎带围岩)	1.1	18.5	0.45	26/0.453	0.18	2.89×10^{-13}	0.3

4.2 断层破碎带突水突泥多物理场分析

4.2.1 孔隙水压力场分析

隧道开挖穿越断层破碎带过程中，围岩孔隙水压力场变化如图4-3所示。考虑篇幅原因，以下仅列出掌子面开挖推进0m、30m、60m、68m、76m、84m、92m时孔隙水压力分布剖面整体剖切图及其后方10m处监测断面的孔隙水压力分布图。

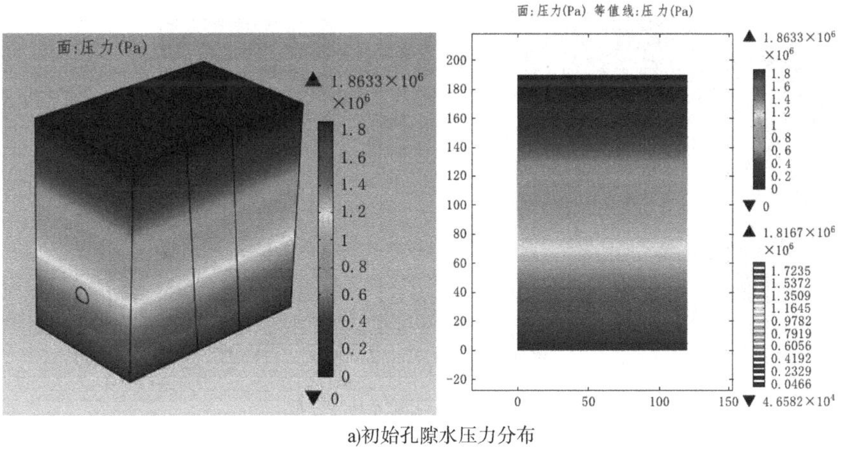

a)初始孔隙水压力分布

图 4-3

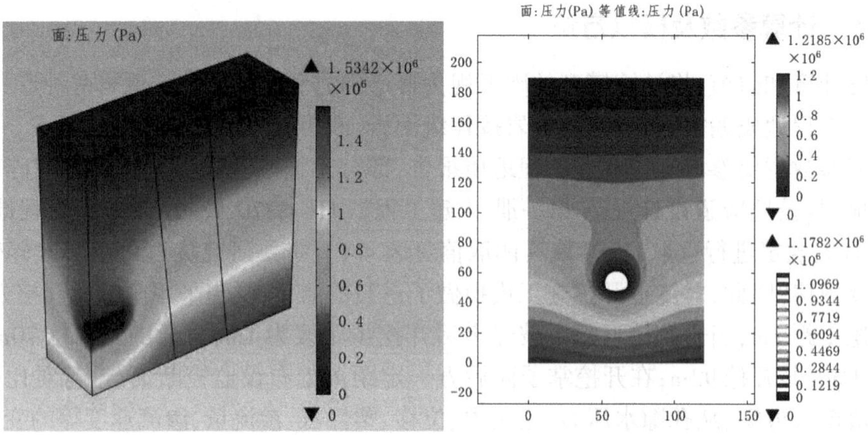

b)开挖30m后孔隙水压力分布

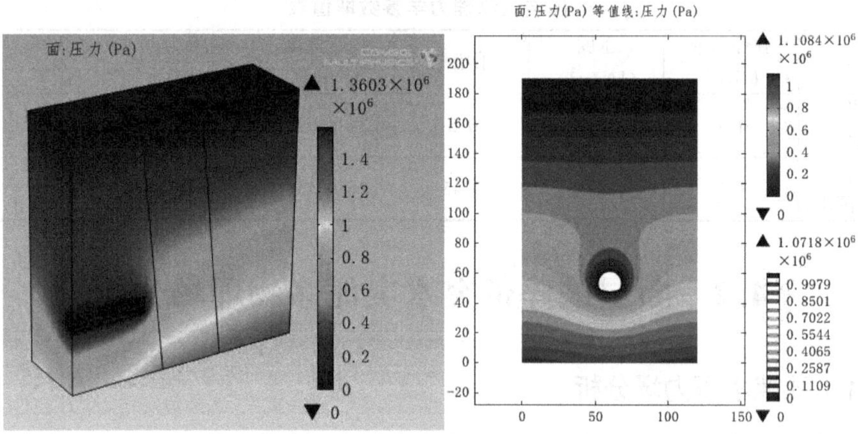

c)开挖60m后孔隙水压力分布

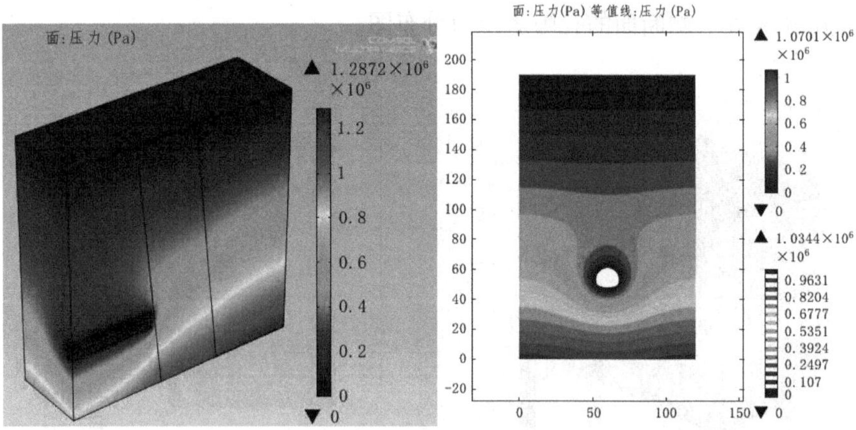

d)开挖68m后孔隙水压力分布

图 4-3

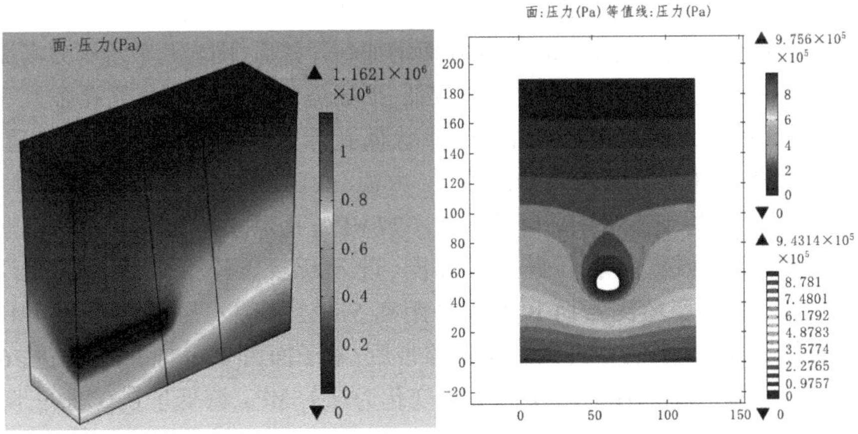

e)开挖76m后孔隙水压力分布

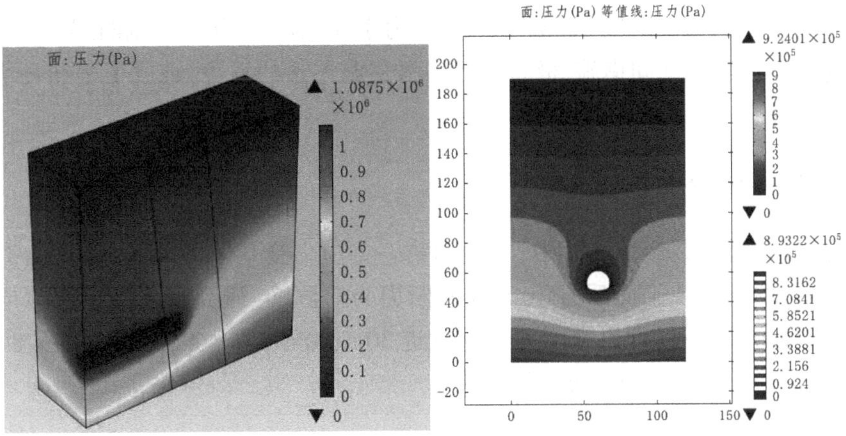

f)开挖84m后孔隙水压力分布

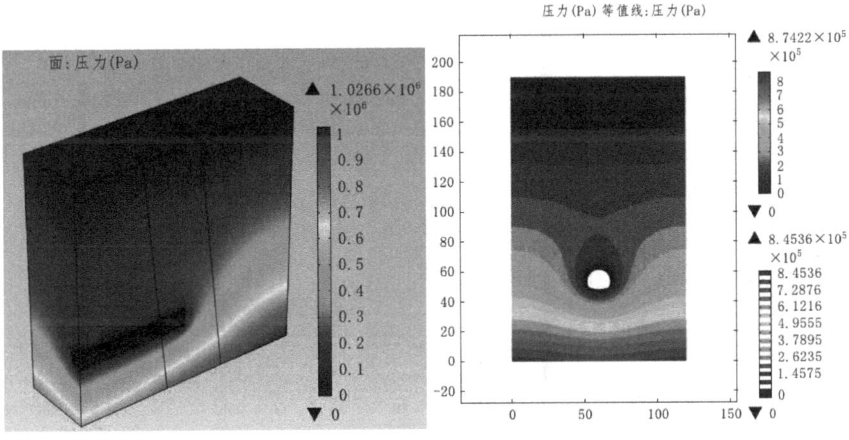

g)开挖92m后孔隙水压力分布

图4-3　隧道开挖后围岩孔隙水压力分布云图

分析图 4-3 可知,开挖前隧道围岩初始孔隙水压力整体呈层状分布,在普通围岩与断层破碎带两者间的分布场一样,均随着深度的增加而增加。开挖后,围岩孔隙水压力场发生明显变化,隧道周围孔隙水压力等势面密集,水压力较低,形成类似于漏斗状的低孔隙水压力区域,特别的,当隧道开挖进入断层破碎带后,漏斗状低孔隙水压力区域相比于普通围岩的进一步扩大。隧道开挖进入断层破碎带前后,一方面,孔隙水压力降低明显,最大孔隙水压力由开挖推进 30m 时的 1.534MPa 降低为 1.027MPa,孔隙水压力大幅消散。另一方面,开挖进入断层破碎带后,水力坡降进一步加剧,进入断层破碎带之前,掌子面由 30m 向 60m 推进 30m 过程中,距监测断面 B 点水平距离 5m 处孔隙水压力由 0.254MPa 变化为 0.234MPa,降低了 0.02MPa;而进入断层破碎带后,掌子面由 76m 向 92m 推进 16m 的过程中,监测断面相同位置孔隙水压力由 0.19MPa 变化为 0.15MPa,降低了 0.05MPa,降低幅度大幅增加。

由上述分析可知,隧道穿越断层破碎带时,水力坡降增大,引起渗流速度和渗透动水压力变大,地下水更容易向洞内渗透,造成围岩软化,力学性能降低,从而加剧断层破碎带岩体的失稳破坏,如不采取注浆等加固措施,极易导致突水突泥灾害的发生,造成工程和环境等方面的问题。

4.2.2 应力场分析

隧道开挖穿越断层破碎带过程中,围岩的第一主应力变化如图 4-4 所示,为对比研究方便,每次开挖后,取隧道掌子面后方 10m 处的断面为监测面,研究分析隧道围岩应力变化情况。考虑篇幅原因,以下仅列出掌子面开挖推进 30m、40m、50m、60m、68m、76m、84m、92m 时监测断面及洞周局部放大的应力分布云图。

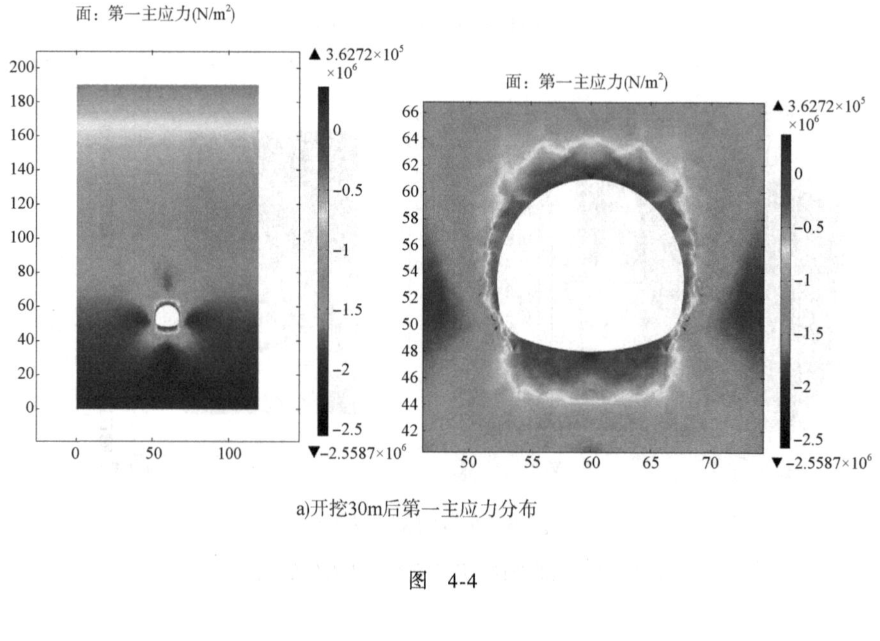

a)开挖30m后第一主应力分布

图 4-4

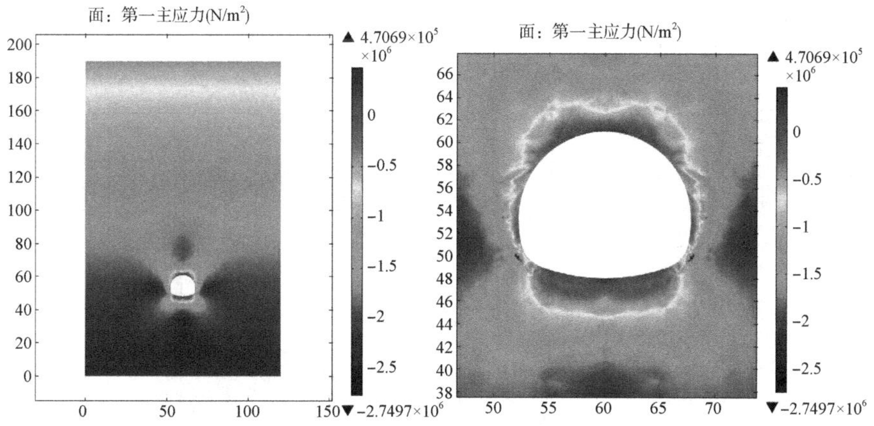

b)开挖40m后第一主应力分布

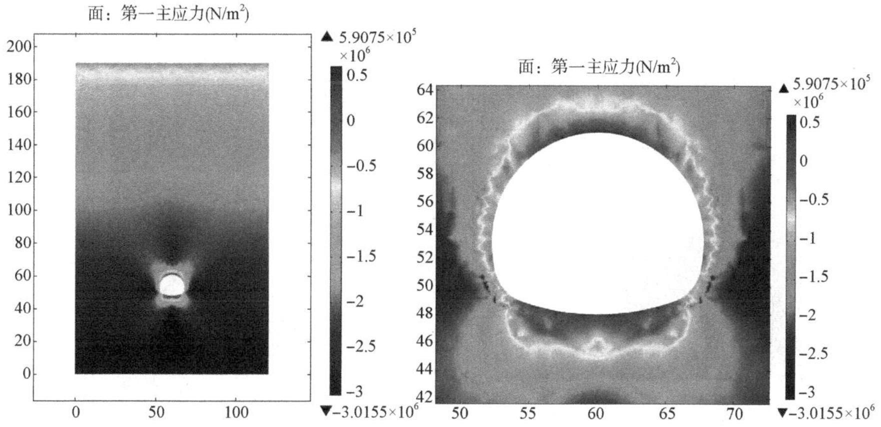

c)开挖50m后第一主应力分布

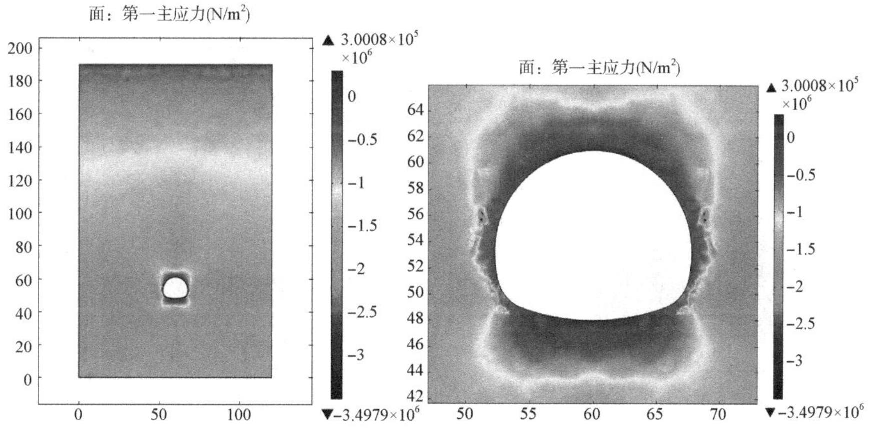

d)开挖60m后第一主应力分布

图 4-4

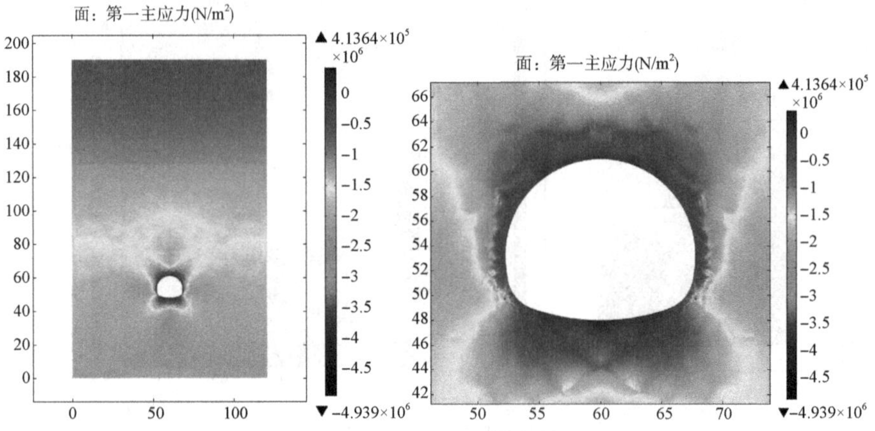

e)开挖68m后第一主应力分布

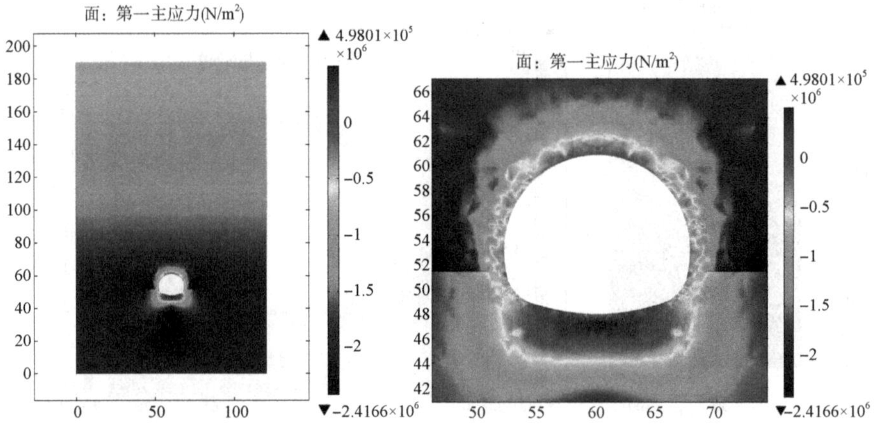

f)开挖76m后第一主应力分布

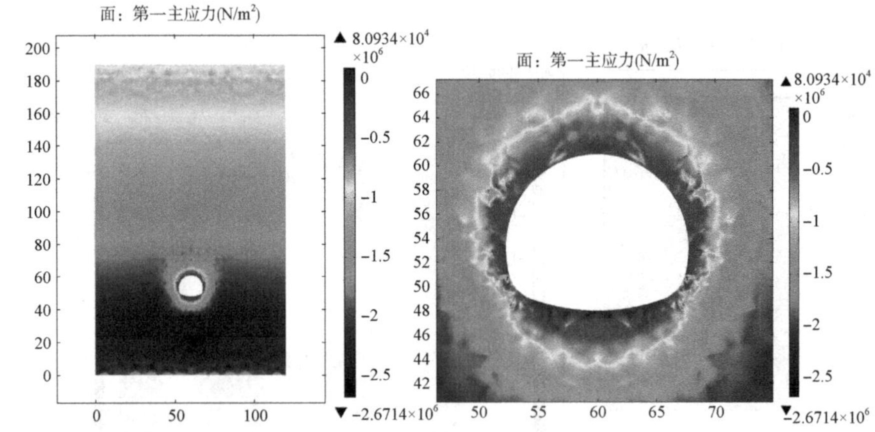

g)开挖84m后第一主应力分布

图 4-4

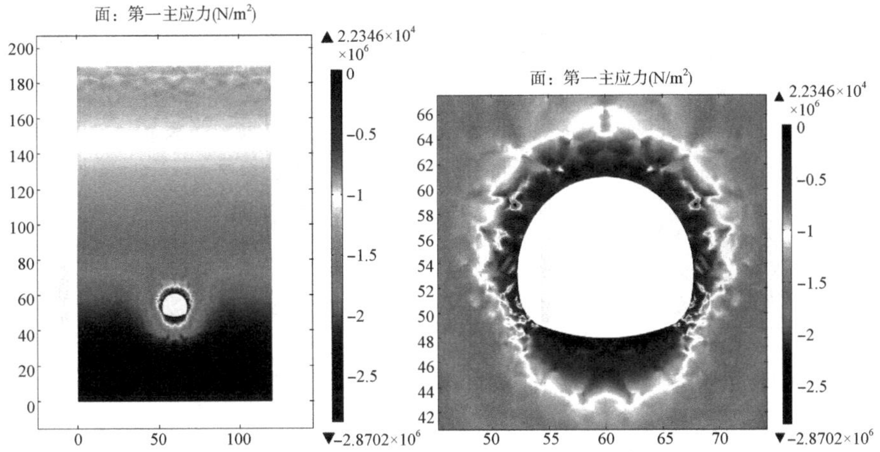

h)开挖92m后第一主应力分布

图 4-4　各开挖推进距离围岩第一主应力分布云图

分析图 4-4 可知：

隧道开挖后，围岩应力重分布，产生应力集中现象，其中，高应力主要集中在隧道侧壁、拱脚附近区域；低应力主要集中在拱顶和底板区域。最大压应力出现在拱脚附近，拉应力出现在拱顶和拱底附近，施工过程中应做好监控量测及加固措施，防止应力达到极限抗压、抗拉强度，围岩发生破坏，形成突水突泥点，从而导致灾害事故的发生。

进入断层前，随着隧道开挖推进，围岩的第一主应力最大值逐渐增大，应力集中现象加剧，开挖 30m 时，第一主应力最大值为 2.56MPa；开挖 50m 时，第一主应力最大值增加为 3.02MPa；隧道开挖 68m 时，由于掌子面非常接近断层面，应力集中现象达到最大，主应力最大值高达 4.94MPa，增幅接近 1 倍，此外，应力集中区范围也有所扩大，较大范围的高应力集中极易导致隧道施工至断层附近区域围岩失稳，发生突水突泥灾害。

隧道开挖进入断层破碎带后，第一主应力分布形式有较大改变，由进入断层前的“蝴蝶型”分布转变为围绕洞周的类似“拱形”分布，应力的急剧变化，隧道洞周围岩出现大范围卸荷、应力松弛、拉应力区增大现象。大范围应力释放使得岩体向隧道开挖临空面以膨胀破坏等形式释放能量，导致隧道围岩裂(孔)隙扩展发育，渗透性增大，进一步恶化可导致突水突泥灾害发生。

4.2.3　位移场分析

隧道开挖穿越断层破碎带过程中，围岩的竖向位移、水平位移、掌子面先行位移分布及变化情况如图 4-5 ~ 图 4-9 所示。为对比研究方便，每次开挖后，取隧道掌子面后方 10m 处的断面为监测面，研究分析隧道围岩多种位移变化情况。考虑篇幅原因及云图差异性大小，以下仅列出部分开挖推进过程的位移分布云图。

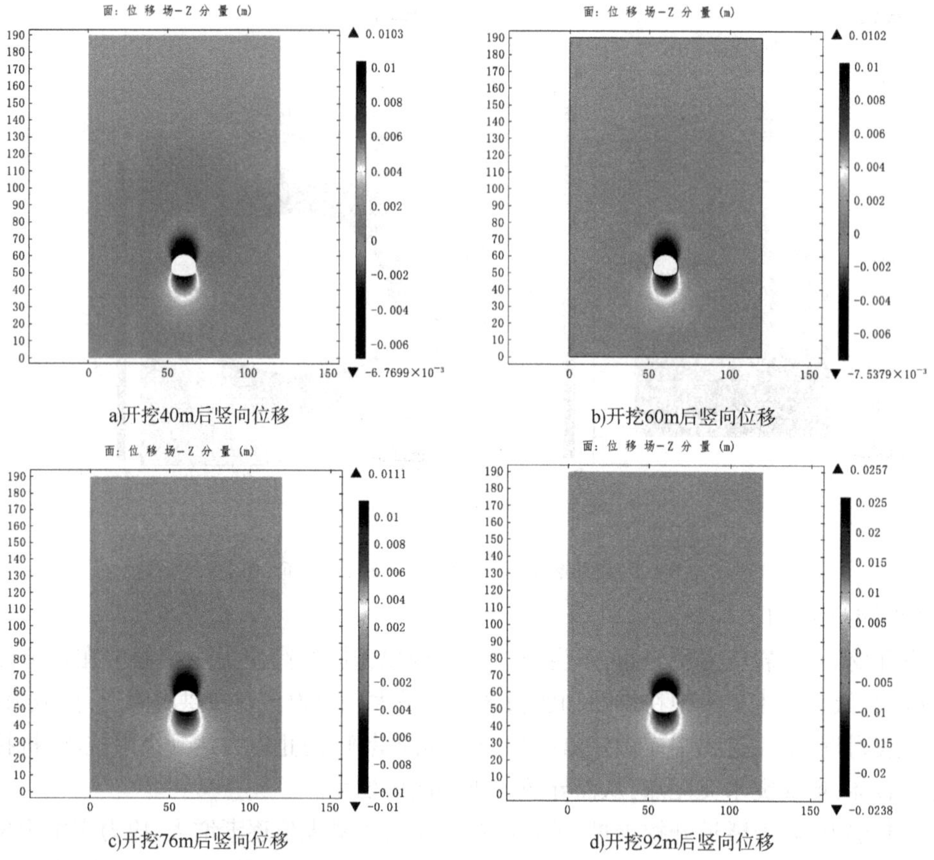

图 4-5　不同开挖推进距离隧道竖向位移分布云图

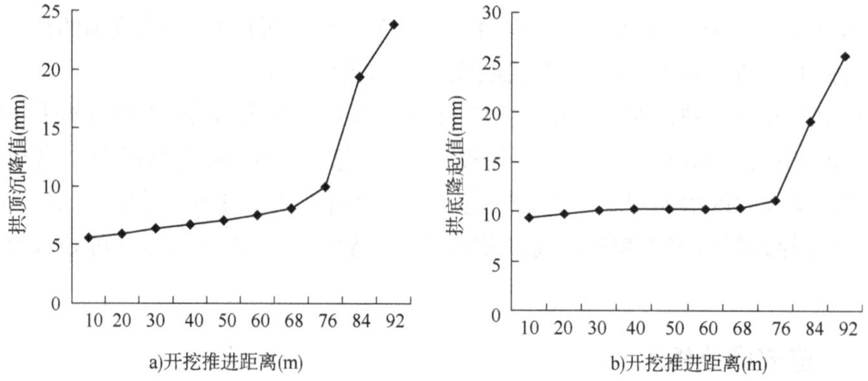

图 4-6　拱顶沉降、拱底隆起值随隧道开挖推进距离的变化曲线

分析上述各位移场结果可知：

隧道开挖推进至断层破碎带前，隧道围岩竖向位移、水平位移和掌子面的先行位移受断层影响不大，位移值基本稳定在某个较小值附近，变化不大。以竖向位移计算结果为例，隧道由开挖 30m 向 60m 推进时，拱顶沉降由 6.409mm 变为 7.538mm，增幅仅为 17.6%；拱底隆起变化幅度较拱顶更小，由 10.1mm 变成 10.2mm，增幅约为 1%。

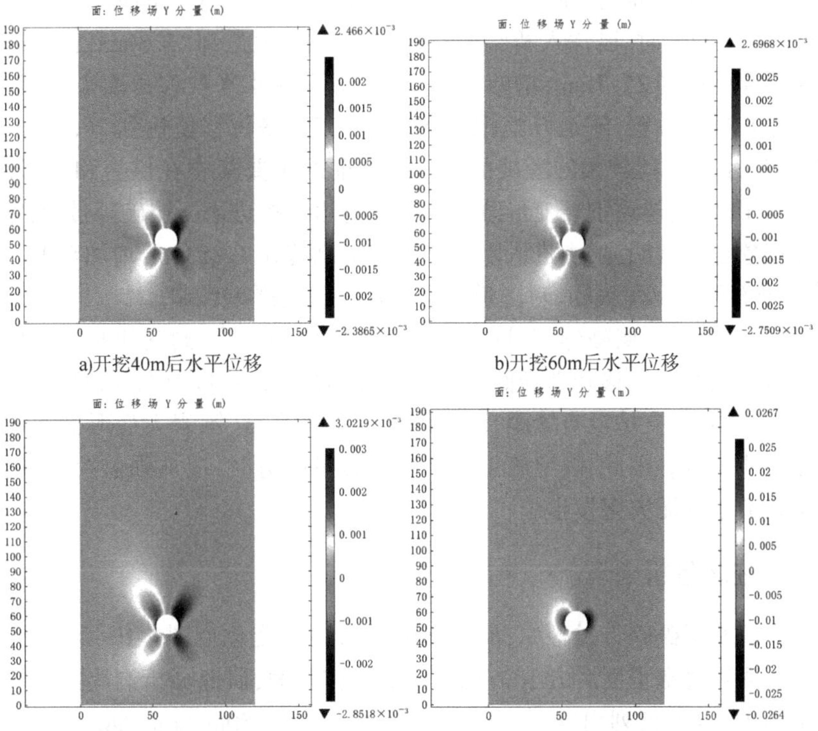

a)开挖40m后水平位移　b)开挖60m后水平位移

c)开挖76m后水平位移　d)开挖92m后水平位移

图 4-7　不同开挖推进距离隧道水平位移分布云图

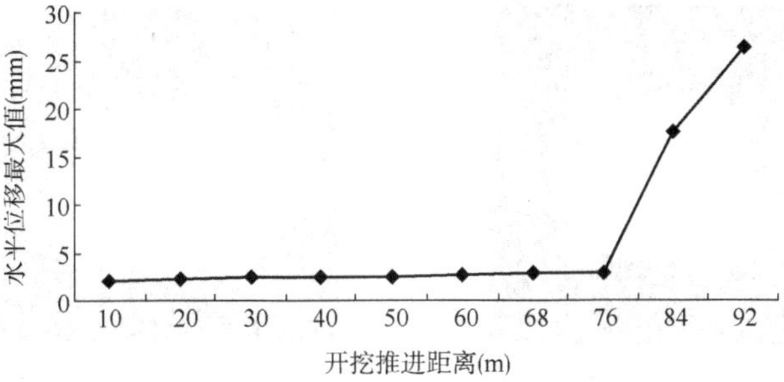

图 4-8　水平位移最大值随开挖推进距离的变化曲线

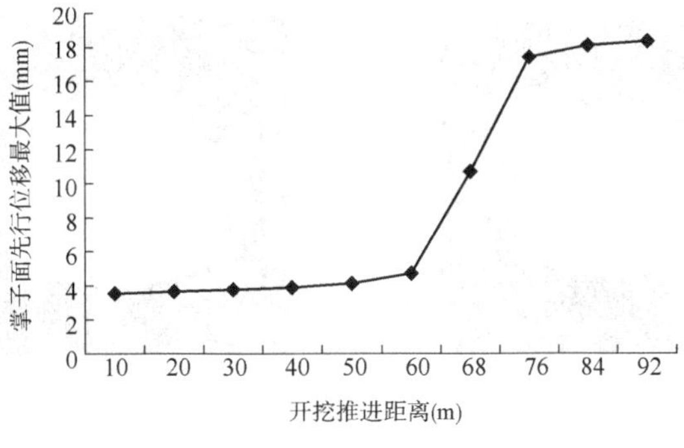

图 4-9　掌子面先行位移最大值随隧道开挖推进距离的变化曲线

随着隧道开挖向断层推进，各位移量均出现急剧性、突变性增大的现象。从竖向位移角度来看，隧道开挖推进92m时，已深入断层破碎带，拱顶沉降值达到23.8mm，较推进30m时增加271.4%；拱底隆起值达到25.7mm，增幅高达154.5%。从水平位移角度来看，隧道开挖后水平位移极值分布在拱墙位置，隧道开挖推进92m时，其水平位移值达到26.4mm，较开挖30m时增加1022.4%；水平位移较大的区域由进入断层前的主要集中在拱肩和拱脚附近，扩展为从拱肩至拱脚整个区域，隧道围岩变形急剧增大。隧道开挖进入断层破碎带后，掌子面先行位移的急剧增加现象也非常明显，由进入断层前的基本维持在3.883mm增加至18.4mm，增幅高达383.9%，掌子面可能发生失稳，对隧道围岩稳定性造成严重影响。

可见，隧道施工穿越断层破碎带过程中，由于岩体软弱破碎，洞室的开挖又加剧了围岩的破坏，围岩竖向位移、水平位移和掌子面先行位移急剧性、突变性增加，隧道极有可能产生大变形。倘若施工方法不当，支护没有紧跟，断层附近地下水丰富，围岩大变形极其可能引起塌方甚至突水突泥地质灾害。因此，隧道施工至断层破碎带附近时，应加强监控测量，采取多种合理有效措施防止突水突泥灾害发生。

4.2.4 塑性区分析

隧道开挖穿越断层破碎带过程中，洞周围岩的塑性区变化如图4-10所示，为对比研究方便，每次开挖后，取隧道掌子面后方10m处的断面为监测面，研究分析洞周围岩塑性区变化情况。考虑篇幅原因，以下仅列出掌子面开挖推进30m、40m、50m、60m、68m、76m、84m、92m时监测断面洞周塑性区分布云图。

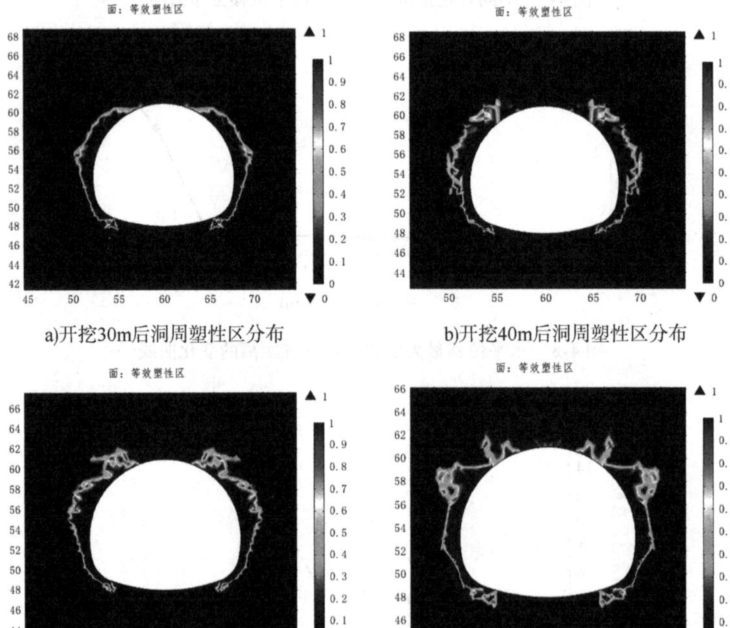

a)开挖30m后洞周塑性区分布　b)开挖40m后洞周塑性区分布

c)开挖50m后洞周塑性区分布　d)开挖60m后洞周塑性区分布

图 4-10

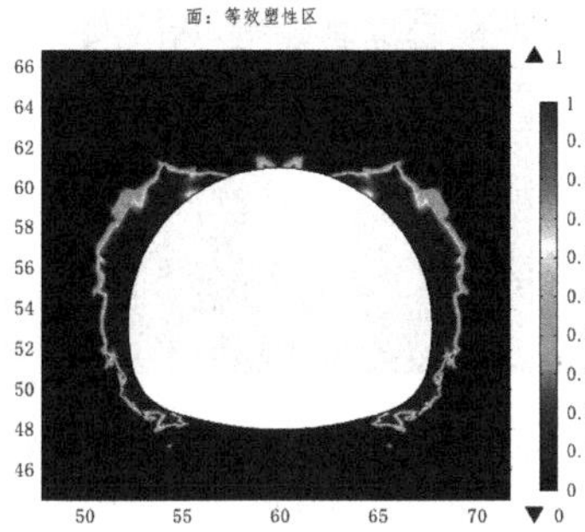

e)开挖68m后洞周塑性区分布

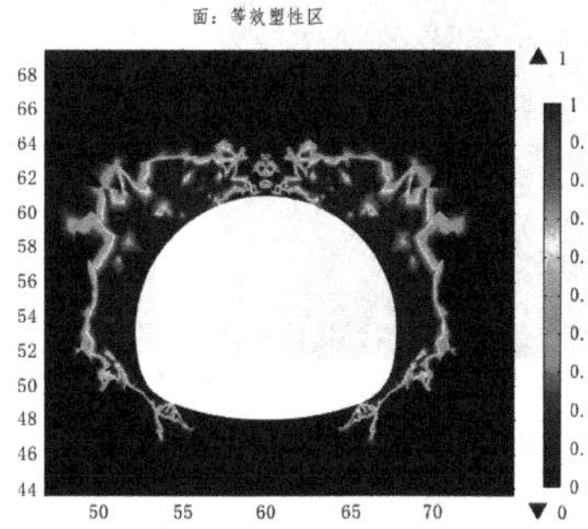

f)开挖76m后洞周塑性区分布

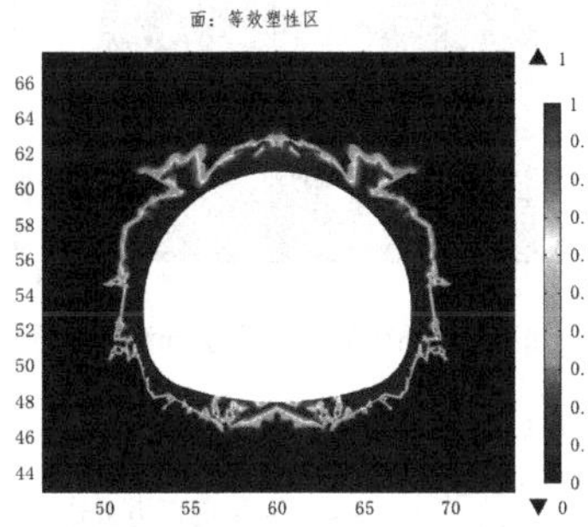

g)开挖84m后洞周塑性区分布

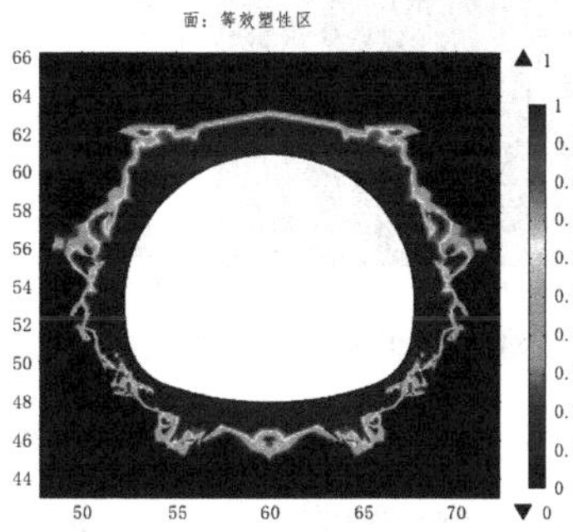

h)开挖92m后洞周塑性区分布

图4-10 不同开挖推进距离隧道洞周塑性区分布云图

分析图4-10可知：

随着隧道开挖向断层推进，隧道洞周围岩的塑性区变化显著，塑性区范围不断急剧性、突变性扩大。隧道开挖进入距断层破碎带较远时，围岩塑性区变化不大，基本呈“月牙形”分布，主要集中分布在拱肩至拱脚区域，尚未波及拱顶和拱底，隧道围岩屈服深度为2.5m左右。随着隧道开挖向断层接近，塑性区逐步向拱顶和拱底扩大，开挖至60m时，受断层影响，隧道拱顶出现塑性区。当隧道开挖进入断层破碎带后，隧道拱顶和拱底出现大范围的塑性区，开挖至84m时，隧道整个断面四周均出现了塑性区，屈服深度为2～2.5m；开挖至92m深入断层时，隧道洞周塑性区进一步扩大，屈服深度扩展至3m左右，断层的破坏范围急剧增大。

隧道围岩塑性区范围与围岩应力、位移一样，是围岩稳定性的综合指标之一。隧道在断层破碎带施工过程中，发生大面积塑性破坏，破坏区形成的裂（孔）隙使得含水层和隧道开挖面形成水力联系，在地下水的冲刷作用下，逐渐扩展成为导水通道，最终造成隧道围岩失稳，形成突水突泥威胁。因此，在断层破碎带隧道施工过程中，应高度重视，采取相应的加固和控制措施，防止突水突泥灾害的发生。

4.2.5 渗流速度及渗流量分析

隧道开挖后，渗流速度场分布如图4-11所示，由于速度场分布形式差异不大，仅大小改变，故只列出开挖推进50m、84m时掌子面及其后方5m处监测断面洞周的渗流流速分布云图。最大渗流速度、总涌水量、掌子面涌水量随开挖推进距离变化的如曲线图4-12和图4-13所示。

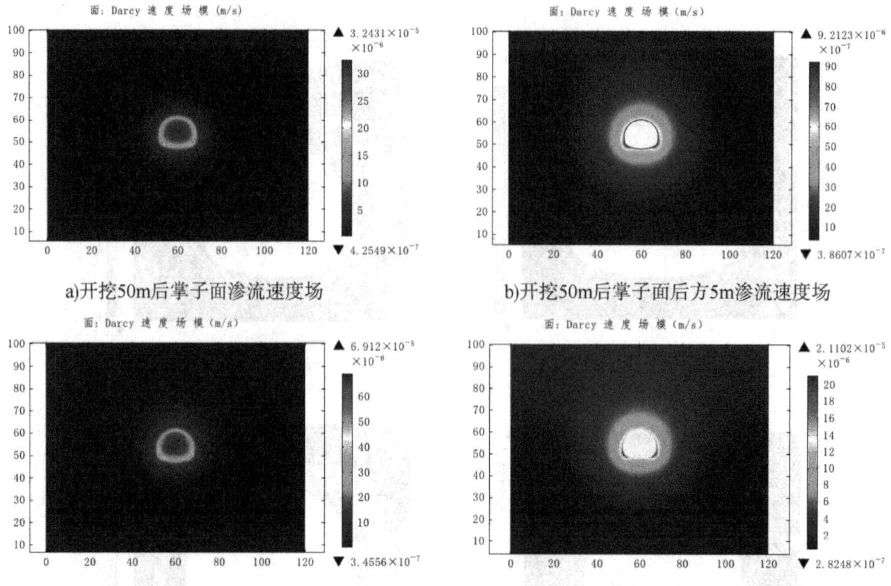

a)开挖50m后掌子面渗流速度场

b)开挖50m后掌子面后方5m渗流速度场

c)开挖84m后掌子面渗流速度场

d)开挖84m后掌子面后方5m渗流速度场

图 4-11　隧道开挖后围岩渗流速度分布云图

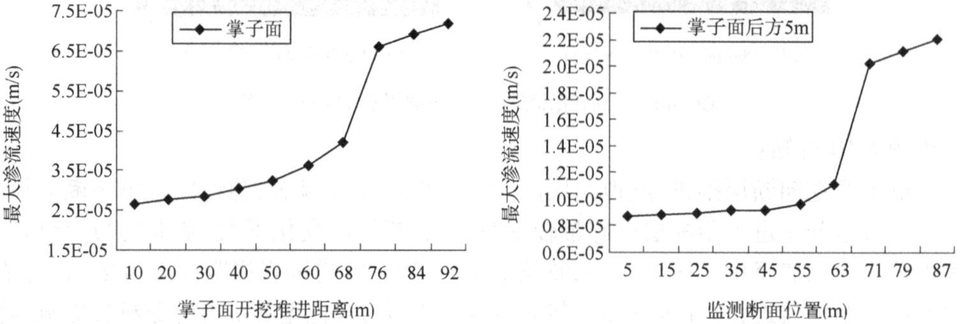

图 4-12　隧道开挖过程掌子面及其后方 5m 最大渗流速度变化曲线

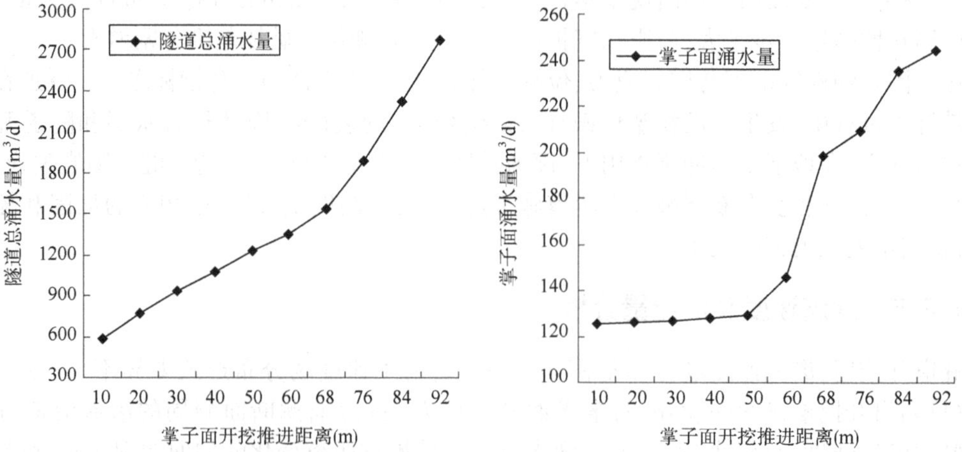

图 4-13　隧道总涌水量、掌子面涌水量随开挖推进距离变化曲线

由图4-12和图4-13分析可知：

隧道开挖后，隧道周围3～5m范围内及掌子面附近区域渗流速度较大。从横向上看，拱脚附近区域渗流速度最大，高渗流速度区呈现类似于蝴蝶翼形式分布；从纵向上看，越靠近掌子面渗流速度越大，以掌子面开挖推进84m为例，最大渗流速度由掌子面后方5m处的2.11×10^{-5}m/s增加到6.912×10^{-5}m/s。因此，在隧道掌子面两侧拱脚附近，渗流速度较大，易发展形成突水突泥，施工时应加强观测和预防。

随着隧道开挖向断层推进，掌子面附近围岩的渗流速度发生急剧性、突变性增大。隧道开挖进入断层破碎带区域前，地下水流动较为稳定，流速变化不大，隧道开挖10m时，最大渗流速度为2.652×10^{-5}m/s，开挖至50m时，最大渗流速度为3.243×10^{-5}m/s，增幅仅为22.3%。开挖至60m时（距断层破碎带距离0.75～1.25倍洞径范围内），受断层破碎带影响，最大渗流速度变为3.646×10^{-5}m/s，增幅达到37.5%。隧道开挖进入断层破碎带后，流速发生突变现象，呈现突然急剧性增大，掌子面推进至92m时，最大渗流速度达到7.19×10^{-5}m/s，增幅高达171.1%。因此，隧道施工至断层破碎带后，渗流速度急剧增大，地下水对围岩的蚀溃破坏作用加大，极易造成突水突泥灾害，设计施工时应重点防范。

隧道开挖向断层破碎带推进过程中，涌水量有明显增大。隧道开挖进入断层破碎带前，隧道总涌水量增长较为稳定，隧道总涌水量变化曲线斜率改变不大。隧道开挖进入断层破碎带后，隧道总涌水量变化曲线斜率较大幅度增大，总涌水量急剧增加，总涌水量高达2775.168m^3/d。开挖推进至断层破碎带前，掌子面涌水量变化较小，开挖至40m时，掌子面涌水量为128.164m^3/d，较开挖10m时仅增大2.23%。开挖至60m时（距断层破碎带距离0.75～1.25倍洞径范围内），受断层破碎带影响，掌子面涌水量为145.770m^3/d，增幅达到16.3%。进入断层破碎带后，掌子面涌水量急剧增加，发生突变现象，开挖至92m时，掌子面涌水量增加为243.821m^3/d，增幅达到94.53%，涌水量的急剧性增加，极易引起突水突泥，施工至该段时应引起高度重视。

可见，隧道开挖至断层破碎带时，隧道渗流速度和渗流量明显大幅增加，由于岩体破碎软弱，地下水沿岩体内的裂隙和孔隙通道大量涌出，不断渗透、软化和潜蚀围岩，造成隧道围岩力学强度和渗透性不断恶化，导致岩体失稳，大量地下水及泥屑物质涌进隧道，造成突水突泥灾害。因此，断层破碎带是整个隧道的薄弱地段，设计施工中应予以突出重视，积极采取有效的防控措施。

4.3　断层破碎带突水突泥影响因素分析

隧道施工过程中发生突水突泥的因素有很多，主要包括内在的地质环境因素和外在的工程因素，分析各种因素对隧道突水突泥的影响具有一定的工程借鉴意义。因此，本节仍以吉莲高速公路永莲隧道为背景，以4.2节建立的模型为基本模型，通过数值模拟定量、定性分析的方法，主要研究围岩等级、地下水线高度、围岩渗透性等地质环境因素对隧道断层突水突泥的影响，进一步深化对隧道断层突水突泥机理的认识。

4.3.1　围岩等级的影响

（1）数值模拟方案

计算模型的几何尺寸、边界条件以及开挖模拟方法均与前述建立的计算模型一致，仅改变围岩等级进行模拟分析。围岩等级的变化按照以下三种工况进行模拟：

工况一：普通围岩等级为Ⅲ级，断层破碎带围岩等级为Ⅳ级；

工况二：普通围岩等级为Ⅲ级，断层破碎带围岩等级为Ⅴ级；

工况三：普通围岩等级为Ⅳ级，断层破碎带围岩等级为Ⅴ级。

各工况不同等级围岩的物理力学参数依据表4-2选取。根据相应场的变化特征来分析围岩级别变化对隧道断层突水突泥的影响。

各等级围岩的物理力学参数取值表　　表4-2

材料名称	弹性模量(GPa)	重度(kN/m^3)	泊松比	内摩擦角(°/rad)	黏聚力(MPa)	渗透率(m^2)	孔隙率
Ⅲ级围岩	10	24	0.27	42/0.733	1.1	5.0×10^{-14}	0.15
Ⅳ级围岩	4.7	21.5	0.3	34/0.593	0.42	9.83×10^{-14}	0.2
Ⅴ级围岩	1.1	18.5	0.45	26/0.453	0.18	2.89×10^{-13}	0.3

(2)计算结果分析

围岩等级变化时，隧道开挖过程中围岩的应力场、位移场、渗流场变化如图4-14～图4-16所示。同样取隧道开挖掌子面后方10m处的断面为监测面，进行各工况下的对比研究。考虑篇幅原因及云图差异性大小，以下根据计算结果特征，仅列出部分图进行说明分析。

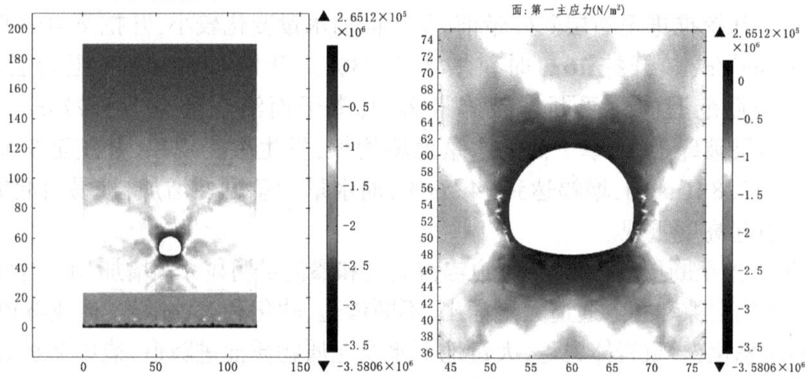

a)工况一围岩第一主应力分布(开挖84m)

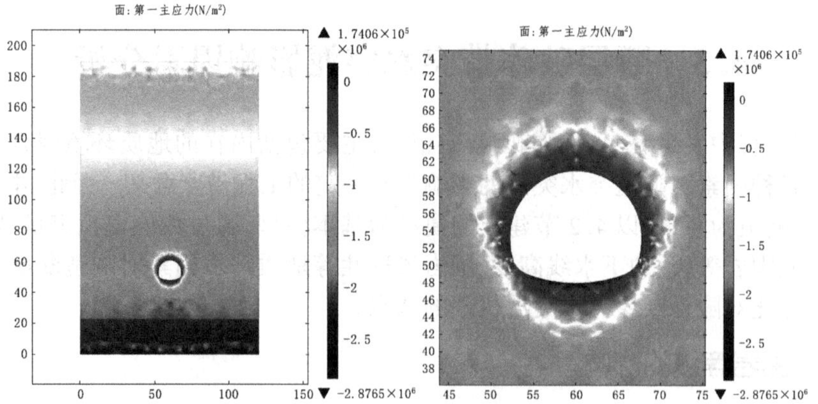

b)工况二围岩第一主应力分布(开挖84m)

图 4-14

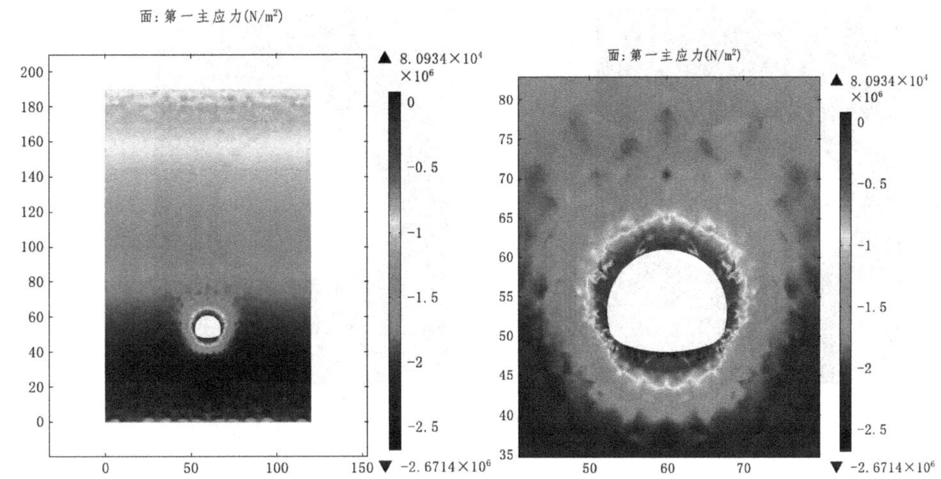

c)工况三围岩第一主应力分布(开挖84m)

图 4-14 不同围岩级别隧道围岩第一主应力分布图(以开挖 84m 为例)

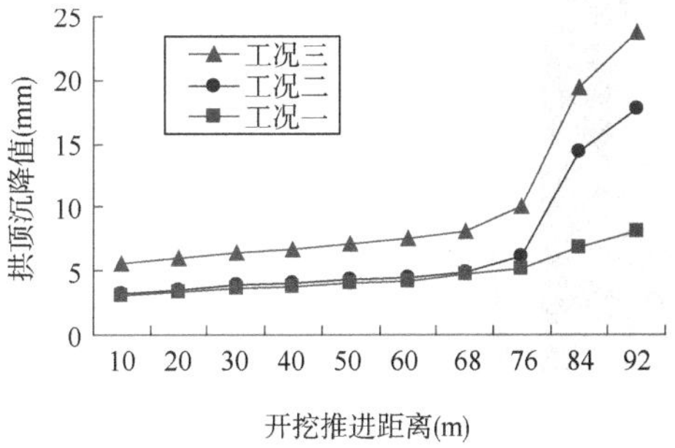

a)各工况拱顶沉降对比曲线

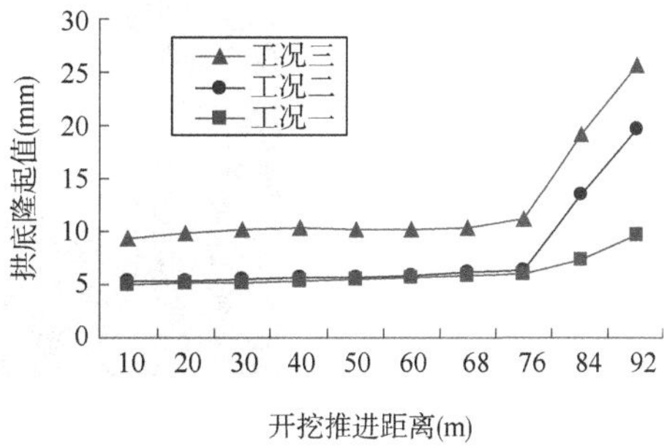

b)各工况拱底隆起对比曲线

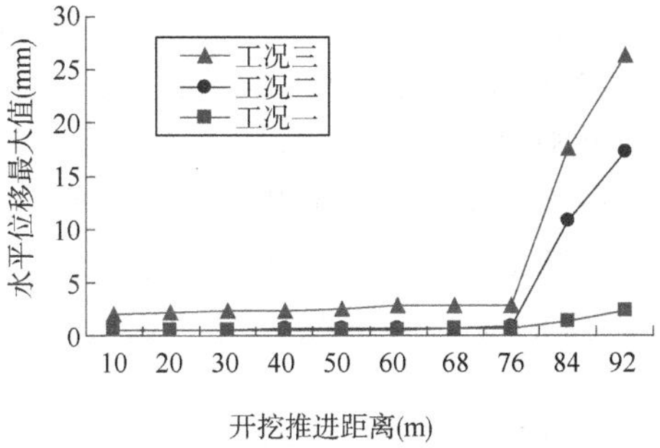

c)各工况最大水平位移对比曲线

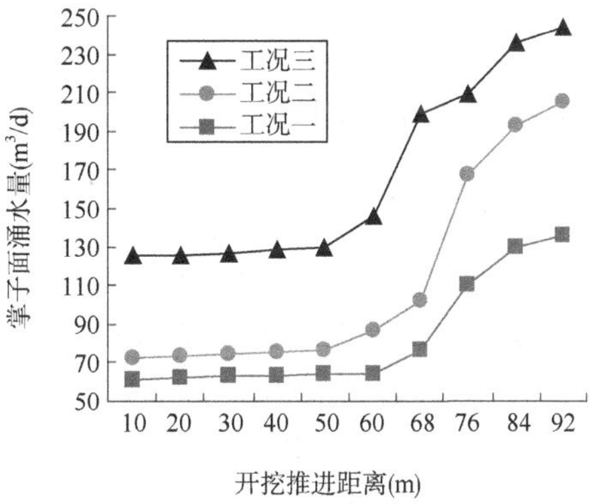

d)各工况掌子面涌水量对比曲线

图 4-15 不同工况下围岩位移场、渗流场对比曲线图

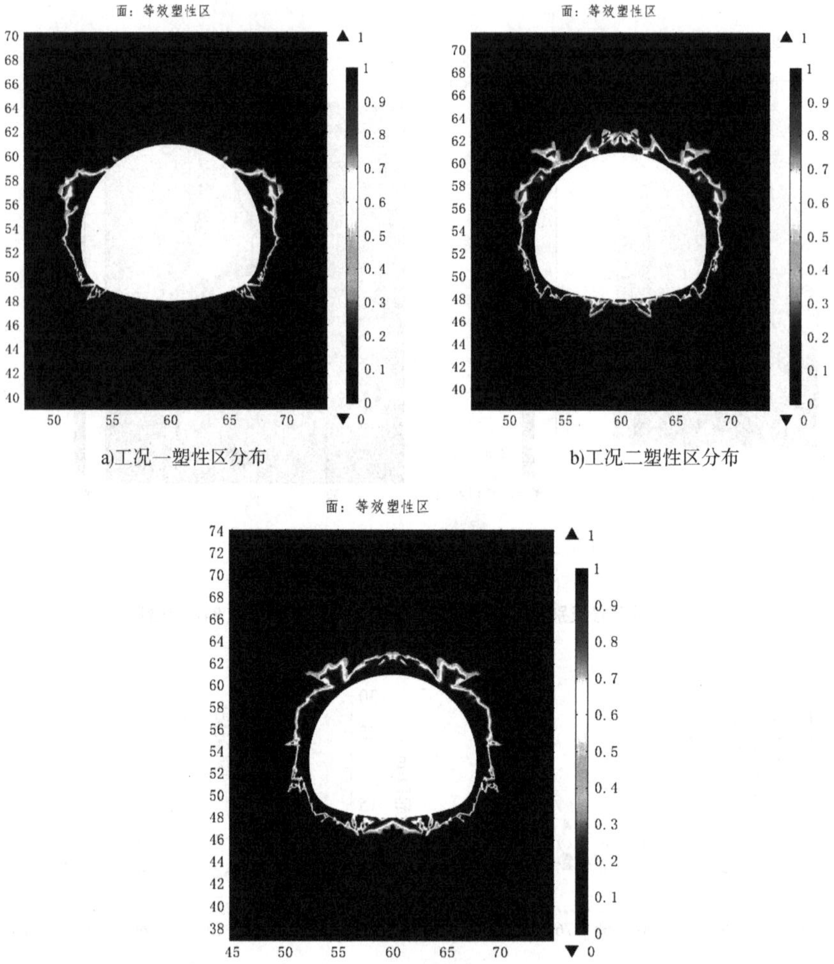

a)工况一塑性区分布 b)工况二塑性区分布

c)工况三塑性区分布

图 4-16　不同围岩级别塑性区变化对比图(以开挖 84m 为例)

对比分析图 4-14 ~ 图 4-16 可以看出,不同围岩等级下隧道围岩的应力、位移、渗流场均有较大的变化,对隧道的稳定性及突水突泥危险性有如下影响规律:

从第一主应力和塑性区分布来看,隧道开挖后,随着围岩级别的变化,断层破碎带内隧道围岩应力、塑性区分布范围有明显变化。当普通围岩等级相同时,断层围岩等级变差时,围岩受拉区和低应力区范围扩大,塑性区分布范围扩大,以隧道开挖 84m 后围岩应力变化特征为例,工况二的拉应力区范围较工况一的扩展,塑性区分布范围向拱顶和拱底扩大,塑性破坏区变大。当断层围岩级别相同时,普通围岩等级变差时,隧道洞周围岩应力集中系数增大,塑性区范围扩大,同样以隧道开挖 84m 后为例,拱脚附近的应力由工况二的 1.02MPa 上升为 2.67MPa,塑性区范围也由拱脚向拱底进一步扩展。

从位移角度上分析,随着围岩等级的变化,断层破碎带围岩的位移场明显受到影响。分析工况二和工况三可知,当断层破碎带围岩等级相同时,普通围岩等级越差,断层破碎带隧道围岩的位移越大,以拱顶沉降为例,开挖推进 84m 时,工况二的拱顶沉降值为 14.4mm,而工况三的拱顶沉降值增加为 19.4mm,即,在断层破碎带围岩同为Ⅴ级围岩时,当普通围岩由Ⅲ级围岩增加为Ⅳ级围岩时,拱顶沉降值增加34.72%,并且,随着隧道开挖向断层深入这种增加有进一步加剧的趋势。此外,分析工况一和工况二可知,当普通围岩等级相同时,断层破碎带围岩等级越差,断层破碎带围岩的位移也越大,同样以拱顶沉降为例,开挖推进84m时,工况一的拱顶沉降值为6.832mm,而工况二的拱顶沉降值增加为14.4mm,即,在普通围岩同为Ⅲ级围岩时,当断层破碎带围岩由Ⅳ级围岩增加为Ⅴ级围岩时,拱顶沉降值增幅110.78%,并且当隧道推进至92m时,这种增幅增长为119.18%,增加幅度更加显著。可见,断层破碎带及其附近地层围岩等级越差,隧道变形越大,也越不稳定。

从渗流量角度分析,随着围岩等级的变化,隧道掌子面渗流量也明显受到影响,与位移变化有类似的规律。以掌子面涌水量为例,当断层破碎带围岩等级相同时,普通围岩等级越差,断层破碎带隧道掌子面的涌水量越大,开挖推进76m时,工况二掌子面涌水量为167.288m^3/d,而工况三掌子面涌水量增加为209.261m^3/d,增幅达到25.09%。当普通围岩等级相同时,断层破碎带围岩等级越差,断层破碎带隧道掌子面的涌水量也越大,挖推进76m时,工况一掌子面涌水量为110.176m^3/d,而工况二掌子面涌水量增加为167.288m^3/d,增幅高达51.83%,并且,随着隧道开挖向断层深入渗流量增加有进一步加剧的趋势。

根据上述分析可见,断层破碎带及其附近围岩等级对隧道突水突泥影响作用较大。围岩等级提高,岩体的强度降低,导致塑性破坏范围增加,围岩变形增大,岩体内部裂(孔)隙进一步发育,导水通道增加,涌水量变大。由于地下水对岩体具有物理、化学和力学的弱化软化效应,变形和渗流量的增加将加剧这种弱化软化作用,加剧断层破碎带岩体的失稳破坏,导致突水突泥发生的概率增加。

4.3.2 地下水位线高度的影响

(1)数值模拟方案

为了更好地结合实际分析水位线对断层突水突泥的影响,本次模拟对前述计算模型做些小的调整,假设隧道埋深由背景工程的179m扩大为249m,其他工程条件与背景工程的一致。考虑边界效应及计算方便,本次模型尺寸及计算范围与第4.2节的计算模型一致,仍取三维尺寸为120m×190m×190m。模型侧面、地面以及开挖面的渗流、应力和位移边界条件也保持不变,仅上表面的上覆土压力和水压力边界条件数值有所改变。取岩土体重度20kN/m^3,将超出模型120m的土压力折合计算得到压应力为2.4×10^6N/m^2。根据赵帅等相关研究结果,隧道开挖后,在7倍洞径范围外对孔隙水压力影响较小,模型上表面边界距隧道顶部129m,大于7倍洞径108.5m,因此,其上表面边界作用的水压力值可根据其距静水位线的高度,按静水压力的方式计算得到。围岩的物理力学参数、基本假设、计算方法与第4.2节计算模型一致。

本次模拟分别取地下水位埋深120m、60m、0m(对应距模型底面高度分别为190m、250m、310m)三种情况进行分析,相应于计算与模型上表面的水压力分别为0MPa、0.6MPa、1.2MPa。根据相应场的变化特征来分析地下水位线高度变化对断层破碎带突水突泥的影响。

(2)计算结果分析

地下水位变化时,隧道开挖过程中断层破碎带内围岩的应力场、位移场、渗流场变化如图4-17~图4-20所示。同样取隧道开挖掌子面后方10m处的断面为监测面,进行各工况下的对比研究。考虑篇幅原因及云图差异性大小,以下根据计算结果特征,仅列出部分图进行说明分析。

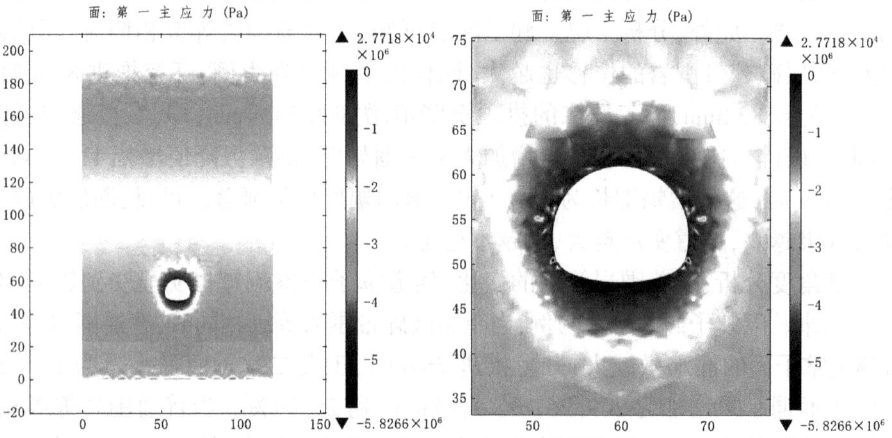

a)地下水位埋深120m时第一主应力分布(开挖84m)

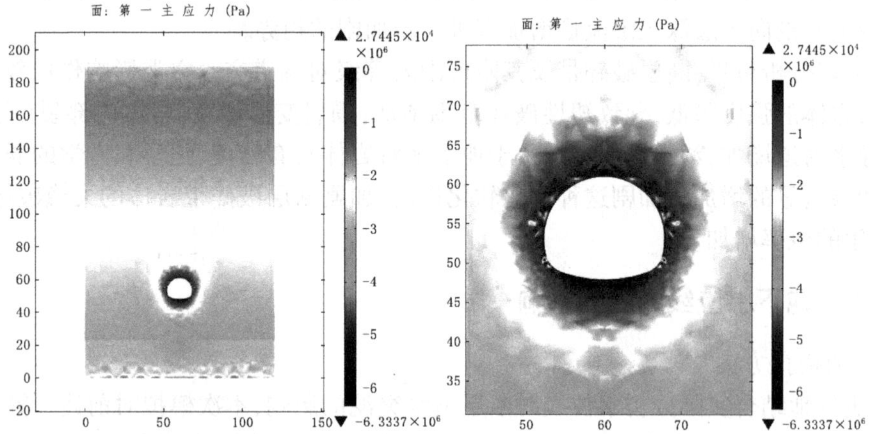

b)地下水位埋深60m时第一主应力分布(开挖84m)

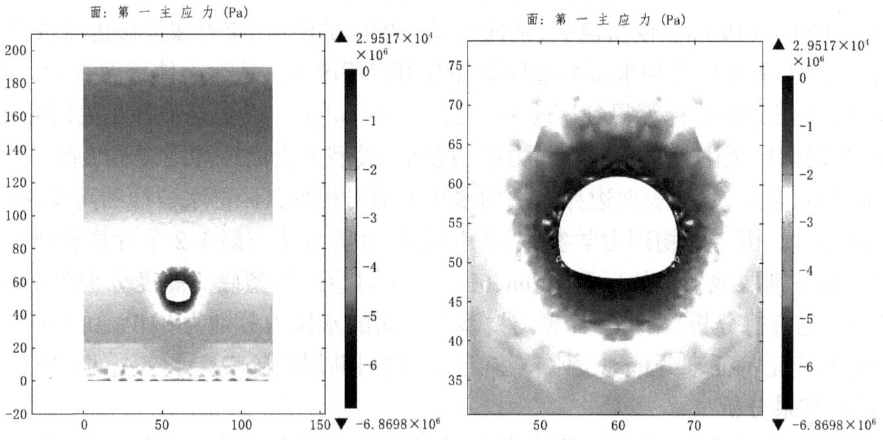

c)地下水位埋深0m时第一主应力分布(开挖84m)

图4-17 不同水位埋深隧道围岩第一主应力分布图(以开挖84m为例)

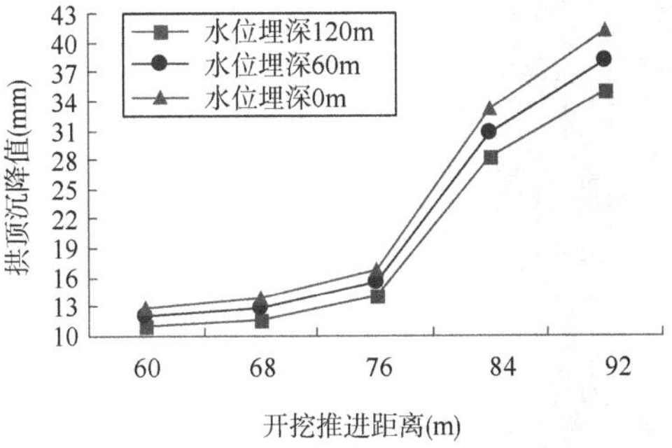

a)不同水位埋深拱顶沉降对比曲线

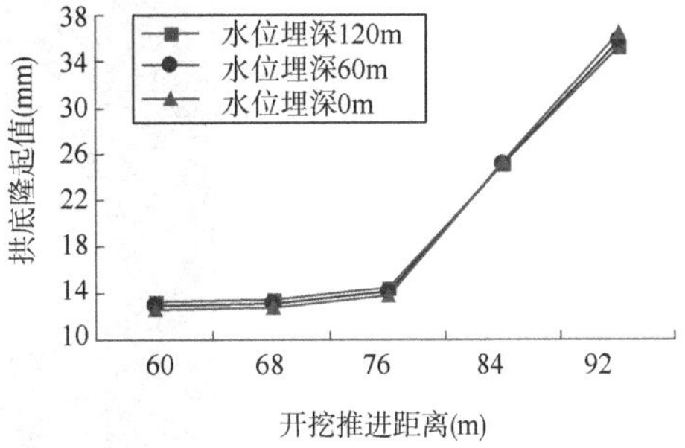

b)不同水位埋深拱底隆起对比曲线

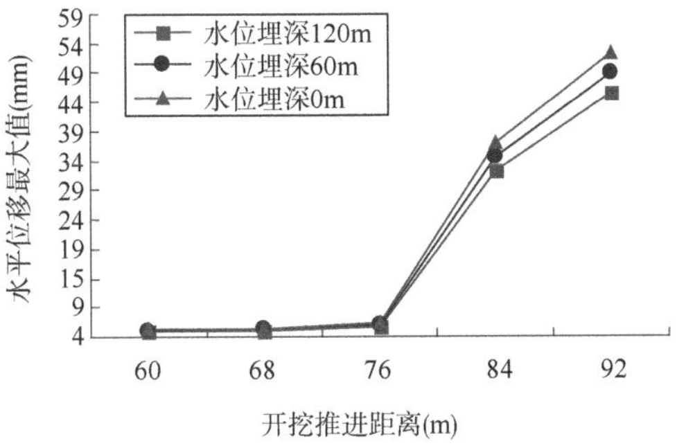

c)不同水位埋深水平位移对比曲线

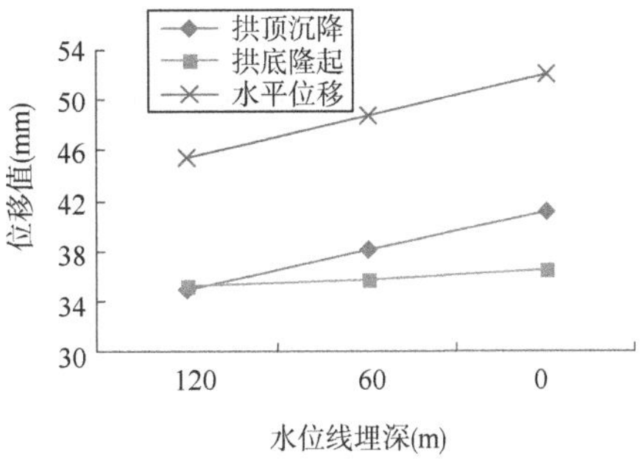

d)各位移随水位埋深变化曲线(开挖92m)

图 4-18 不同水位埋深隧道水平、竖向位移变化对比曲线图

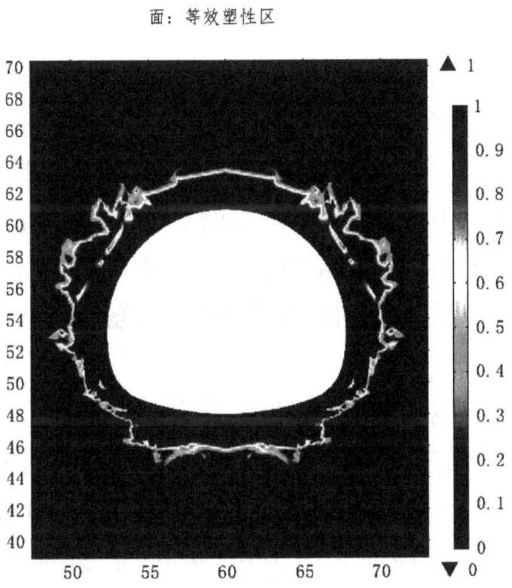

a)地下水位埋深120m时塑性区

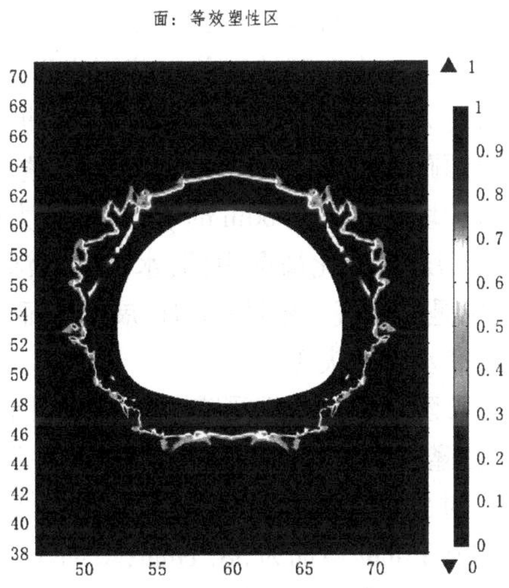

b)地下水位埋深60m时塑性区

图 4-19

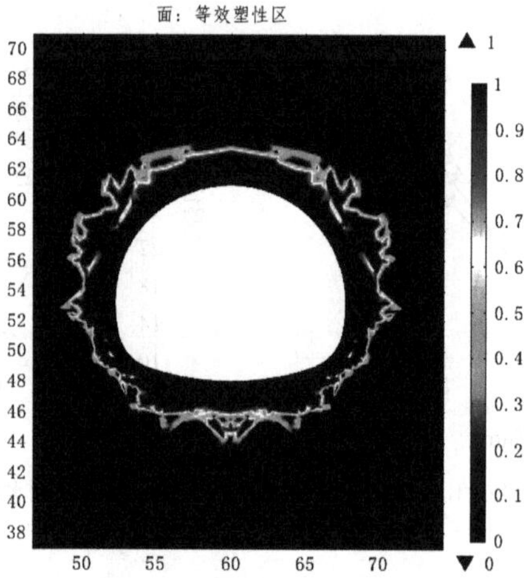

c)地下水位埋深0m时塑性区

图 4-19　不同水位埋深塑性区变化对比图(以开挖 92m 为例)

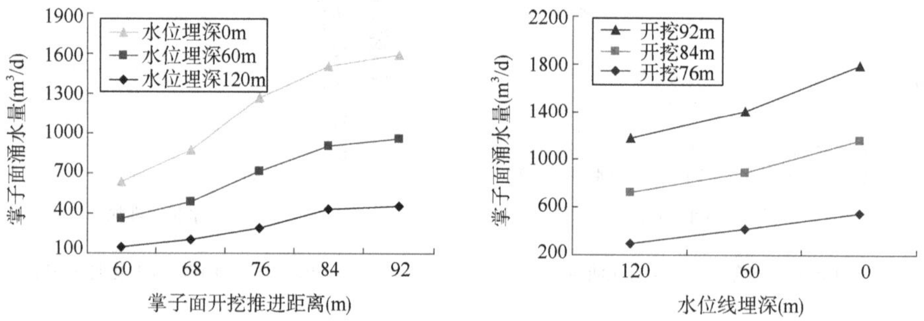

a)不同水位埋深掌子面涌水量对比曲线　　b)掌子面涌水量随水位埋深变化曲线

图 4-20　不同水位埋深隧道掌子面涌水量变化对比曲线图

对比分析图 4-17 ~ 图 4-20 可知：

从第一主应力和塑性区分布范围来看，隧道开挖后，随着地下水位的升高，断层破碎带内隧道围岩应力增加、塑性区分布范围有所扩大。以隧道开挖 84m 后围岩应力变化特征为例，地下水埋深距地表 120m 时，监测断面处隧道围岩第一主应力压应力最大值为 5.827MPa；而当地下水位埋深提高到 60m 时，压应力最大值增加为 6.334MPa，应力增加 8.71%。以隧道开挖 92m 后塑性区变化情况为例，水位线埋深由 120m 抬升至 0m 时，隧道洞周塑性区有一定的扩大，特别是隧道底板塑性区的扩展更为显著，围岩发生屈服破坏范围扩大，隧道更容易失稳破坏发生突水突泥灾害。

从位移随地下水位埋深变化的曲线图来看，随着地下水位的升高，断层破碎带围岩的拱顶沉降、拱底隆起和水平位移都有所增加，并且与水位线的升高基本呈线性增加关系，但增加幅度有所差别。以隧道开 92m 后位移场变化特征为例，当地下水位埋深由 120m 抬升到 60m 时，拱顶沉降由 35mm 增加为 38.1mm，增加 3.1mm；水平位移最大值由 45.4mm 增加为 48.7mm，增加 3.3mm；而拱底隆起由 35.2mm 增加到 35.8mm，仅增加 0.6mm。可见，地下水水位抬升时，水平位移受影响最大，拱顶次之，拱底最小，隧道施工中，应加强相应部位的监控量测，防止工程灾害的发生。

从掌子面涌水量随地下水位埋深变化的曲线图来看,隧道开挖后,随着地下水位的升高,掌子面涌水量也基本呈线性增加,当隧道开挖向断层深入时,相同的水位抬升值,引起的渗流量增加值变大。隧道开挖76m后,水位埋深由60m抬升到地表时,掌子面涌水量由421.632m^3/d增加到552.96m^3/d,增加131.328m^3/d;而隧道开挖92m后,水位同样由60m抬升到地表时,掌子面涌水量却由508.875m^3/d增加到651.781m^3/d,增加142.906m^3/d,较开挖至76m时增加了8.82%。可见,地下水位埋深越高,隧道涌水量越大,施工中更容易出现突涌水灾害。

根据上述分析可知,地下水位变化对隧道突水突泥有一定的影响作用,水位抬升,断层破碎带内围岩的应力、变形和涌水量增加,隧道稳定性降低,有利于灾害的发生。地下水位抬升导致孔隙水压力增大,造成有效应力减小,由莫尔库伦准则知,围岩强度降低,更容易发生屈服破坏,导致更多的渗水通道形成。此外,水位抬升,隧道变形加大、涌水量增多,地下水更容易在裂(孔)隙中流动,对断层破碎带岩体的冲刷蚀溃作用加剧,突水突泥通道更容易形成,发生突水突泥灾害危险性增加。因此,在断层破碎带中施工隧道,应重视地下水压对围岩稳定性的影响,采取切实有效的措施降低水压,降低突水突泥灾害发生的风险。

4.3.3　围岩渗透性的影响

(1)数值模拟方案

计算模型的几何尺寸、边界条件以及开挖模拟方法均与前述建立的基础计算模型一致,其他因素不变,仅改变断层岩体的渗透性进行模拟分析。本次模拟研究渗透系数大致约为基础模型的1倍、5倍、10倍、15倍四种工况,在COMSOL数值计算软件,可以通过改变渗透率参数大小反映渗透性变化,各工况渗透率照表4-3取值,其他计算参数不变。本次模拟主要以渗流场的变化特征来分析断层破碎带岩体渗透性变化对隧道突水突泥的影响。

各工况断层破碎带围岩的渗透率取值表　　表4-3

渗透性	工况一	工况二	工况三	工况四
渗透率(m^2)	2.89×10^{-13}	1.5×10^{-12}	3×10^{-12}	4.5×10^{-12}

(2)计算结果分析

断层破碎带围岩渗透性变化时,隧道开挖过程中断层破碎带围岩的孔隙水压力、渗流量变化如图4-21和图4-22所示。

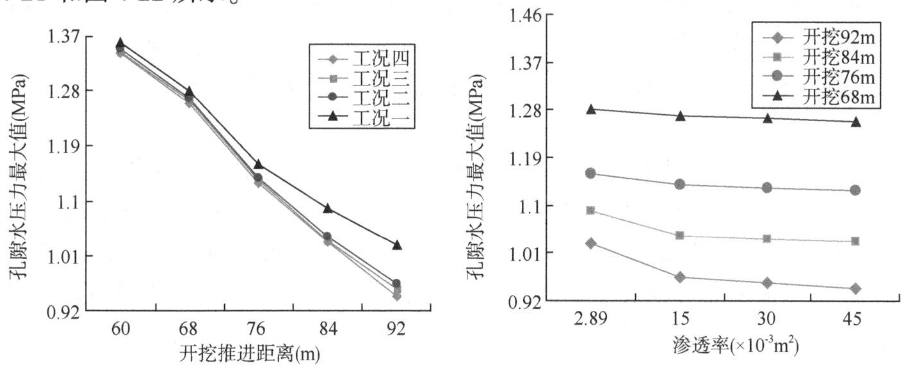

a)不同渗透率孔隙水压力最大值对比曲线　　b)孔隙水压力最大值随渗透率变化曲线

图4-21　各工况孔隙水压力变化对比曲线图

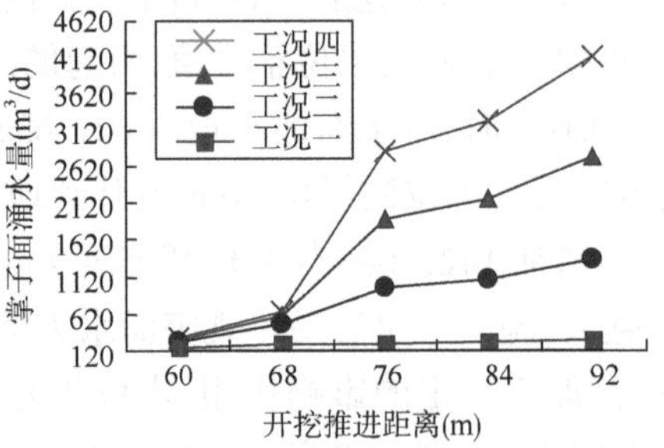

a)不同渗透率掌子面涌水量对比曲线

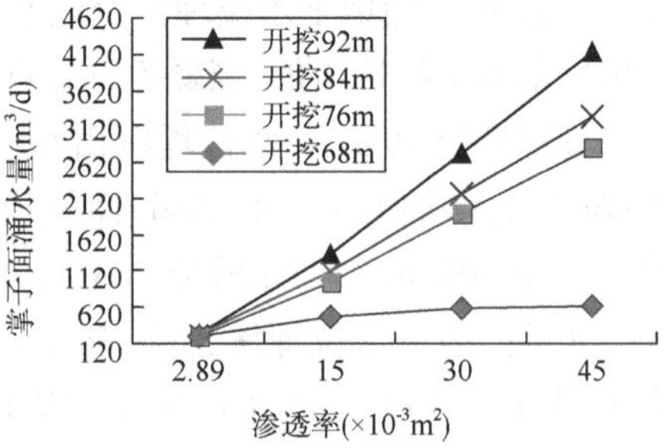

b)掌子面涌水量随渗透率变化曲线

图4-22 各工况掌子面涌水量变化对比曲线图

分析图4-21～图4-22可知：

从孔隙水压力变化曲线特征来看，随着断层破碎带岩体渗透性的改变，隧道洞周围岩孔隙水压力有一定程度的变化。随着渗透性的提高，孔隙水压力降低，并且开挖越深入断层，渗透性提高引起的孔隙水压力降低幅度越大：隧道开挖76m进入断层时，渗透率由工况一的$2.09\times10^{-13}m^2$提高到工况二的$1.5\times10^{-12}m^2$（约工况一的5倍）时，孔隙水压力最大值由1.16MPa降低为1.138MPa，仅降低了0.022MPa；而当开挖推进92m进一步深入断层破碎带时，渗透率值同样由工况一提高到工况二时，孔隙水压力最大值却由1.027MPa降低为0.963MPa，降低了0.064MPa，降幅相比于开挖76m时降低幅度增大了近3倍。可见，断层破碎带岩体渗透性提高，会引起隧道孔隙水压力降低，低水压力区的扩大，而且越深入断层这种增加效应越显著，从而更容易引发突水突泥灾害。

从掌子面涌水量变化曲线特征来看，随着断层破碎带岩体渗透性的变化，隧道掌子面渗流量受到明显影响。随着渗透性的提高，涌水量几乎与渗透率几乎呈同倍数增长关系，以开挖84m为例，渗透率由工况一增加到约其10倍的工况三时，涌水量由$235.354m^3/d$增加$2170.195m^3/d$，为工况一涌水量的9.22倍。随着开挖向断层深入，渗透性提高引起的涌水量增加幅度增大，开挖至92m时，渗透率值同样由工况一提高到工况三时，涌水量由$243.821m^3/d$增加$2743.442m^3/d$，为工况一涌水量的11.25倍，较开挖84m时增加幅度增大了近1倍。此外，随着断层破碎带岩体渗透性的不断提高，掌子面涌水量增加幅度逐步增加，至某一临界值时，其增加幅度趋于某一稳定的、几乎与渗透率增加呈线性关系的特征，掌子面涌水量随渗透率变化曲线斜率可以反映这一规律，曲线斜率先稍小，而后增大，并几乎趋于某一不变值。可见，断层破碎带岩体渗透性提高，会导致隧道涌水量的急剧增加，大面积的涌水极有可能演化为塌方、突水突泥灾害。

由上述分析可知，渗透性对断层破碎带突水突泥有较大的影响，地层渗透性提高导致孔隙水压减小、涌水量增多，更容易造成灾害的发生。渗透性提高，导致孔隙水压力降低，引起水力坡降增大，渗流速度增加，造成地下水对地层内的渗水通道拖拽、冲刷、溶蚀作用增强，更容易导致突水突泥通道的演化和形成。渗透性提高，地下水更容易向洞内汇集，导致涌水量急剧增加，断层破碎带内大量的砂石、黏土等碎屑物质被水流冲出带走，加剧隧道围岩的失稳破坏，从而导致塌方、冒顶甚至突水突泥等地质灾害发生风险性大大增加。

第 5 章　断层软弱介质地质特征及注浆扩散加固模式

断层破碎带软弱介质的注浆加固是地下工程建设中的难点和重点。根据断层充填介质物理结构特征的不同，对不同的充填介质形式进行分类，在此基础上，研究不同介质的注浆扩散及加固模式，分析注浆扩散发生条件及加固作用过程，总结了可描述注浆加固效果的主要指标参数。

5.1　断层地质特征

5.1.1　断层结构特征

断层是地壳表层岩层或岩体沿劈裂面发生明显位移的构造，规模较大的断层常形成断层破碎带。Sibson 提出了同一条断裂自下而上表现出韧性断层与脆性断层的双层模式，岩土工程研究对象是位于地壳浅部的脆性断层部分。根据断层形成过程及内部变形程度的不同，断层内部结构可分为破碎填充带和诱导裂缝发育带，结构模式如图 5-1 所示。

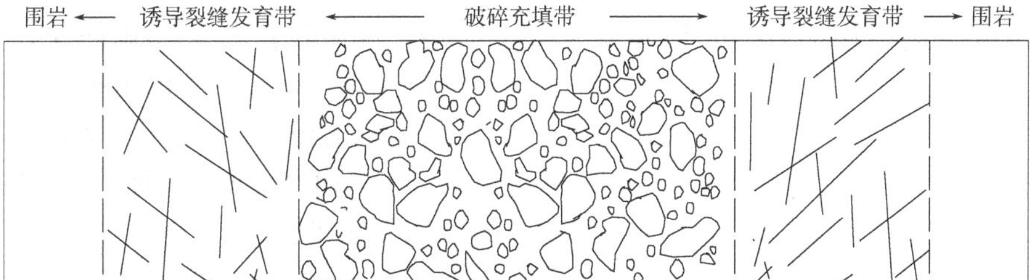

图 5-1　断层内部结构模式

(1)破碎充填带

在断层形成过程中，当应力超过岩石的强度极限时，微裂隙扩张并导致岩石破裂，断层两盘发生相对滑动，破碎岩石填充断层空间形成破碎带。破碎充填带位于断层的中心位置，受断层两盘相对滑动的应力影响最为剧烈。破碎充填带由断层滑动面与断层岩体组成，内部呈现多组、复杂、交叉的排列形式。破碎岩体主要为碎裂结构，以发育各种断层岩和伴生裂缝为主要特征，断层岩以断层角砾、断层泥和碎粒岩为主。

(2)诱导裂缝发育带

断层两侧围岩在应力集中作用下伴生大量的裂缝，将岩石分割成不连续的块体。诱导裂缝发育带是破碎充填带与断层两侧围岩的过渡带,主要分布于断层两侧有限区域或断层末端应力释放区域,诱导裂缝带以发育多种类型的裂缝为主要特征。随着离断层中心位置距离的增大,裂缝的宽度与密度越来越小。由于裂缝发育和封闭不完全,诱导裂缝带具有很强的渗透性。

5.1.2 断层充填介质

由于断层地层条件和后期成岩方式的不同,断层岩具体表现为断层角砾岩、断层泥、泥质软岩和碎粒砂岩,其地质特征见表 5-1。

断层岩质表　　表 5-1

介质	地质特征
断层角砾岩	断层角砾岩是在应力作用下,岩石发生碎裂破坏,由棱角状碎块及岩粉胶结形成,角砾杂乱或不规则排列,角砾胶结物多为磨碎岩屑、岩粉及岩石压溶物质
断层泥	断层泥是在地壳活动时,断层反复运动滑移,两侧岩石受断层的机械研磨,并经过黏土矿化作用形成的泥状物。其粒度较细,含有大量的黏土矿物(高岭石、蒙脱石等),其工程性质类似黏土
泥质软岩	泥质软岩是由断层泥中的黏土经过挤压、脱水、重结晶和胶结作用后,固结形成的岩体。强度较低,胶结程度差,具有显著的塑性变形特征。主要表现为泥岩和页岩
碎粒砂岩	碎粒岩主要以岩粉胶结原岩碎粒形成,多呈碎裂镶嵌结构,粒间咬合紧密

断层形成是一个漫长的过程,由于多次断层运动的强度和地层不同,断层破碎充填带多呈现以某种介质为主,多种充填介质共生的形式。根据其物理结构特征的不同,又可分为以下三类介质。

(1)角砾碎石类介质

角砾碎石类介质属于多孔介质,主要以断层角砾石、碎粒砂岩为主,空隙间含有少量断层泥或黏土类矿物质充填(少于 30%),角砾岩颗粒粒径大于 2mm,颗粒粒径较大且有一定的刚度,介质骨架具有不可压缩性;孔隙直径大且孔隙通道连通性好,渗透系数大于 1×10^{-3}cm/s,属于强透水层。

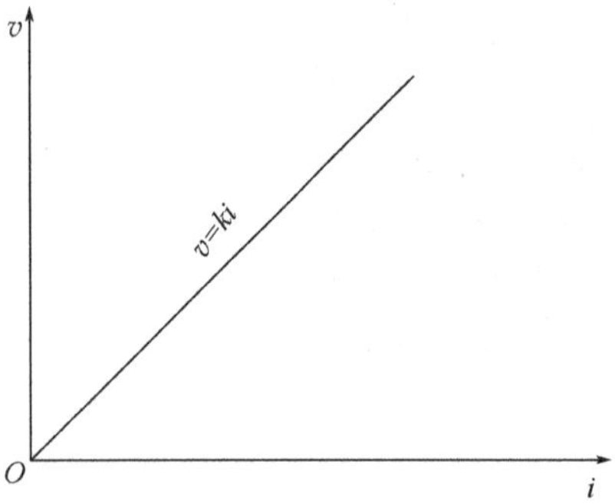

图 5-2　角砾碎石介质渗流规律

角砾碎石类介质中孔隙是主要的渗流通道,是良好的储水和导水构造,地下水在孔隙中渗流,属于稳态层流,地下水运动符合达西渗流定律,渗流规律如图 5-2 所示,其渗流公式见式(5-1)。

$$v = ki \tag{5-1}$$

式中:v——平均流速(m/s);

k——渗透系数(m/s);

i——水力梯度。

(2)致密软弱类介质

致密软弱类介质属于弱透水介质,主要以断层泥为主,具有软弱致密的特点,颗粒粒径较小(小于0.075mm)且刚度低,介质骨架可压缩性强,抗压抗拉能力差;孔隙直径小且颗粒排列致密,渗透性能差。断层泥工程性质类似软黏土,多含有高岭土,蒙脱石等黏土矿物质,遇水易发生溶蚀、崩解和破坏,形成导水通道,发生流土形式的破坏。

当地下水压力梯度小于土体的临界水力梯度时,不会发生渗流,只有当水力梯度 $i > i_b$ 时,式(5-2),在地下水渗流作用下,土体中细颗粒被冲出,土颗粒发生移动和流失,形成渗流通道,渗流规律如图5-3所示,其渗流公式见式(5-2)。

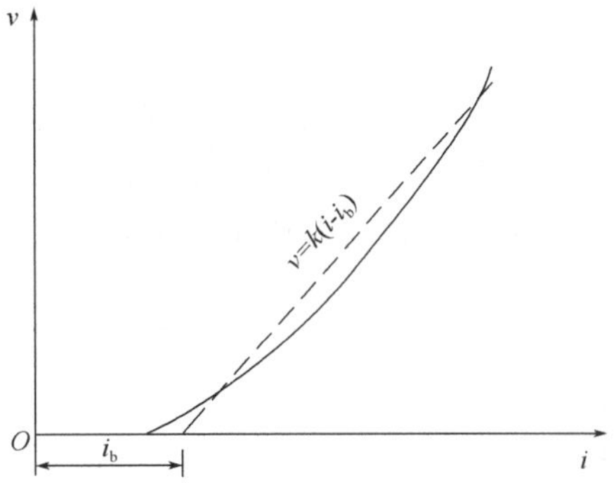

图5-3 致密软弱介质渗流规律

$$v = k(i - i_b) \tag{5-2}$$

式中:i_b——密实软黏土的起始水力梯度。

(3)松散软弱类介质

松散软弱类介质属于多重复合介质,是以断层泥、泥质岩为主,夹杂细砂和砾石的复杂结构体,介质特征表现为软弱且松散,各向不均匀性显著,介质内部胶结能力差,渗透性随介质组成不同表现极大的差异性。

由于松散软弱介质的多重复杂结构,地下水在其中的流动表现为孔隙、裂隙、管道复合流动形式,其中,在角砾碎石中孔隙为主要渗流通道;在致密软弱介质中,在水力劈裂后地下水以管道流运动为主;若松散介质中具有明显结构面,地下水主要以裂隙渗流为主。

5.2 断层充填介质注浆扩散模式

5.2.1 角砾碎石类介质注浆扩散模式

角砾碎石类介质中孔隙是主要渗流通道,主要发生渗透注浆,如图5-4所示,溶液类浆液在孔径小于0.2mm介质中具有良好的可注性,其扩散模式是完全渗透;颗粒型浆液在角砾碎石类介质的渗透过程中,当浆液颗粒远小于介质孔隙直径时,发生完全渗透注浆;当颗粒粒径小于或接近孔隙直径时,由于颗粒骨架的过滤作用,浆液颗粒在骨架孔隙处形成集聚和滞留,孔隙直径逐渐减小,发生不完全渗透,即渗滤扩散;当浆液颗粒大于介质孔隙直径时,浆液不可注入。

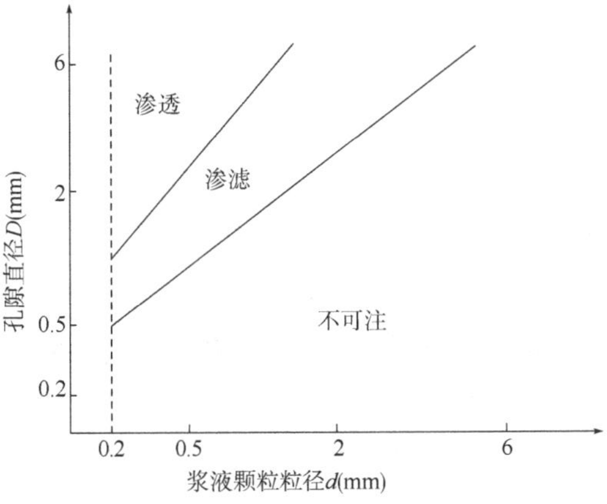

图5-4 角砾碎石类介质渗透注浆适用范围

由上述分析可知,该类介质注浆扩散的主控因素是介质孔隙直径和浆材粒径,发生渗透注浆的主要判据是孔隙直径与浆液粒径的粒径比 R。

$$R = \frac{D}{d} > 3 \tag{5-3}$$

当粒径比 R 大于 3 时，浆液颗粒群粒效应不显著，在注浆压力作用下，颗粒可完全注入孔隙中，式(5-3)可作为渗透注浆的基本判定依据。随着学者们研究的不断深入，又相继出现了以颗粒级配粒径为判据的可注性判定公式，见表 5-2。

浆液可注性判据表 表 5-2

序号	来源	公式	判定标准
1	Burwell E B	$N = D_{15}/d_{85}$	$N>25$ 时，可注；$N<15$ 时，不可注
		$M = D_{10}/d_{95}$	$M>11$ 时，可注；$M<5$ 时，不可注
2	Mitchell J K	$N = D_{15}/d_{85}$	$N>24$ 时，可注；$N<11$ 时，不可注
		$M = D_{10}/d_{95}$	$M>11$ 时，可注；$M<6$ 时，不可注
3	Akbulut S And Saglamer A	$N = \frac{D_{10}}{d_{90}} + K_1 \frac{w/c}{FC} + K_2 \frac{P}{D_r}$	$N>28$ 时，可注；$N<28$ 时，不可注

5.2.2 致密软弱类介质注浆扩散模式

致密软弱类介质孔隙直径小，颗粒排列紧密，颗粒类注浆材料难以在微小孔隙中渗透扩散，介质抗压、抗拉强度比较低，易发生塑性变形，主要发生压密和劈裂扩散，其中典型致密软弱介质致密软弱土体的注浆过程中压力变化如图 5-5 所示。

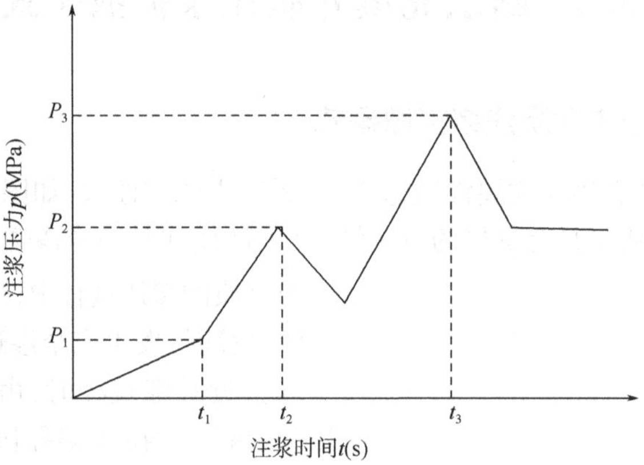

图 5-5　注浆压力变化示意图

由图 5-5 可知，致密软弱土体的注浆扩散是先压密后劈裂的过程，在注浆起始阶段，注浆压力较低时(P_0)，浆液在注浆孔附近发生集聚，浆泡不断扩大并沿径向扩展，浆泡附近土体逐渐压密并固结。随着注浆压力不断增加，达到地层最小主应力 P_1 时，浆液沿最小主应力面发生劈裂，当地层均匀时，最小主应力面是垂直的，起始劈裂压力与地层中最小主应力及抗拉强度呈正比例关系。

$$P_1 = \gamma h\left[\frac{1-\mu}{(1-N)\mu}\right]\left(2K_0 + \frac{\sigma_t}{\gamma h}\right) \tag{5-4}$$

式中：γ——土的重度（kN/m^3）；

h——注浆段深度（m）；

μ——泊松比；

σ_t——土的抗拉强度（kPa）；

K_0——土的侧压力系数。

随着劈裂通道的进一步扩展，被注介质大小主应力方向发生转变，浆液在原垂直劈裂方向上扩散受阻，当注浆压力达到 P_2 时，浆液沿水平应力面方向发生二次劈裂（图5-6）。

$$P_2 = \gamma h\left\{\left(\frac{1-\mu}{(1-N)\mu}\right]\left(1 + \frac{\sigma_t}{\gamma h}\right)\right\}p \tag{5-5}$$

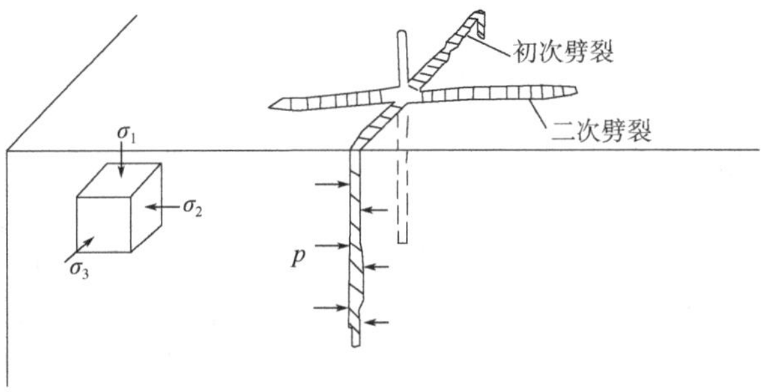

图5-6　劈裂注浆示意图

5.2.3　松散软弱类介质注浆扩散模式

松散软弱类介质具有孔隙、裂隙和软弱介质多重结构的特征，其中介质中孔隙较大的部分，注浆扩散以渗透注浆为主；具有薄弱结构面部分，注浆扩散以劈裂、充填为主；在软弱介质部分，注浆扩散以压密、劈裂为主。该类介质注浆扩散表现为局部以某一种扩散模式为主，整体上几种扩散模式为辅的特点，其注浆扩散是渗透、压密、劈裂联合作用的复合过程。

5.3　断层充填介质注浆加固模式

注浆加固是将浆液注入被注岩土体以改善其强度和渗透性，岩土体的注浆加固防渗是浆液和岩土体共同作用的结果。浆液进入岩土层后在岩土介质内充填孔隙、压密土体，通过充填胶结作用、压密固结作用和骨架支撑作用以实现对被注岩土体的加固防渗目的。

5.3.1　充填胶结作用

当被注介质中具有较大的空隙或孔隙直径较大时，注浆加固主要以充填胶结作用为主，如图5-7所示，浆液首先充填介质中较大的空隙和空洞，随后浆液颗粒进入被注介质孔隙中，充填原有孔隙和裂隙,对介质中颗粒进行黏接和胶结,同时浆液逐渐凝胶固化形成强度,最终形成“浆液-介质”的复合结构体。该注浆过程主要发生于渗透注浆过程中,期间没有破坏介质原有结构,主要依靠浆液对孔隙的充填和颗粒之间的黏接作用实现被注介质的加固,提高了介质的密度与抗渗性。

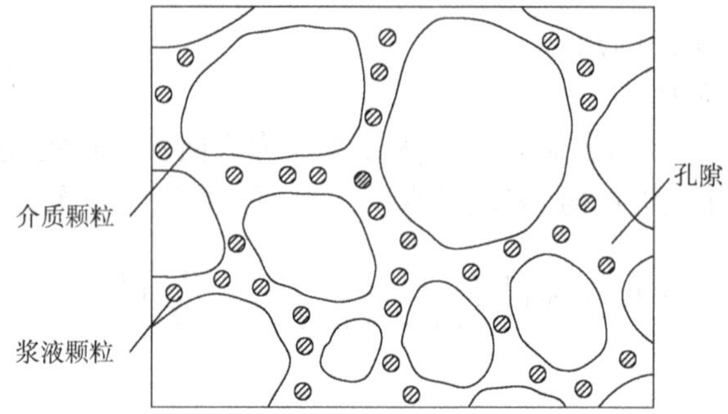

图5-7　充填胶结示意图

5.3.2　压密固结作用

在被注介质渗透性能较差且具有显著塑性变形能力的条件下,浆液在注浆孔附近集聚,形成浆泡并不断扩张。在浆泡附近岩土体中,注浆压力直接作用在土体骨架或颗粒上,伴随着土体原有结构的破坏以及土体颗粒的压密充填,原有孔隙中自由水排出,颗粒排列更加密实且孔隙逐渐减小,土体发生固结,其 c、φ 值得到显著的提高(图5-8)。压密固结作用是先破坏后加固的过程,压密初期注浆压力作用下产生塑性破坏区,浆液进入置换介质空间,随后浆液继续对周围土体进行压密,土体逐渐固结,其主要表现在:压密注浆过程中浆泡扩张时附近岩土体的压密和劈裂通道扩展过程中通道两侧岩土体的压密。

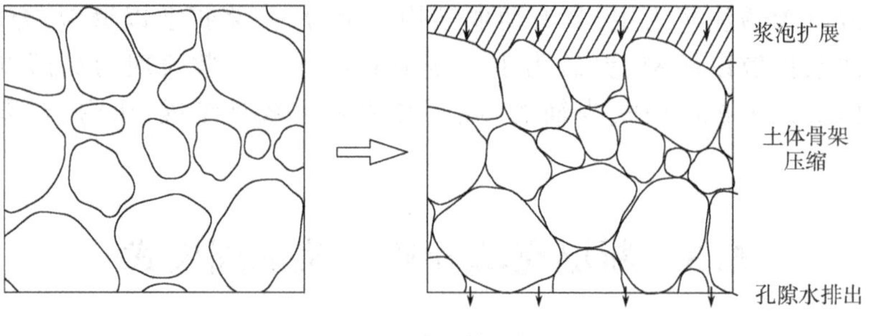

图5-8　压密固结示意图

5.3.3　骨架支撑作用

骨架支撑作用是指劈裂注浆时,在被注岩土体内形成纵横交错的浆脉网络(图5-9),提高了岩土体的法向应力之和,减小了大、小主应力之间的差值,浆脉的强度及抗渗性能远远大于被注介质,其加固模式类似于“加筋土”,浆脉起到刚性支撑作用,在土体内部随机网络分布,能够有效传递和分担荷载,被注岩土体整体抗压能力得到提高。

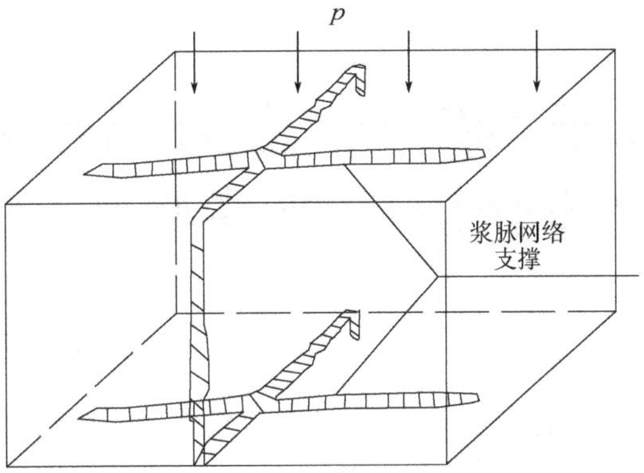

图 5-9　骨架支撑示意图

综上所述，作为断层失稳的主要诱因，软弱介质始终是岩体稳定性控制的关键因素，在隧道与地下工程断层灾害治理中，岩体稳定性取决于软弱介质的注浆加固效果，考虑软弱介质自身的物理结构特征，其注浆扩散规律与加固机理具有特殊性。

第 6 章　基于“浆-土”应力耦合效应的断层软弱介质劈裂注浆机制分析

注浆工程实践需要注浆理论的正确指导，选取典型软弱断层破碎带介质为研究对象，开展劈裂注浆扩散机制的研究，劈裂注浆扩散过程是浆液劈开土体并使劈裂通道不断扩展的过程，该过程受注浆参数、浆液性质、土体变形特性及应力状态等多方面因素的共同影响。基于土体压密非线性 ε-p 模型，并考虑劈裂注浆过程中浆液流场与土体应力场的耦合作用，建立相应的劈裂注浆扩散理论模型，获得浆脉厚度、土体压缩变形量的空间分布方程，并分析劈裂注浆扩散规律，提出劈裂注浆有效加固半径及劈裂注浆参数确定方法。

6.1　土体劈裂注浆过程分析

在软弱断层破碎带地层中注浆时，浆液扩散形式以劈裂为主，劈裂注浆过程是浆液在注浆压力作用下劈开土体并使劈裂通道不断扩展的过程。伴随着土体起劈位置不断向远离注浆孔的方向移动，浆液在劈裂通道内也整体向远离注浆孔的方向运移，由于需要克服浆液自身黏滞性所引起的阻力，注浆压力在浆液扩散半径方向上不断衰减。劈裂通道的形成与扩展是浆液压力作用于通道两侧土体并使之不断压缩的结果，通道两侧土体的压缩程度取决于该处浆液压力的大小与土体自身压缩特性，注浆过程中浆液压力在扩散半径上的衰减影响着劈裂通道宽度在扩散半径上的空间分布；与此同时，浆液在某处所受到的扩散阻力大小取决于浆液自身黏滞性与劈裂通道宽度，劈裂通道越窄对应的注浆阻力越大，即被注介质的变形情况也影响着浆液扩散过程。劈裂注浆过程是浆液运动流场与被注介质变形的耦合作用过程，浆液与被注介质接触界面上的力学行为决定了土体的变形情况与浆液扩散所受到的阻力。

劈裂浆脉的骨架效应与被注土体的压密效应是劈裂注浆加固被注土体的两种主要作用形式，注浆浆液在被注土体内部凝结固化所形成的浆脉作为被注土体的骨架对整个被注土体起支撑作用，同时，劈裂浆脉两侧的土体被压密后其密实度、压缩模量、屈服强度等力学参数得到普遍提高，被注土体的整体力学性能得到提高。劈裂浆脉所形成的骨架强度一般远大于被压密土体的强度，被压密土体的加固效果控制着整个被注土体的整体注浆加固效果，所以被注土体的最终注浆加固效果取决于土体被压密所带来的力学性能提升幅度。

劈裂浆脉两侧的土体被压密程度取决于注浆压力的大小与被注土体的应力-应变关系。注浆压力的影响方面，由于注浆压力沿扩散半径衰减，距离注浆孔较近的区域浆液压力较大，相应的浆脉两侧土体的压缩变形量就大，该区域土体的压缩模量、屈服强度等参数提高得更明显；反之，距离浆液扩散锋面较近的区域浆液压力较小，该区域的土体压缩变形量就小，相应的土体力学参数提高并不明显。劈裂注浆压力的空间衰减导致浆脉两侧土体的被压密程度也由注浆孔向浆液扩散锋面处衰减，相应的土体被压密所带来的压缩模量、屈服强度等力学参数的提高量也存在空间衰减。所以，劈裂注浆对被注介质的加固效果由注浆孔沿扩散半径衰减。

被注土体的应力-应变关系影响方面，土体的压缩应力-应变关系取决于土体颗粒粒径大小、颗粒排列方式、排列紧密程度等因素，其应力-应变关系是非线性的，在土体所受到的压力较小时，土体发生较大的压缩变形量，随着土体所受到的压力继续增大，相同的压力增加量所带来的土体压缩变形量越来越小，即土体的压缩模量增加。压密土体所带来的土体力学参数提高可通过压缩模量的增加量以及孔隙率、渗透率的减小量来反映。

6.2　软弱断层破碎土体压缩非线性 ε-p 模型

土是由松散的固体颗粒、空气、水组成的三相集合体，土的宏观变形主要不是由于土颗粒本身变形引起的，而是由于颗粒间位置的变化导致的，土体在压力作用下会发生体积压缩，在不同应力水平下由相同应力增量而引起的应变增量不同，即土体变形表现出非线性特征。

目前一般通过完全侧限条件下的土体压缩试验所得到的 e-p 曲线来描述土体压缩特性，e 为土体孔隙比，p 为土体所受压应力。土体压缩 e-p 曲线如图 6-1 所示，随着土体压应力的增加，土体孔隙比逐渐减小，土的密实度逐渐增加，土体中的颗粒移动越来越困难，导致相同压力增量所引起的变形量逐渐减小。

对土体受压过程进行分析，土体受压前后的状态如图 6-2 所示。

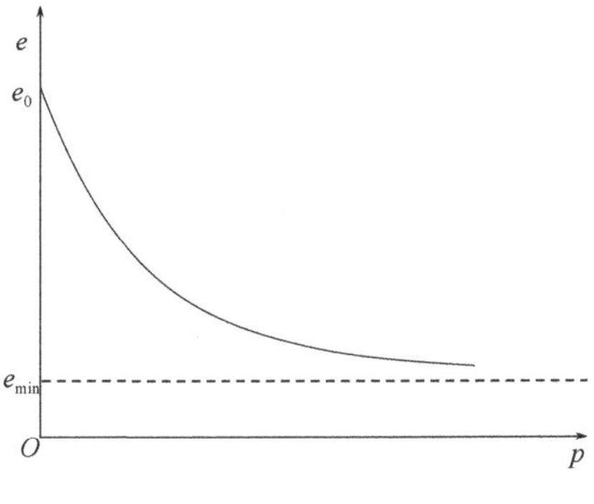

图 6-1　土体压缩 e-p 曲线

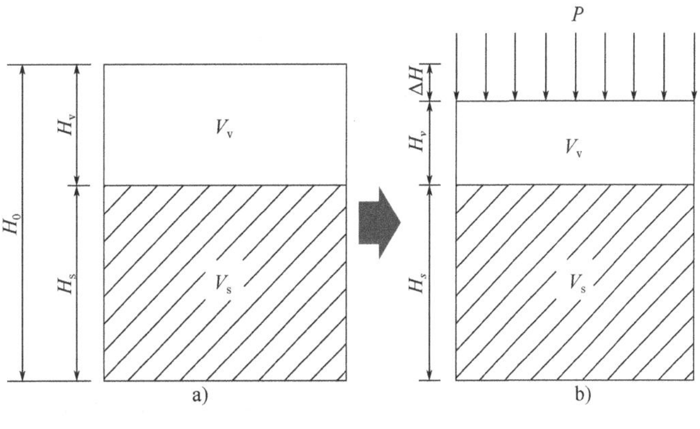

图 6-2　土体压缩受力变形分析

沿土体压应力方向选取单元体进行受力分析，土体未压缩前单元体底面积为 A，高度为 H_0，初始孔隙比为 e_0，设所受到的压应力为 p，受压后孔隙比为 e，相应的土体压缩应变为 ε。土体未压缩时土颗粒的体积为：

$$V_s = V\frac{1}{1+e_0} = H_0\frac{A}{1+e_0} \tag{6-1}$$

式中：V_s——土体单元未压缩时土颗粒体积（m^3）；

V——单元体总体积（m^3）。

土体压缩后土颗粒的体积为：

$$V_s' = V\frac{1}{1+e} = (H_0 - \Delta H)\frac{A}{1+e} \tag{6-2}$$

式中：V_s'——土体单元压缩后土颗粒体积（m^3）；

ΔH——单元体压缩变形量（m）。

土体压缩前后土颗粒的体积保持不变，即 $V_s = V_s'$，联立式(6-1)、式(6-2)可得如下关系：

$$\frac{H_0}{1 + e_0} = \frac{H_0 - \Delta H}{1 + e} \tag{6-3}$$

土体压缩后的应变可表示为 $\varepsilon = \Delta H / H_0$，并将其代入公式(6-3)可得土体压缩应变与土体孔隙比的关系：

$$e = e_0 - \varepsilon(1 + e_0) \tag{6-4}$$

或

$$\varepsilon = \frac{e_0 - e}{1 + e_0} \tag{6-5}$$

式中：ε——土体压应变。

6.2.1 土体压缩非线性 ε-p 模型创建

为建立可描述土体变形特性的理论模型，本节研究土体压应力与土体压应变之间的关系，并建立两者之间的关系方程。土体初始压缩过程的 ε-p 曲线如图 6-3 所示，土体压应变与土体所受到的压应力正相关，变形过程呈现非线性特征，在压应力较小时，土体应变随压应力增加发生显著变化，但是在压应力较大时，压应力的增加只能引起土体应变较小的增加。

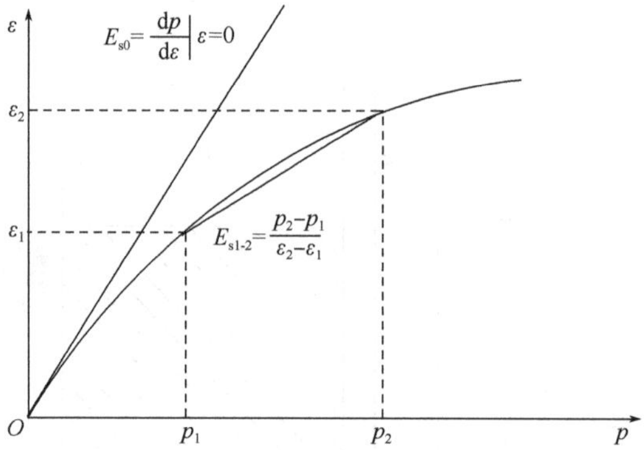

图 6-3　土体压缩过程的 ε-p 曲线

为反映土体压缩过程的非线性特征，建立了二次抛物线模型来描述土体初始压缩过程的应力-应变关系。其函数表达式为：

$$\varepsilon = A\sqrt{p + B} + C \tag{6-6}$$

式中：ε——土体的压缩应变；

p——土体所受到的压应力；

A、B、C——模型的特征参数。

公式(6-6)需满足如下条件：

①公式中 $p = 0$ 时，$\varepsilon = 0$。

②$p = 0$ 对应的压缩模量与实际土体初始压缩模量相等。

③公式求得的土体特征压缩模量 E_{s1-2}（即土体压应力由 $p_1 = 100$kPa 变化到 $p_2 = 200$kPa

所对应的土体压缩系数)与通过试验测得的土体特征压缩模量 E_{s1-2} 相等。

6.2.2 土体压缩非线性 ε-p 模型的模型参数确定方法

为了确定所建立的土体压缩函数表达式(6-6)中的参数 A、B、C,本节通过分析土体压缩变形机理,建立式(6-6)中的模型参数与目前可以通过试验测定的土体力学参数之间的关系。

为了使式(6-6)满足条件 $p=0$ 时,$\varepsilon=0$,将该条件代入式(6-6)中可得参数 A、B、C 之间满足如下关系:

$$A\sqrt{B}+C=0 \tag{6-7}$$

将式(6-6)进行恒等变形可得:

$$p=\left(\frac{\varepsilon-C}{A}\right)^2-B \tag{6-8}$$

应用式(2-8)对 ε 求导,可得任意压力状态下的土体切线压缩模量:

$$E_s=\frac{\mathrm{d}p}{\mathrm{d}\varepsilon}=\frac{2(\varepsilon-C)}{A^2}=\frac{2\sqrt{p+B}}{A} \tag{6-9}$$

式中:E_s——土体切线压缩模量(MPa)。

在式(6-9)中令 $\varepsilon=0$,可得初始压缩模量:

$$E_{s0}=-\frac{2C}{A^2} \tag{6-10}$$

式中:E_{s0}——初始压缩模量(MPa)。

在工程实践中,通常采用压力间隔由 $p_1=100\text{kPa}$ 增加到 $p_2=200\text{kPa}$ 时所得的压缩模量 E_{s1-2} 来评定土的压缩性,其表达式为:

$$E_{s1-2}=\frac{p_1-p_2}{\varepsilon_2-\varepsilon_1} \tag{6-11}$$

式中:E_{s1-2}——土体特征压缩模量;

p_1、p_2——土体压缩应力,$p_1=100\text{kPa}$、$p_2=200\text{kPa}$;

ε_1——p_1 对应的土体压应变;

ε_2——p_2 对应的土体压应变。

在式(6-6)中可取 p_1 与 p_2 的中间值 $p_{1.5}=150\text{kPa}$ 对应的土体切线模量近似等于土体特征压缩模量 E_{s1-2},即

$$E_s\big|_{p=150\text{kPa}}=E_{s1-2} \tag{6-12}$$

当 $p_{1.5}=150\text{kPa}$ 时,将式(6-12)代入压缩模量关系式(6-9)得:

$$E_{s1-2}=\frac{\mathrm{d}p}{\mathrm{d}\varepsilon}=\frac{2\sqrt{p_{1.5}+B}}{A} \tag{6-13}$$

联立式(6-7)、式(6-10)与式(6-13)可得模型参数 A、B、C 为:

$$\begin{cases}A=2\sqrt{\dfrac{p_{1.5}}{E_{s1-2}^2-E_{s0}^2}}\\[2ex] B=\dfrac{p_{1.5}{E_{s0}}^2}{E_{s1-2}^2-E_{s0}^2}\\[2ex] C=-\dfrac{2p_{1.5}E_{s0}}{E_{s1-2}^2-E_{s0}^2}\end{cases} \tag{6-14}$$

将模型参数代入式(6-6)可得描述土体压缩过程的二次抛物线模型的完整形式：

$$\varepsilon = 2\sqrt{\frac{p_{1.5}}{E_{s1-2}^2 - E_{s0}^2}\left(p + \frac{p_{1.5}E_{s0}^2}{E_{s1-2}^2 - E_{s0}^2}\right)} - \frac{2p_{1.5}E_{s0}}{E_{s1-2}^2 - E_{s0}^2} \tag{6-15}$$

由上式可知，所建立的土体压缩方程可由初始压缩模量 E_{s0}、特征压缩模量 E_{s1-2} 两个常规试验参数完全确定。

6.3 考虑土体非线性压密效应的劈裂注浆理论模型

在劈裂注浆扩散过程中，浆液流动可以采用简化的 Navier-Stokes 方程进行描述，土体压缩变形可以采用完全侧限条件下的土体压缩应力-应变理论模型来描述，浆-土界面上浆液作用在劈裂通道两侧土体压应力的大小与被注土体压缩应力-应变关系共同决定了劈裂通道两侧土体压缩变形量的大小。本节通过联立浆液流动控制方程与土体非线性压缩 ε-p 模型并结合相应的边界条件，最终得到可以描述劈裂注浆完整扩散过程的理论模型。

6.3.1 模型简化及模型假设条件

假设地层中大主应力方向水平，小主应力方向竖直，注浆劈裂方向垂直于小主应力面，即与大主应力方向平行，初始劈裂位置可以认为与注浆孔重合。随着注浆过程的进行，注浆压力不断升高，劈裂通道由注浆孔沿水平方向不断向远处扩展，在通道扩展过程中起劈位置也不断向远离注浆孔的方向移动。将劈裂注浆扩散过程简化为厚度变化的平面辐射圆（图 6-4），劈裂通道宽度（即浆脉厚度）由初始劈裂位置向浆液扩散锋面处衰减，浆液扩散锋面（即起劈位置）处劈裂通道宽度为 0，随着浆液扩散距离的增加，劈裂通道两侧土体不断被压密，初始劈裂位置处的浆脉厚度也相应增加。

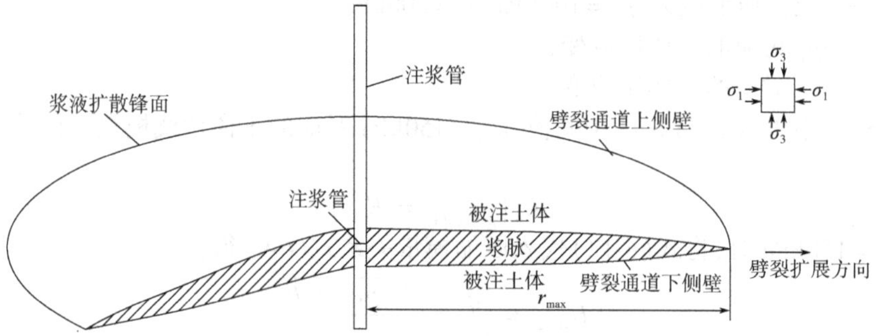

图 6-4 劈裂注浆扩散过程简化模型

根据以上分析对模型做以下近似假设：

（1）不考虑应力历史对土体压缩过程的影响，认为劈裂通道两侧土体的压缩过程为初始压缩过程，土体压缩变形符合所建立的完全侧限条件下的土体非线性压缩 ε-p 模型。

（2）浆液为不可压缩、各向同性的流体，浆液本构符合牛顿内摩擦定律，且在劈裂流动过程中流型保持不变。

浆液本构方程为：

$$\tau = \mu \dot{\gamma} \tag{6-16}$$

式中：τ——浆液流动剪切应力（Pa）；

μ——浆液黏度（Pa · s）；

$\dot{\gamma}$——浆液流动剪切速率（1/s）（$\dot{\gamma} = -\mathrm{d}v/\mathrm{d}\delta$）；

v——浆液流动速度（m/s）；

δ——垂直于浆液流动的空间距离（m）。

（3）注浆浆液在劈裂通道内的流动形式为层流运动，忽略注浆孔附近浆液紊流运动对浆液扩散的影响；劈裂通道侧壁处满足无滑移边界条件，即通道侧壁处的浆液流速为0。

（4）认为劈裂通道侧壁处不存在浆液的渗透作用，注浆过程中的浆液全部存在于劈裂通道内部。

（5）忽略地层应力的不均匀性及重力对劈裂注浆扩散过程的影响，劈裂通道以注浆孔为中心沿垂直于小主应力的方向扩展。

（6）劈裂通道侧壁与劈裂通道对称轴线的夹角很小，在劈裂通道两侧土体的受力分析中认为浆液对土体的压力垂直于劈裂通道对称轴。

6.3.2　注浆起劈压力及劈裂通道扩展压力确定

（1）注浆起劈压力确定

注浆初期，注浆孔受力如图6-5所示，其中注浆孔半径为 r_0，注浆压力为 p，大主应力为 σ_1，小主应力为 σ_3，规定压应力方向为负，拉应力方向为正。根据弹性力学理论，注浆孔附近的应力状态可看作三个应力状态的叠加。

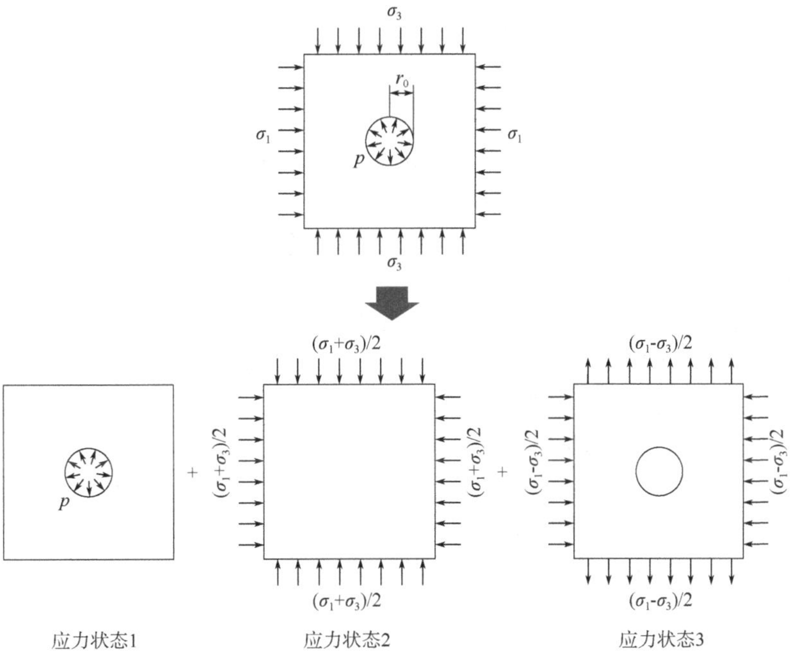

图6-5　注浆孔受力示意图

针对三个应力状态，注浆孔周围的径向应力及切向应力可分别表示为：

应力状态（一）：

$$\begin{cases} \sigma_r = -\dfrac{r_0^2}{r^2}p \\ \sigma_\theta = \dfrac{r_0^2}{r^2}p \end{cases} \tag{6-17}$$

应力状态（二）：

$$\begin{cases} \sigma_r = -\dfrac{\sigma_1 + \sigma_3}{2}\left(1 - \dfrac{r_0^2}{r^2}\right) \\ \sigma_\theta = -\dfrac{\sigma_1 + \sigma_3}{2}\left(1 + \dfrac{r_0^2}{r^2}\right) \end{cases} \tag{6-18}$$

应力状态（三）：

$$\begin{cases} \sigma_r = -\dfrac{\sigma_1 - \sigma_3}{2}\cos2\theta\left(1 - \dfrac{r_0^2}{r^2}\right)\left(1 - 3\dfrac{r_0^2}{r^2}\right) \\ \sigma_\theta = \dfrac{\sigma_1 - \sigma_3}{2}\cos2\theta\left(1 + 3\dfrac{r_0^2}{r^2}\right) \end{cases} \tag{6-19}$$

式中：θ——任意点与注浆孔圆心连线的水平夹角；

r——任意点距离注浆孔中心的距离（m）。

将式(6-17)～式(6-19)中的 σ_θ 相加可得注浆孔附近的拉应力：

$$\sigma_\theta = \frac{r_0^2}{r^2}p - \frac{\sigma_1 + \sigma_3}{2}\left(1 + \frac{r_0^2}{r^2}\right) + \frac{\sigma_1 - \sigma_3}{2}\cos2\theta\left(1 + 3\frac{r_0^2}{r^2}\right) \tag{6-20}$$

由上式可知，在 $\theta = k\pi, r = r_0$ 处拉应力最大，即通过注浆孔中心的小主应力面与注浆孔圆周的交点处，其大小为：

$$T = \sigma_\theta = p + \sigma_1 - 3\sigma_3 \tag{6-21}$$

当注浆孔附近的最大拉应力 T 超过土体抗拉强度 R_m 时，注浆孔开始从拉应力最大点沿大主应力方向劈裂，此时的注浆压力称为注浆起劈压力：

$$p_m = 3\sigma_3 - \sigma_1 + R_m \tag{6-22}$$

（2）劈裂通道扩展压力确定

注浆孔周围沿大主应力方向的劈裂缝形成之后，在注浆压力作用下劈裂通道继续扩展，但是在劈裂缝起劈位置处的劈裂通道扩展压力要小于注浆起劈压力。引入断裂力学理论中的裂缝扩展理论，劈裂缝扩展压力大小为：

$$p_k = \frac{G(L/r_0)}{F(L/r_0)}\sigma_3 + \left[1 - \frac{G(L/r_0)}{F(L/r_0)}\right]\sigma_1 + \frac{K_1}{F(L/r_0)\pi L} \tag{6-23}$$

式中：p_k——劈裂通道扩展压力（Pa）；

L——劈裂通道长度（m）；

r_0——注浆孔半径（m）；

$G(L/r_0)$、$F(L/r_0)$——L/r_0 的函数；

K_1——劈裂缝扩展临界强度因子。

当 $L \geqslant 10r_0$ 时，$G(L/r_0)=F(L/r_0)=1$，上式可改写为：

$$p_k = \sigma_3 + \frac{K_1}{\pi L} \tag{6-24}$$

在实际劈裂注浆过程中，劈裂通道的扩展距离可达到几十米甚至上百米，在工程应用中，可忽略式(6-24)等号右边的第二项，认为劈裂通道扩展压力与土体中的第三主应力相等，即：

$$p_k = \sigma_3 \tag{6-25}$$

由于注浆起劈压力大于劈裂通道扩展压力，导致在注浆过程中劈裂缝形成后的一段时间内注浆压力会降低一定数值，这解释了实际劈裂注浆工程中注浆压力到达峰值之后的突降现象。

6.3.3　劈裂通道内部浆液运动控制方程

在完整劈裂浆脉中取其中一段进行分析(图6-6)，劈裂通道的产生导致被注土体发生了一定程度的压缩，任意位置处劈裂通道宽度与被注土体的压缩变形量相等，劈裂通道宽度沿扩散半径方向发生衰减，在该段取一通过注浆孔并且垂直于浆脉对称面的竖直剖面进行研究，以劈裂通道对称轴延伸的方向与竖直方向为坐标轴建立如图6-6所示的直角坐标系。为建立相应的浆液运动控制方程，以劈裂通道中心为对称轴取浆液单元体进行受力分析。

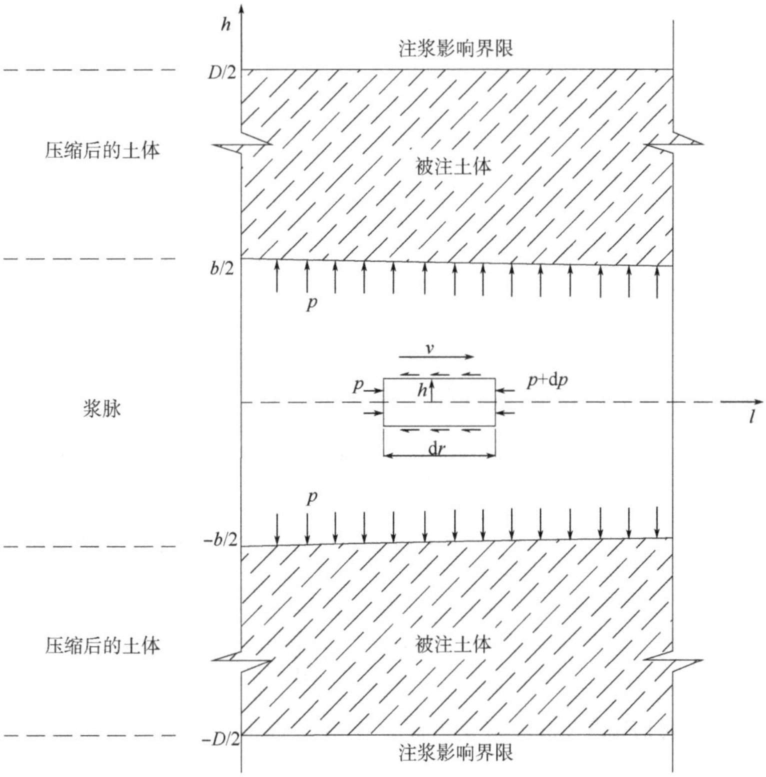

图6-6　浆液扩散及土体压缩过程受力分析

在任意扩散距离 r 处，对单元体进行受力分析得：

$$2h\mathrm{d}p + 2\tau\mathrm{d}r = 0 \tag{6-26}$$

式中：$2h$——单元体高度(m)；

p——浆液压力(Pa)；

τ——浆液剪切应力(Pa)；

r——浆液扩散距离(m)；

$\mathrm{d}p$——浆液压力增量(Pa)；

$\mathrm{d}r$——单元体微元长度(m)。

对上式进行变形可得浆液剪切应力在劈裂通道宽度方向上的分布：

$$\tau = -h\frac{\mathrm{d}p}{\mathrm{d}r} \tag{6-27}$$

由上式可知某点处的浆液剪切应力与该点距离劈裂通道中心的距离成正比，沿劈裂通道宽度方向呈折线形分布，浆液剪切应力由劈裂通道中心向劈裂通道侧壁增大，劈裂通道中心处的浆液剪切应力为0，通道侧壁处的浆液剪切应力最大，浆液剪切应力在劈裂通道宽度方向上的分布可通过图6-7表示。

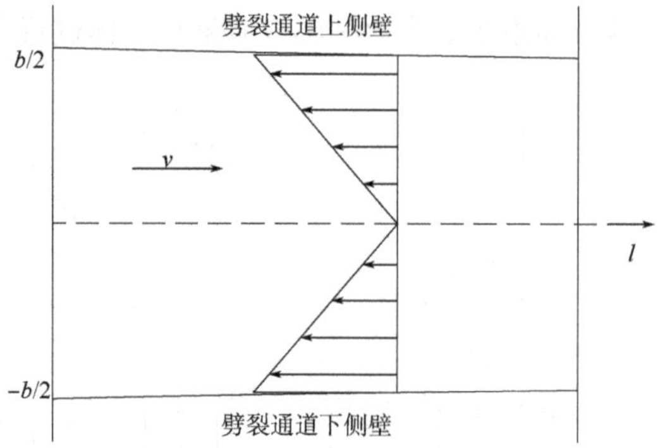

图6-7　浆液剪切应力沿劈裂通道宽度方向上的分布

联立浆液本构关系式(6-16)与式(6-27)，得：

$$\frac{\mathrm{d}v}{\mathrm{d}h} = \frac{h}{\mu}\frac{\mathrm{d}p}{\mathrm{d}r} \tag{6-28}$$

将边界条件 $h = \pm b/2, v = 0$ 代入式(6-28)可得浆液流速沿劈裂通道宽度方向上的分布：

$$v = \frac{b^2 - 4h^2}{8\mu}\left(-\frac{\mathrm{d}p}{\mathrm{d}r}\right) \tag{6-29}$$

式中：b——浆液劈裂通道宽度(m)，在整个注浆扩散过程中 b 为浆液扩散距离 r 和时间 t 的函数，可表示为 $b = b(r,t)$。

由公式(6-29)得到的浆液流速在劈裂通道宽度方向上的速度分布如图6-8所示。

浆液流速分布呈抛物线形状，在劈裂通道中心处浆液流速最大，浆液流速由劈裂通道中心向两侧衰减，直至劈裂通道侧壁处浆液流速降为0。

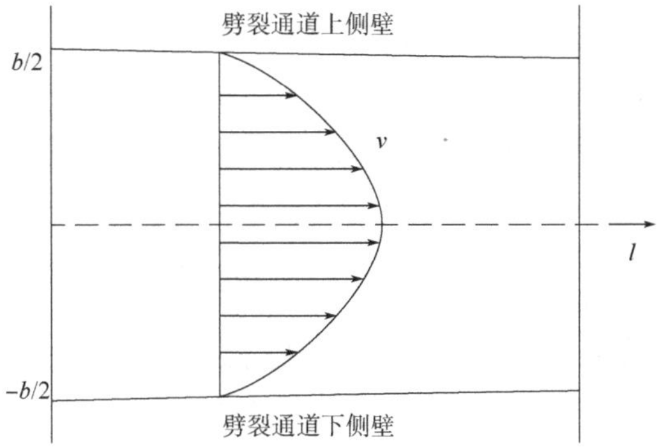

图6-8　浆液流速沿劈裂通道宽度方向上的分布

将浆液流动速度在整个劈裂通道宽度范围内积分可得到断面总流量，之后将断面总流量在整个通道宽度范围内取平均可得整个断面的浆液平均流速为：

$$\bar{v} = \frac{1}{b}\int_{-b/2}^{b/2} v\mathrm{d}h \tag{6-30}$$

式中：$\bar{v}$——浆液平均流速（m/s）。

将式（6-29）代入式（6-30）中可得浆液平均流速为：

$$\bar{v} = \frac{b^2}{12\mu}\left(-\frac{\mathrm{d}p}{\mathrm{d}r}\right) \tag{6-31}$$

在注浆过程中，依据质量守恒定律，浆液在劈裂通道内部任意扩散断面上的单位时间流量与单位时间注浆总量 q 相等，其关系可表示为：

$$q = 2\pi rb\bar{v} \tag{6-32}$$

式中：q——单位时间注浆量（m^3/s）。

将式（6-32）代入式（6-31）得劈裂通道内部任意位置 r 处的浆液压力梯度：

$$\frac{\mathrm{d}p}{\mathrm{d}r} = -\frac{6\mu q}{\pi rb^3} \tag{6-33}$$

浆液压力梯度与单位时间注浆量 q、浆液黏度 μ 成正比，与劈裂通道宽度的三次方、浆液扩散距离成反比。

6.3.4　考虑非线性压密效应的劈裂通道宽度方程

如图6-6所示，设劈裂注浆影响范围为 D，即 $|h| \leqslant D/2$ 范围内土体被压缩，在 $|h| \geqslant D/2$ 时，土体不存在因土体压缩而产生的位移。未注浆时土体竖向应力大小为 σ_3，此时土体中任一位置的土体应变均为初始应变，且应变大小相等，即：

$$\varepsilon_0 = A\sqrt{\sigma_3 + B} + C \tag{6-34}$$

距注浆孔中心距离为 r 处的浆液压力为 p，其对应的土体应变可通过式（6-34）表示，土体的压缩变形量与浆液劈裂通道宽度处处相等，其数值为土体压缩应变的变化量与注浆影响范围的乘积，即 $b = \Delta\varepsilon \cdot D$，代入式（6-6）、式（6-34）可得：

$$b = AD(\sqrt{p + B} - \sqrt{\sigma_3 + B}) \tag{6-35}$$

对上式进行恒等变形可得通过 b 表示浆液压力 p：

$$p = \left(\frac{b}{AD} + \sqrt{\sigma_3 + B}\right)^2 - B \tag{6-36}$$

式中：D——注浆影响范围(m)。

对式(6-36)进行微分处理后与式(6-33)联立可得劈裂通道宽度(即土体压缩变形量)与浆液扩散距离的微分方程式：

$$\frac{2}{AD}\left(\frac{b^4}{AD} + b^3\sqrt{\sigma_3 + B}\right)\mathrm{d}b = -\frac{6\mu q}{\pi r}\mathrm{d}r \tag{6-37}$$

整理上式并代入边界条件 $r = r_{\max}, b = 0$，可得劈裂通道宽度与浆液扩散距离的关系：

$$r = r_{\max}\mathrm{e}^{-\frac{\pi}{3\mu q AD}\left(\frac{b^5}{5AD} + \frac{b^4}{4}\sqrt{\sigma_3 + B}\right)} \tag{6-38}$$

式中：$r_{\max}$——浆液扩散半径(m)；

A、B——土体应力-应变模型参数，其中 $A = 2\sqrt{\frac{p_{1.5}}{E_{s1-2}^2 - E_{s0}^2}}$；$B = \frac{p_{1.5}E_{s0}^2}{E_{s1-2}^2 - E_{s0}^2}$。

由式(6-38)可直接得到劈裂通道宽度的空间分布曲线，结合浆液压力与劈裂通道宽度的关系式(6-36)可得到浆液压力的空间衰减曲线，在公式中取浆液扩散距离为注浆孔半径，可进一步获得注浆压力与浆液扩散半径的关系。

6.4 劈裂注浆扩散规律及影响因素分析

依托江西萍莲高速永莲隧道断层破碎带突水突泥灾害治理工程，选取相关参数进行注浆扩散规律分析，注浆模型参数取值为：单位时间注浆流量 $q = 60\text{L/min}$；浆液黏度 $\mu = 10\text{MPa}\cdot\text{s}$；注浆孔半径 $r_0 = 0.05\text{m}$；注浆影响范围 $D = 4\text{m}$；土体初始小主应力 $\sigma_3 = 1\text{MPa}$；土体初始孔隙比 $e_0 = 0.582$；土体初始渗透率 $k_0 = 5.2 \times 10^{-9}\text{m}^2$。

6.4.1 非线性与线性压缩模型计算结果对比

当不考虑土体压缩过程应力-应变曲线的非线性时，土体压缩应力应变关系为直线，其关系式可表达为：

$$\varepsilon = p/E_{s0} \tag{6-39}$$

未注浆时土体竖向应力为 σ_3，土体中相应的初始应变为：

$$\varepsilon_0 = \sigma_3/E_{s0} \tag{6-40}$$

距离注浆孔中心 r 处土体的压缩变形量为 $b = \Delta\varepsilon \cdot D$，将式(6-39)与式(6-40)代入可得土体压缩变形量：

$$b = \frac{(p - \sigma_3)D}{E_{s0}} \tag{6-41}$$

联立上式与式(6-33)并代入边界条件 $r = r_{\max}, b = 0$ 可得劈裂通道宽度与浆液扩散距离的关系：

$$b = 4\sqrt{\frac{24\mu qD}{\pi E_{s0}}\ln\left(\frac{r_{max}}{r}\right)} \tag{6-42}$$

联立上式与式(6-41)并取 $r = r_0$,可得注浆压力与浆液扩散半径的关系:

$$p_c = 4\sqrt{\frac{24\mu qE_{s0}^{3}}{\pi D^3}\ln\left(\frac{r_{max}}{r_0}\right)} + \sigma_3 \tag{6-43}$$

土体压缩非线性模型取两种工况,工况1:初始压缩模量 $E_{s0} = 4$MPa,特征压缩模量$E_{s1-2} = 8$MPa;工况2:初始压缩模量 $E_{s0} = 8$MPa,特征压缩模量 $E_{s1-2} = 16$MPa。土体非线性与线性模型 ε-p 曲线如图6-9所示,土体线性压缩 ε-p 曲线为通过原点的直线,非线性 ε-p 关系为曲线,两者初始压缩模量相同;相同压应力时,非线性模型对应的压应变较小,且随着压应力的增加两者的差距不断增大。

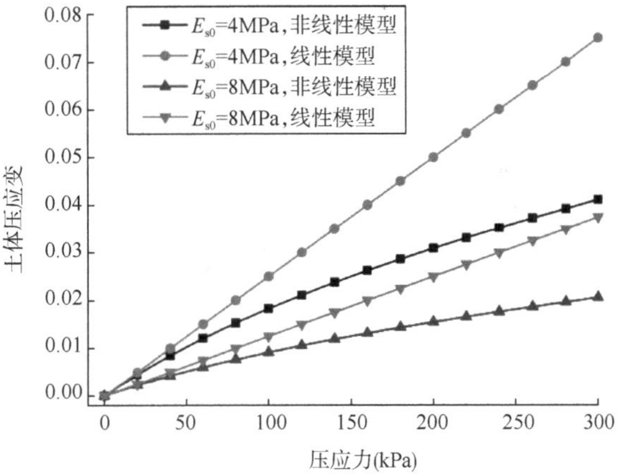

图6-9　土体非线性与线性模型 ε-p 曲线比较

(1)浆液扩散半径比较

应用土体线性与非线性模型所得浆液扩散半径与注浆压力差的关系曲线如图6-10所示,注浆压力差为注浆孔处注浆压力与浆液扩散锋面处起劈压力之差,当浆液扩散半径较大时起劈压力可认为是恒定值,即 $\Delta p = p - \sigma_3$。

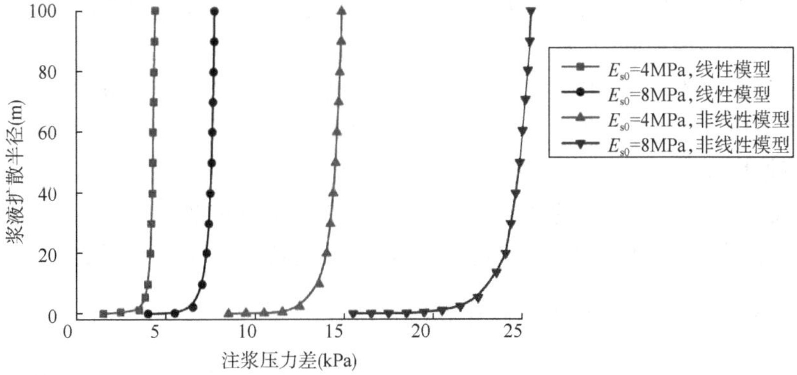

图6-10　浆液扩散半径比较

由图 6-10 可知：

①对比初始压缩模量相同的线性与非线性模型计算结果，相同注浆压力差条件下线性模型所得浆液扩散半径明显偏大。分析原因为：注浆过程中同时发生土体压密，在土体被不断压密时，非线性模型土的压缩模量不断增大，而线性模型土体的压缩模量维持不变，导致非线性模型土体的平均压缩模量大于线性模型土体的平均压缩模量。在注浆压力相同时，非线性模型的土体压缩模量较大，其劈裂通道宽度相应的较小，由浆液扩散运动控制方程式(6-33)可知较小的劈裂通道宽度对浆液扩散的阻力较大，最终导致扩散半径较小。

②相同注浆压力条件下，$E_{s0}=8\text{MPa}$ 对应的浆液扩散半径非线性模型计算值与线性模型计算值的差距要大于 $E_{s0}=4\text{MPa}$ 时的计算结果。可见当土体压缩模量较低时，应用土体线性模型计算引起的浆液扩散半径误差越大。

(2)浆脉厚度比较

应用线性与非线性模型所得浆脉厚度衰减曲线如图 6-11 所示。

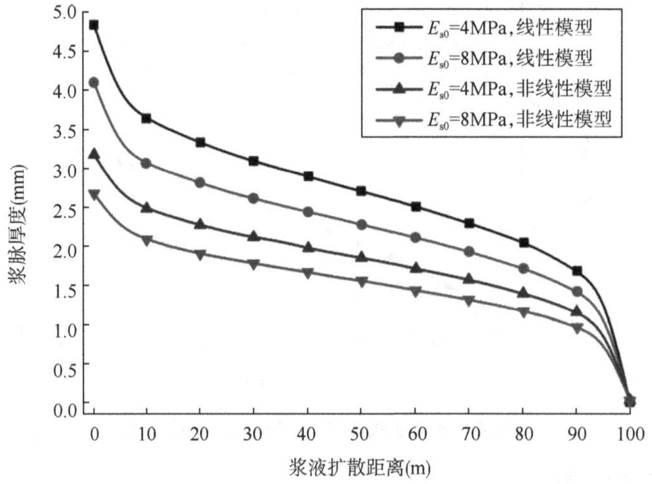

图 6-11　浆脉厚度衰减曲线比较

分析图 6-11 可知：

①浆脉厚度由注浆孔沿扩散半径衰减，在相同位置处，应用线性模型计算所获得的浆脉厚度大于非线性模型计算值，且两者的差距在注浆孔附近较大，浆液扩散锋面处较小。

②当浆液扩散半径相同时，$E_{s0}=8\text{MPa}$ 对应的浆脉厚度非线性模型计算值与线性模型计算值的差距要略小于 $E_{s0}=4\text{MPa}$ 时的计算结果。考虑到当土体压缩模量较大时，注浆所发生的浆脉厚度绝对值要小，因此上述现象不能说明土体压缩模量较大时，应用土体线性模型所引起的浆脉计算厚度误差要小。

综上，若忽略土体压缩过程的非线性特征，则会造成浆液扩散半径与浆脉厚度的计算值均偏大，存在明显的误差，说明考虑土体压密过程的非线性特征是非常必要的。

6.4.2　劈裂注浆扩散规律及影响因素分析

为研究土体非线性特征及浆液黏度对土体劈裂注浆扩散过程的影响，土体压缩非线性模型取四种工况，浆液黏度取三种工况，浆液黏度数值参考普通水泥浆液黏度值，见表 6-1。

劈裂注浆计算工况　　　　表 6-1

工况	初始压缩模量 E_{s0}(MPa)	特征压缩模量 E_{s1-2}(MPa)	浆液黏度(MPa·s)
1	4	8	10
2	4	12	
3	8	16	
4	8	24	
5	4	8	6
6			10
7			14

(1)浆液扩散半径与注浆压力差的关系

不同工况下浆液扩散半径随注浆压力差的变化曲线如图 6-12 所示。

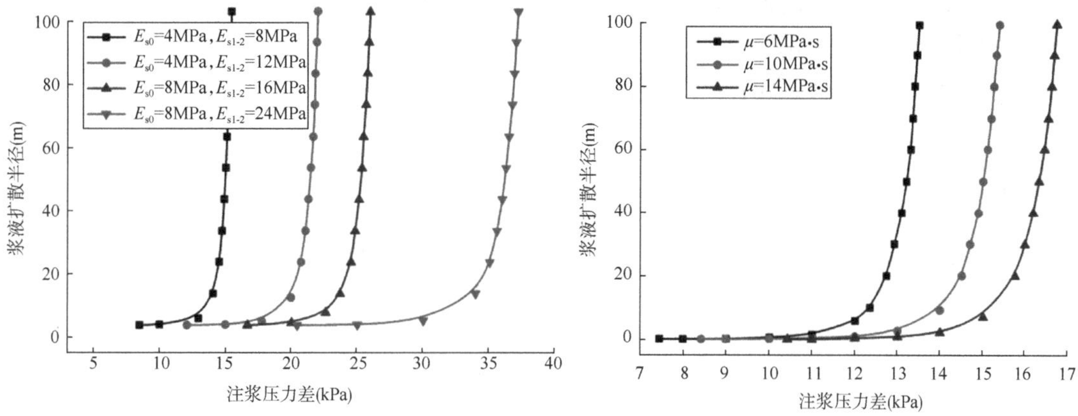

a)不同非线性特征　　　b)不同浆液黏度

图 6-12　不同工况下浆液扩散半径随注浆压力差的变化曲线

分析图 6-12 可知：

①浆液扩散半径随着注浆压力的增加而增长，当注浆压力 p 小于某一临界值时，注浆压力对浆液扩散半径的影响较小；当注浆压力大于某一临界值时，影响显著，注浆压力增长会引起浆液扩散半径的显著增加。

②浆液扩散半径与土体压缩模量呈负相关关系。当土体压缩模量较大时，土体较难被压缩，相应的劈裂通道宽度较小，对浆液扩散的阻力较大，最终导致较小的浆液扩散半径。

③当 E_{s1-2} 与 E_{s0} 差距增大，即土体压缩过程的非线性越强，相应的扩散半径越小。由图 6-13 可知，若 E_{s1-2} 与 E_{s0} 差距越大，相同土体压应力变化量所导致的压缩模量增加量越大，对于整个注浆过程来说，非线性强的土体平均压缩模量较大，相应的浆液扩散半径较小。

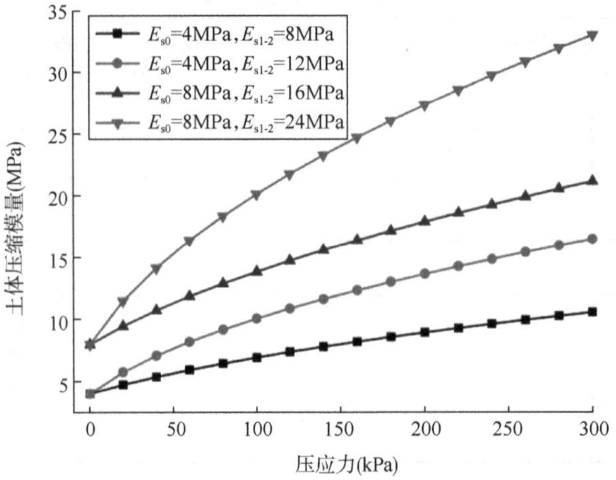

图 6-13 四种非线性模型 ε-p 曲线比较

④浆液扩散半径与浆液黏度呈负相关关系,反映了浆液黏滞性对浆液扩散过程的影响,浆液黏度越高,浆液扩散所遇到的阻力越大,相应的浆液扩散半径越小。

(2)浆脉厚度空间衰减

不同工况下浆脉厚度空间分布曲线如图 6-14 所示。

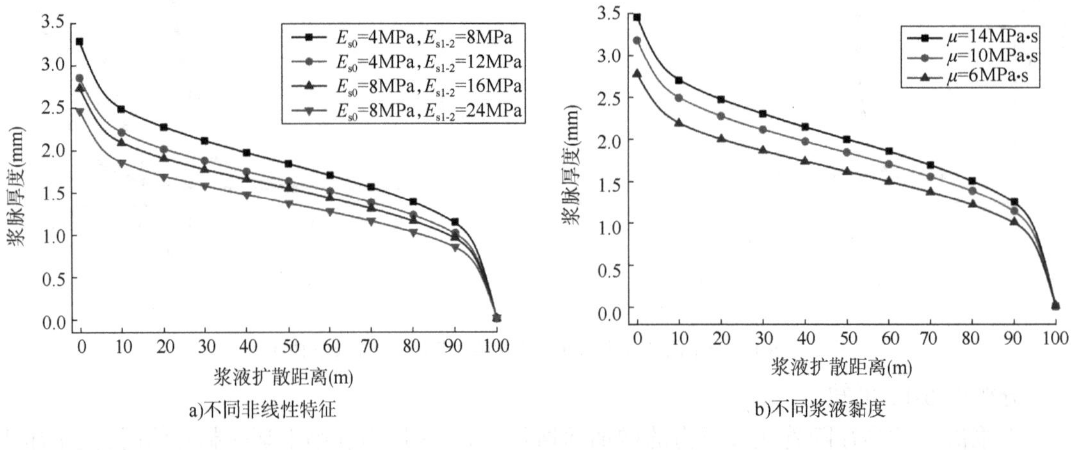

图 6-14 不同工况下浆脉厚度空间衰减曲线

分析图 6-14 可知:

①浆脉厚度由注浆孔沿扩散半径衰减,注浆孔及浆液扩散锋面附近衰减较快。

②相同扩散半径条件下,浆脉厚度与土体弹性模量负相关,与浆液黏度正相关。土体弹性模量较大时,土体抵抗变形的能力较强,相应的浆脉厚度较小;浆液黏度越高导致达到相同扩散半径需要的注浆压力越高,最终导致浆脉厚度较大。

③当 E_{s1-2} 与 E_{s0} 差距增大时,即土体压缩过程的非线性增强时,相应的浆脉厚度越小;当 E_{s1-2} 与 E_{s0} 差距增大时,相同土体压应力变化量所导致的压缩模量增加量越大,对于整个注浆过程来说,非线性强的土体平均压缩模量较大,相应的浆脉厚度较小。

6.5 断层软弱介质劈裂注浆加固效果定量估算方法

断层软弱介质劈裂注浆模式通过软弱土层的压密固结作用与浆脉骨架作用共同提高软弱土层的力学性能,对于软弱土层注浆加固效果的有效估算是进行合理注浆设计的前提。建立可描述软弱土层注浆加固体整体性能的计算物理模型,在此基础上提出考虑注浆压力、单孔注浆量、注浆孔间距的软弱土层注浆加固效果定量估算方法,研究软弱土层注浆加固后各项性能指标的各向异性及空间分布特征,为断层软弱介质注浆加固设计提供有效方法。

6.5.1 断层软弱介质劈裂注浆加固效果分析

软弱土层压密固结作用方面,劈裂浆脉两侧的软弱土层在浆液压力作用下发生压缩变形,相应的力学性能及抗渗性能均得到不同程度的提高,主要表现在以下几个方面(图6-15):①软弱土层被压缩后抗变形能力提高,软弱土层压缩过程呈现显著的非线性特征,随着软弱土层压缩变形量的增大,软弱土层被压缩的难度不断增加,即软弱土层压缩模量在发生压缩变形后得到提高;②软弱土层被压缩后抗破坏能力提高,软弱土层被压缩后颗粒与颗粒之间黏接更为紧密,抵抗破坏的能力显著提高,表现在软弱土层黏聚力与内摩擦角的增加;③软弱土层被压缩后抗渗能力提高,表现为渗透系数的降低。

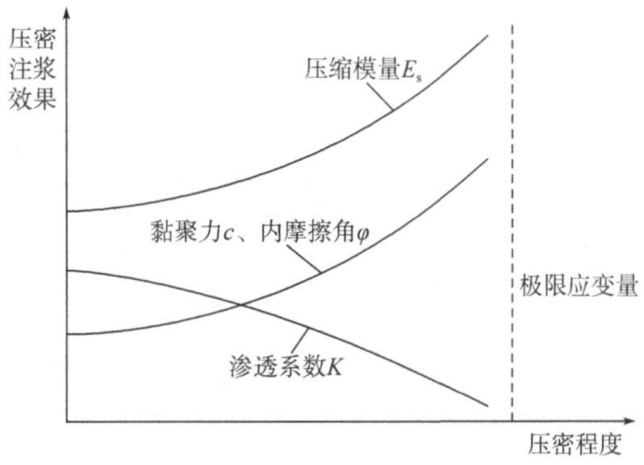

图6-15 软弱土层压密注浆效果与压密程度的关系

浆脉骨架作用方面,在注浆扩散过程结束后,劈裂通道内的浆液逐渐完成凝胶固化过程,形成由浆液结石体构成的浆脉骨架,浆脉骨架的力学性能及抗渗性能均远强于压密固结后的软弱土层,但是由于浆脉厚度相比整个注浆影响区域来说比较小,所以其对软弱土层的整体力学性能的提升程度还有限。

压密固结后的软弱土层与浆脉骨架共同提高软弱土层的各项性能,受地应力状态及软弱土层赋存条件的影响,多次注浆产生的多条浆脉总是以近乎平行的状态存在于软弱土层中,使得软弱土层注浆加固体具有显著的分层特征,软弱土层被分割为不同的三个区域(图6-16):①浆脉区域,该区域各项力学性能最高,但是浆脉厚度较小,对于软弱土层整体性能的提升有限;②被压密的软弱土层区域,该区域在浆液压力的压密作用下,各项力学性能得到提升,是软弱土层整体性能提升的主要贡献者;③未被压密的软弱土层区域,由于注浆影响范围有限,在注浆影响范围外的软弱土层未被压密,所以该区域软弱土层的性能没有得到提升,是软弱土层注浆加固体的薄弱区域,当注浆孔间距小到一定程度时,整个软弱土层被浆脉与被压密的软弱土层区域所填满,未被压密的软弱土层区域便会消失。软弱土层注浆加固体的分层特征导致软弱土层注浆加固体各项性能表现出各向异性。

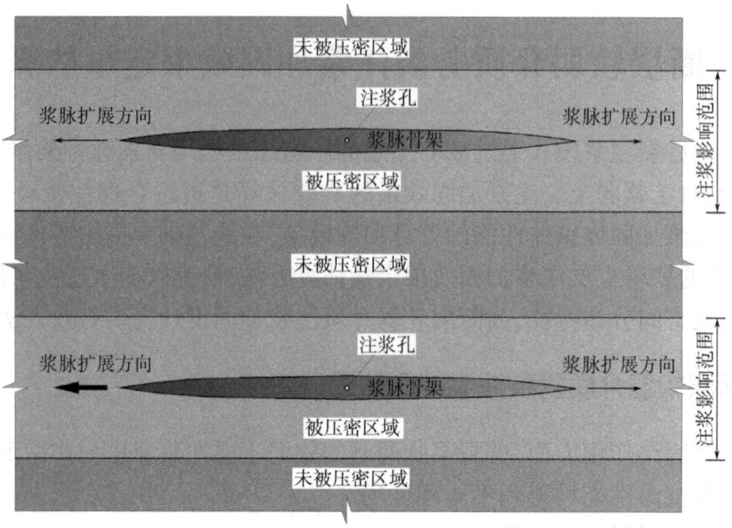

图 6-16　断层软弱介质注浆加固体分层特征

断层软弱介质注浆加固效果在空间上是非均匀的,在浆脉扩展方向上,浆脉厚度及浆脉两侧软弱土层的压密程度均沿着浆脉扩展方向衰减,造成注浆加固效果也沿着浆脉扩展方向衰减,距离注浆孔越远软弱土层注浆加固效果也越差。在浆脉展布范围以外的软弱土层为原状土层,其力学性能未得到改变。

6.5.2　注浆加固效果量化计算物理模型

影响劈裂注浆效果的因素很多,若将所有因素全部考虑进去会造成计算模型过于复杂,不具备实用性。因此,需要对劈裂注浆效果计算模型进行一定简化处理,选取影响软弱土层劈裂注浆效果的主要控制因素进行研究,以求获得实用可靠的注浆效果量化估算方法。注浆效果简化计算模型及特征单元体示意图如图 6-17 所示。

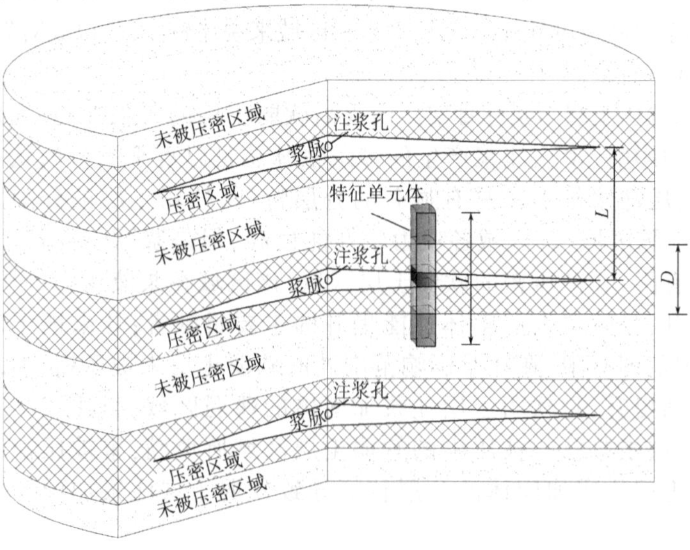

图 6-17　劈裂注浆效果简化模型及特征单元体示意图

其基本假设如下：

①多条浆脉的展布平面互相平行，注浆影响范围在浆脉展布范围内保持不变。

②浆脉厚度由注浆孔处向浆脉尖端处线性衰减，注浆孔处的浆脉厚度值受注浆压力控制。

③注浆孔等间距布置，为便于计算，将注浆孔连线垂直于浆脉展布方向。

④认为浆脉体积只受浆液析水的影响，浆脉体积为注浆浆液体积与结石率的乘积。

浆脉形态方面，从前文研究可知，不同工况下的浆脉基本上保持类似的形态，浆脉厚度可基本认为是沿浆脉展布方向线性衰减的，所以在本模型中将浆脉形态简化为“共底圆锥”，浆脉厚度由注浆孔向浆脉尖端线性衰减。

注浆参数方面，实际施工过程中能获得的注浆参数主要是注浆压力、注浆流量、注浆时间与注浆量四个，这四个注浆参数并非独立变化的，在注浆施工中一般是通过主动调整注浆流量与注浆时间来影响注浆扩散过程，从而达到特定的注浆扩散范围，并对应一定的注浆压力、注浆量。注浆流量、注浆时间可看作注浆过程的起因，而注浆压力、注浆量可看作注浆过程的结果。注浆压力直接影响软弱土层的压密注浆效果及浆脉厚度，而注浆量与浆脉形态一起可直接反应浆脉的展布情况，注浆压力、注浆量对劈裂注浆效果具有直接的影响。所以，注浆流量及注浆时间两个注浆参数主要是通过注浆压力及注浆量来影响劈裂注浆效果的，在劈裂注浆效果的计算过程中只需要考虑注浆压力与注浆量两个注浆参数。

注浆孔布置方面，为反映注浆孔布置密集程度对劈裂注浆效果的影响，在简化模型中设置注浆孔间距 L 这一参数。在实际注浆情况中，在相邻注浆孔之间可能会存在一条或多条别的注浆孔对应的浆脉，为反映这种情况，可将简化模型中的注浆孔间距 L 进一步缩小，而不必拘泥于相邻注浆孔的限制。注浆影响范围采用 D 表示，当 $L>D$ 时，在垂直浆脉方向上软弱土层空间由浆脉区域、压密的软弱土层区域及未压密的软弱土层区域三个区域构成；当 $L\leqslant D$ 时不存在未压密的软弱土层区域，在浆脉垂直方向上软弱土层空间只由浆脉区域及压密的软弱土层区域两个区域构成。

6.5.3 软弱土层注浆加固体整体性能定量计算方法

在软弱土层区域内以任一条浆脉为基准选取特征单元体，以特征单元体的各项性能指标代表软弱土层注浆加固体整体的性能指标，特征单元体关于浆脉展布平面对称，单元体上下边界分别为未被压密区域的对称面，特征单元体的性能可表征软弱土层注浆加固体整体的性能。特征单元体的尺寸如图 6-18 所示，特征单元体高度与注浆孔间距 L 相等，其他两个方向的单元体尺寸无限小，分别为 $\mathrm{d}r$ 与 $r\mathrm{d}\theta$，r 为特征单元体到注浆孔中心的距离，θ 为与注浆孔连线的角度，单元体上下两个端面的面积可表示为 $\mathrm{d}S$，且 $\mathrm{d}S=r\mathrm{d}r\mathrm{d}\theta$。在特征单元体内部，认为浆脉厚度不发生衰减，且浆脉厚度采用 b 表示，被压密软弱土层的厚度采用 h_1 表示，未被压密软弱土层的厚度采用 h_2 表示。当 $L>D$ 时，三者与注浆影响范围 D、注浆孔间距 L 具有如下关系：

$$\begin{cases} h_1 = \dfrac{D-b}{2} & (L>D) \\ h_2 = \dfrac{L-D}{2} & (L>D) \end{cases} \tag{6-44}$$

当 $L\leqslant D$ 时不存在未压密的软弱土层区域，所以 $h_2=0$，在与浆脉垂直的方向上软弱土层空间只由浆脉区域及压密的软弱土层区域两个区域构成,当两个浆脉对应的压密软弱土层区域出现重叠时,由于软弱土层的压密注浆效果是由该位置的浆液压力所决定的,所以软弱土层的压密注浆效果不累计。被压密软弱土层的厚度 h_1 与 L 具有如下关系:

$$h_1 = \frac{L-b}{2} \qquad (L \leqslant D) \tag{6-45}$$

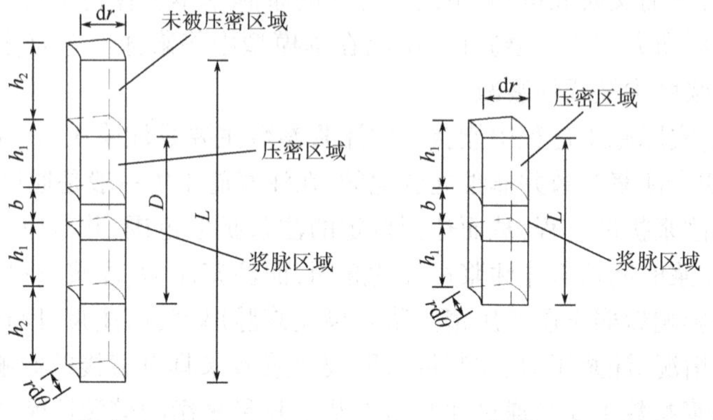

图 6-18　特征单元体尺寸

受软弱土层注浆加固体中浆脉骨架"三明治"结构的影响,软弱土层注浆加固体的各项力学性能存在显著的各向异性,在特征单元体中表现为垂直方向的力学参数 φ_v 与水平方向的力学参数 φ_h 存在明显的差异,下面利用各个区域的力学参数分别求 φ_v 与 φ_h。

(1)压缩模量计算方法

对于单独的区域来说,其力学性能是各向同性的,所以水平方向与竖直方向的力学参数均可以采用一个量表示,浆脉、压密软弱土层及未被压密软弱土层的压缩模量分别表示为 E_{sb}、E_{s1}、E_{s2}。在竖直方向,设定一个虚拟的压力 F,单元体竖向变形量为单元体内各区域竖向变形量之和,该关系可表示为:

$$\begin{cases} \dfrac{F}{dS \cdot E_{sv}}L = \dfrac{F}{dS \cdot E_{sb}}b + \dfrac{F}{dS \cdot E_{s1}}2h_1 + \dfrac{F}{dS \cdot E_{s2}}2h_2 & (L > D) \\ \dfrac{F}{dS \cdot E_{sv}}L = \dfrac{F}{dS \cdot E_{sb}}b + \dfrac{F}{dS \cdot E_{s1}}2h_1 & (L \leqslant D) \end{cases} \tag{6-46}$$

式中:E_{sv}——特征单元体竖向压缩模量(MPa)。

在水平方向,设定一个虚拟的变形量 Δs,单元体在水平方向所受到的力为各区域所受水平力之和,该关系可表示为:

$$\begin{cases} E_{sh}\dfrac{\Delta s}{dr}L \cdot rd\theta = E_{sb}\dfrac{\Delta s}{dr}b \cdot rd\theta + E_{s1}\dfrac{\Delta s}{dr}2h_1 \cdot rd\theta + E_{s2}\dfrac{\Delta s}{dr}2h_2 \cdot rd\theta & (L > D) \\ E_{sh}\dfrac{\Delta s}{dr}L \cdot rd\theta = E_{sb}\dfrac{\Delta s}{dr}b \cdot rd\theta + E_{s1}\dfrac{\Delta s}{dr}2h_1 \cdot rd\theta & (L \leqslant D) \end{cases} \tag{6-47}$$

式中:E_{sh}——特征单元体水平向压缩模量(MPa)。

将公式合并可得到软弱土层注浆加固体竖向与水平向压缩模量的表达式:

$$\begin{cases} E_{sv} = \dfrac{L}{\dfrac{b}{E_{sb}} + \dfrac{D-b}{E_{s1}} + \dfrac{L-D}{E_{s2}}} & (L > D) \\ E_{sh} = E_{sb}\dfrac{b}{L} + E_{s1}\dfrac{D-b}{L} + E_{s2}\dfrac{L-D}{L} & (L > D) \\ E_{sv} = \dfrac{L}{\dfrac{b}{E_{sb}} + \dfrac{L-b}{E_{s1}}} & (L \leqslant D) \\ E_{sh} = E_{sb}\dfrac{b}{L} + E_{s1}\dfrac{L-b}{L} & (L \leqslant D) \end{cases} \tag{6-48}$$

(2)抗剪强度计算方法

浆脉、压密软弱土层及未被压密软弱土层的黏聚力、内摩擦角分别表示为 c_b、c_1、c_2、φ_b、φ_1、φ_2。假定软弱土层注浆加固体的抗剪强度也可采用莫摩尔—库仑准则描述，在水平方向施加一个虚拟的压应力 σ，单元体所能承受的最大竖向剪切应力 τ_{vmax} 为各区域所能承受竖向最大剪切应力之和，该关系可表示为：

$$\begin{cases} \tau_{vmax} \cdot L = (c_b + \varphi_b\sigma) \cdot b + (c_1 + \varphi_1\sigma) \cdot h_1 + (c_2 + \varphi_2\sigma) \cdot h_2 & (L > D) \\ \tau_{vmax} \cdot L = (c_b + \varphi_b\sigma) \cdot b + (c_1 + \varphi_1\sigma) \cdot h_1 & (L \leqslant D) \end{cases} \tag{6-49}$$

单元体所能承受的最大竖向剪切应力 τ_{vmax} 及最大水平剪切应力 τ_{hmax} 可表示为：

$$\begin{cases} \tau_{vmax} = c_v + \varphi_v\sigma \\ \tau_{hmax} = c_h + \varphi_h\sigma \end{cases} \tag{6-50}$$

式中：c_v——软弱土层注浆加固体竖向黏聚力(Pa)；

φ_r——竖向内摩擦角；

c_h——水平向黏聚力(Pa)；

φ_h——水平向内摩擦角。

对比公式可得软弱土层注浆加固体竖向黏聚力与竖向内摩擦角：

$$\begin{cases} c_v = c_b\dfrac{b}{L} + c_1\dfrac{D-b}{L} + c_2\dfrac{L-D}{L} & (L > D) \\ \varphi_v = \varphi_b\dfrac{b}{L} + \varphi_1\dfrac{D-b}{L} + \varphi_2\dfrac{L-D}{L} & (L > D) \\ c_v = c_b\dfrac{b}{L} + c_1\dfrac{L-b}{L} & (L \leqslant D) \\ \varphi_v = \varphi_b\dfrac{b}{L} + \varphi_1\dfrac{L-b}{L} & (L \leqslant D) \end{cases} \tag{6-51}$$

在竖直方向施加一个虚拟的压应力 σ，单元体所能承受的最大水平剪切应力 τ_{hmax} 为三个区域所能承受水平最大剪切应力的最小值，该关系可表示为：

$$\begin{cases} \tau_{hmax} \cdot dr = (c_2 + \varphi_2\sigma) \cdot dr & (L > D) \\ \tau_{hmax} \cdot dr = (c_1 + \varphi_1\sigma) \cdot dr & (L \leqslant D) \end{cases} \tag{6-52}$$

可见软弱土层注浆加固体水平抗剪强度由注浆加固薄弱区域所控制，对比公式可得软弱土层注浆加固体水平向黏聚力与竖向内摩擦角：

$$\begin{cases} c_{\mathrm{h}} = c_2 & (L > D) \\ \varphi_{\mathrm{h}} = \varphi_2 & (L > D) \\ c_{\mathrm{h}} = c_1 & (L \leqslant D) \\ \varphi_{\mathrm{h}} = \varphi_1 & (L \leqslant D) \end{cases} \tag{6-53}$$

(3)渗透系数计算方法

浆脉、压密软弱土层及未被压密软弱土层的渗透系数分别表示为 k_{b}、k_1、k_2。在竖直方向，设定一个虚拟的渗流速度 v，单元体在竖直方向所受到的渗透压力差为各区域所受竖向渗透压力差之和，该关系可表示为：

$$\begin{cases} \dfrac{v}{k_{\mathrm{v}}}L = \dfrac{v}{k_{\mathrm{b}}}b + \dfrac{v}{k_1}2h_1 + \dfrac{v}{k_2}2h_2 & (L > D) \\ \dfrac{v}{k_{\mathrm{v}}}L = \dfrac{v}{k_{\mathrm{b}}}b + \dfrac{v}{k_1}2h_1 & (L \leqslant D) \end{cases} \tag{6-54}$$

式中：k_{v}——特征单元体竖向渗透系数(m/s)。

设定一个虚拟的水压力差 ΔP，单元体水平向渗流量为单元体内各区域水平向渗流量之和，该关系可表示为：

$$\begin{cases} k_{\mathrm{h}} \dfrac{\Delta P}{\mathrm{d}r}L \cdot r\mathrm{d}\theta = k_{\mathrm{b}} \dfrac{\Delta P}{\mathrm{d}r}b \cdot r\mathrm{d}\theta + k_1 \dfrac{\Delta P}{\mathrm{d}r}2h_1 \cdot r\mathrm{d}\theta + k_2 \dfrac{\Delta P}{\mathrm{d}r}2h_2 \cdot r\mathrm{d}\theta & (L > D) \\ k_{\mathrm{h}} \dfrac{\Delta P}{\mathrm{d}r}L \cdot r\mathrm{d}\theta = k_{\mathrm{b}} \dfrac{\Delta P}{\mathrm{d}r}b \cdot r\mathrm{d}\theta + k_1 \dfrac{\Delta P}{\mathrm{d}r}2h_1 \cdot r\mathrm{d}\theta & (L \leqslant D) \end{cases} \tag{6-55}$$

式中：k_{h}——特征单元体水平向渗透系数(m/s)。

将公式合并可得到软弱土层注浆加固体竖向与水平向渗透系数的表达式：

$$\begin{cases} k_{\mathrm{v}} = \dfrac{L}{\dfrac{b}{k_{\mathrm{b}}} + \dfrac{D-b}{k_1} + \dfrac{L-D}{k_2}} & (L > D) \\ k_{\mathrm{h}} = k_{\mathrm{b}}\dfrac{b}{L} + k_1\dfrac{D-b}{L} + k_2\dfrac{L-D}{L} & (L > D) \\ k_{\mathrm{v}} = \dfrac{L}{\dfrac{b}{k_{\mathrm{b}}} + \dfrac{L-b}{k_1}} & (L \leqslant D) \\ k_{\mathrm{h}} = k_{\mathrm{b}}\dfrac{b}{L} + k_1\dfrac{L-b}{L} & (L \leqslant D) \end{cases} \tag{6-56}$$

在已知注浆参数、钻孔布置参数及各区域性能指标的基础上，通过以上公式可完整得到软弱土层注浆加固体的各项性能指标。

6.5.4 软弱土层注浆加固体不同区域性能指标确定方法

由于注浆压力及浆脉厚度随着浆液扩散距离 r 的增大而减小，相应的注浆加固效果也随着 r 的增加而衰减。

(1)浆脉形态参数的确定

根据物理模型对于浆脉形态的假定，浆脉厚度由注浆孔处向浆脉尖端处线性衰减，注浆孔处浆脉厚度数值受注浆压力及初始地应力控制，软弱土层应变量与所受压应力的关系为：

$$\varepsilon = \varepsilon_2\sqrt{\frac{p}{p_2 - E_{s0}\varepsilon_2} + \frac{E_{s0}^2\varepsilon_2^2}{4(p_2 - E_{s0}\varepsilon_2)^2}} - \frac{E_{s0}\varepsilon_2^2}{2(p_2 - E_{s0}\varepsilon_2)} \tag{6-57}$$

在初始地应力 σ_0 作用下，软弱土层中有初始应变量 ε_0，注浆孔处的浆脉厚度 b_{max} 与该处软弱土层应变量的变化量 $\varepsilon - \varepsilon_0$ 及注浆影响范围 D 满足 $b_{max} = (\varepsilon - \varepsilon_0)D$，代入公式可得注浆孔处浆脉厚度与注浆压力的关系：

$$b_{max} = \varepsilon_2 D\left[\sqrt{\frac{P}{p_2 - E_{s0}\varepsilon_2} + \frac{E_{s0}^2\varepsilon_2^2}{4(p_2 - E_{s0}\varepsilon_2)^2}} - \sqrt{\frac{\sigma_0}{p_2 - E_{s0}\varepsilon_2} + \frac{E_{s0}^2\varepsilon_2^2}{4(p_2 - E_{s0}\varepsilon_2)^2}}\right] \tag{6-58}$$

式中：P——注浆压力；

σ_0——初始地应力(Pa)。

浆脉形态为“共底圆锥”，浆脉体积与单孔注浆量相等，根据以上体积关系可通过注浆孔处浆脉厚度值 b_{max} 及单孔注浆量 Q 确定浆脉展布范围 R：

$$R = \sqrt{\frac{3Q}{\pi b_{max}}} \tag{6-59}$$

综合式(6-58)、式(6-59)可获得浆脉厚度的空间分布方程：

$$b(r) = \left(1 - \frac{r}{R}\right)b_{max} \tag{6-60}$$

式中：r——浆脉中任意一点到注浆孔中心的距离(m)。

(2)未压密软弱土层区域各项性能指标确定方法

未被压密的软弱土层各项性能指标 E_{s2}、c_2、φ_2、k_2 均为常数，其数值等于未注浆时软弱土层的各项性能指标，可表示为：

$$E_{s2} = E_{s0}, c_2 = c_0, \varphi_2 = \varphi_0, k_2 = k_0 \tag{6-61}$$

式中：E_{s0}——软弱土层初始压缩模量(MPa)；

c_0——软弱土层初始黏聚力(Pa)；

φ_0——软弱土层初始内摩擦角；

k_0——软弱土层初始渗透系数(m/s)。

(3)被压密软弱土层区域各项性能指标确定方法

被压密软弱土层各项力学性能的提升来源于浆液压力对软弱土层的压密固结作用，浆液压力由注浆孔向浆脉尖端衰减，对应软弱土层的压密注浆效果也由注浆孔向浆脉尖端衰减，为计算方便，假定浆液压力由注浆孔向浆脉尖端的衰减过程是线性的，浆液压力的空间分布情况可表示为：

$$p(r) = \left(1 - \frac{r}{R}\right)P + \frac{r}{R}\sigma_0 \tag{6-62}$$

将公式联合，可获得被压密软弱土层区域内不同位置的各项性能指标，各项性能指标可表示为：

$$
\begin{cases}
E_{s1} = D_1\left[\left(1-\dfrac{r}{R}\right)P+\dfrac{r}{R}\sigma_0\right]+E_1 \\
c_1 = C_2 - D_2\ln\left[\left(1-\dfrac{r}{R}\right)P+\dfrac{r}{R}\sigma_0+E_2\right] \\
\varphi_1 = A_3 - B_3\ln\left[\left(1-\dfrac{r}{R}\right)P+\dfrac{r}{R}\sigma_0+C_3\right] \\
k_1 = 10^{A_4+\frac{B_4}{\left(1-\frac{r}{R}\right)P+\frac{r}{R}\sigma_0+C_4}}
\end{cases}
\tag{6-63}
$$

(4)浆脉各项性能指标确定方法

浆脉的各项性能来源于浆液的凝胶固化反应,而浆液的凝胶固化反应在较长的时间跨度内一直在发生,导致浆脉的各项性能指标与浆液反应时间相关,浆脉的各项性能指标 E_{sb}、c_b、φ_b、k_b 可表示为浆液反应时间的函数,如式(6-64)所示,其数值可根据室内试验测试结果确定。

$$
E_{sb}=E_{sb}(t),c_b=c_b(t),\varphi_b=\varphi_b(t),k_b=k_b(t) \tag{6-64}
$$

第 7 章　断层软弱介质注浆扩散与加固模拟试验研究

开展了断层软弱充填介质三维注浆模型试验，自主研发了三维注浆模拟试验系统，还原真实注浆环境，通过注浆压力、注浆速度、土压力、渗透压力监测，分析软弱充填介质中注浆扩散过程，获得了注浆压力随扩散半径衰减规律及被注介质内部有效应力变化；注浆结束后取样，通过试验测试获得了试样的力学和渗透性参数，提出了区域加权平均力学性能及渗透性能的评价方法，构建了室内试验小试样与宏观岩土体注浆前后性能关联的桥梁。

7.1　模拟试验功能与特点

三维注浆试验模型适用性强，可应用于工程实践的指导，通过研究宏观注浆扩散形态，获取注浆配套参数，进而评价注浆加固效果；又能开展基础理论研究，研究浆液扩散规律，通过在模型内部埋设监测元件，分析监测数据和观察开挖情况，注浆扩散规律的研究更加的直观，试验模型特点如下：

(1)模型内部空间可调节，注浆压力可调控范围大，能模拟多种压力条件下注浆，还原真实注浆环境。

(2)模型的分层设计便于介质充填和开挖验证，通过埋设注浆管路设备，可模拟分段注浆工艺，具有较强的工程指导性。

(3)模型内部可埋设大量的监测元件，记录注浆过程中压力场、渗流场数据。实现注浆过程中被注介质物理场的跟踪监测。

(4)注浆结束后可实现分步开挖验证，跟踪记录浆液扩散现象，统计浆脉厚度，并取样分析加固效果。

7.2　三维注浆模拟试验系统

7.2.1　模拟试验架系统

模型试验装置分为模型架和试验台，模型采用高强型钢板，外观圆柱形，模型内径 ϕ150cm，单层高度 30cm，单层采用分离式圆弧设计，以高强螺母相连接。同时为提高模型填料效率，便于模型拆装和观察、取样，模型采用分层组合式设计，可根据试验需求调整分层高度。模型试验台起到承力和稳定作用，通过高强螺母与模型架相连，设置试验台架可提高模型架高度，增加试验操作空间，如图 7-1 所示。

图 7-1　模拟试验装置

7.2.2　注浆试验系统

注浆系统主要模拟实际注浆工程中的外连注浆设备和注浆孔，为注浆提供源动力和运输通道，包括模型内部预设装置和外部注浆装置。

(1) 内部预设装置

内部预设装置包括底板注浆孔、预埋注浆管、承压分隔器。在模型底部预设注浆口，可连接注浆管。为避免浆液在土体中无规则扩散，在模型中预埋注浆管，采用 ϕ20 镀锌钢管，间隔布置溢浆孔；分隔器由承压扩径装置和止浆体组成，内置砂土并用土工布包裹，在注浆过程中止浆体阻止浆液通过，起到分隔注浆的作用；土工布抗剪能力差，一旦破坏土工布，止浆体阻隔作用失效，可实现分段注浆（图 7-2）。

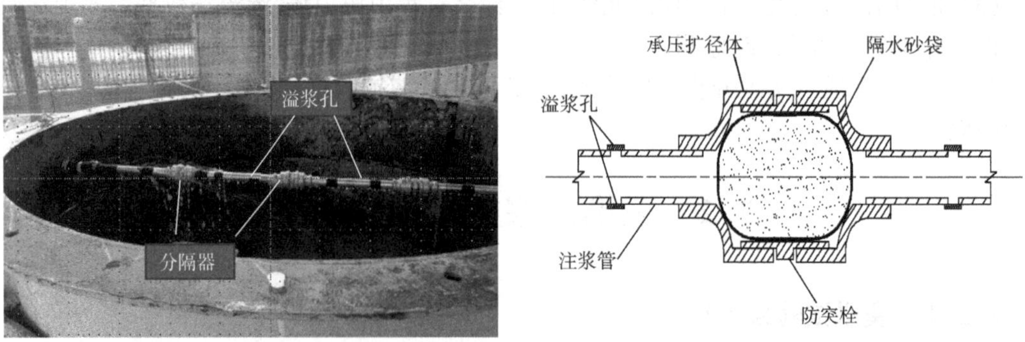

a)注浆管承压试验　　b)承压分隔器示意图

图 7-2　注浆管装置

(2) 外部注浆装置

外部注浆装置包括注浆泵、注浆管、搅拌桶及双液混合器等。为模拟多种条件下注浆试验，实现中高压注浆，选用气动注浆泵和手动注浆泵，设备参数见表 7-1。

设备型号及规格　　表 7-1

设备	型号	规格
注浆泵	气动泵 ZBQS-12/10A	0～10MPa;0～12L/min
	手动泵 ZBSS-0.1/2.5	0～2.5MPa;0.1L/行程
搅拌桶	—	50～400 转/min
注浆管	—	ϕ12.5mm,压力 20MPa
混合器	—	被动静态螺旋混合,混合距 20cm

7.2.3 数据采集系统

数据采集系统包括注浆过程跟踪记录系统及模型内部监测系统,主要记录注浆压力、注浆流速、土压力、渗透压力等数据(图 7-3)。注浆过程跟踪记录系统由 CMS2008 PQT 记录仪(流速传感器、压力传感器、数据记录模块)、计算机及相关软件组成,CMS2008 记录仪参数见表 7-2。

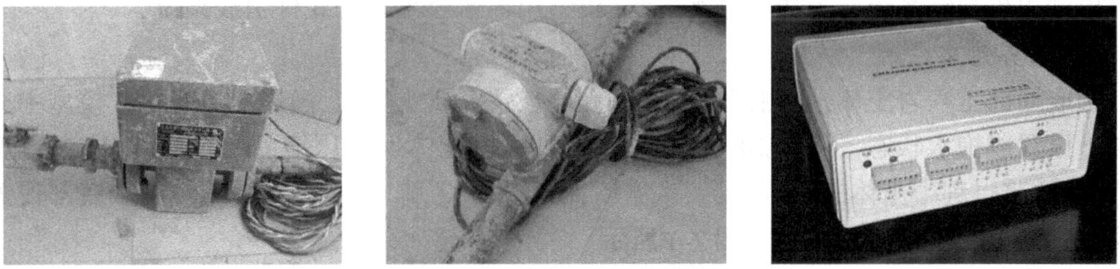

a)流速传感器　　b)压力传感器　　c)数据采集模块

图 7-3　注浆过程数据采集系统

CMS2008 记录仪参数表　　表 7-2

关键参数	量程及精度
主机精度	0.01%
标配压力	量程 0～10MPa,精度 0.5%
标配流量	量程 0～150L/min,精度 0.5%
标配密度	量程 0～4g/cm^3,精度 1%
适应温度	-40～60℃

模型内部监测系统由土压传感器、渗压传感器、静态电阻式应变箱、采集计算机及配套软件组成(图 7-4),各部分参数见表 7-3。

监测系统参数表　　表 7-3

设备	型号	规格
传感器	TXR-2021 土压力计	0.1～0.2MPa,ϕ108mm×30mm,分辨力:≤0.08% F.S
	KXR-3036 孔隙水压力计	0.1～0.2MPa,ϕ108mm×30mm,分辨力:≤0.08% F.S
应变仪	XL2101G 静态应变仪	可用于全桥、半桥和 1/4 桥,测试速度 1200 点/s

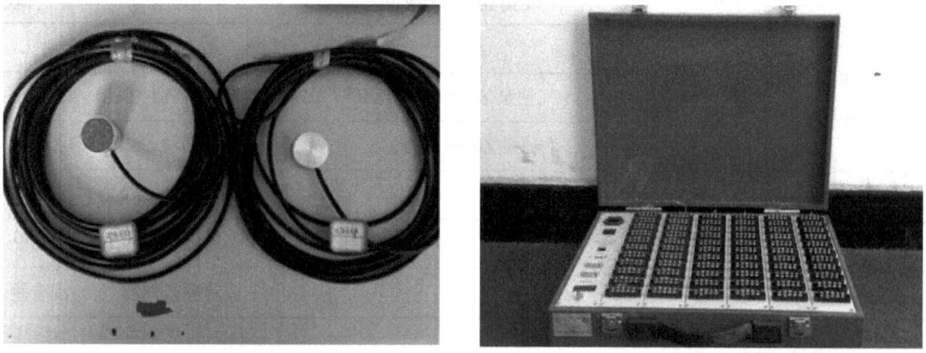

a)土压渗压传感器　　b)静态应变仪

图 7-4　监测系统

7.2.4　边界控制系统

模型边界控制系统分为边界排水系统、模型边界密封系统和元件引线系统。

(1)边界排水系统

选取局部工程岩土体,监测记录注浆过程中被注介质土压力、渗透压力变化。模型中充填软黏土设置成饱水状态,不考虑水头影响,注浆过程中土体发生压缩固结,将孔隙中自由水排除,监测注浆过程中土体的土压力场、渗流场,试验中设置排水边界,在模型顶部和底部设置滤失层,预留排水孔,细沙渗滤层如图 7-5 所示。

(2)模型边界密封系统

为防止试验过程中浆液流失,影响注浆试验效果,在模型单元体层间采用隔水胶条密封,通过环氧树脂密封胶黏结,提高隔水胶条密封性和隔水效果。

(3)元件引线系统

为监测内部介质的土压力及渗流场,在模型内部埋设监测元件,其引线若处理不当易形成跑浆通道及薄弱区,影响试验结果,因此,在模型周边设置引线孔,并采用自主研发的承压隔水引线装置对引线进行密封引接,引线装置示意图如图 7-6 所示。

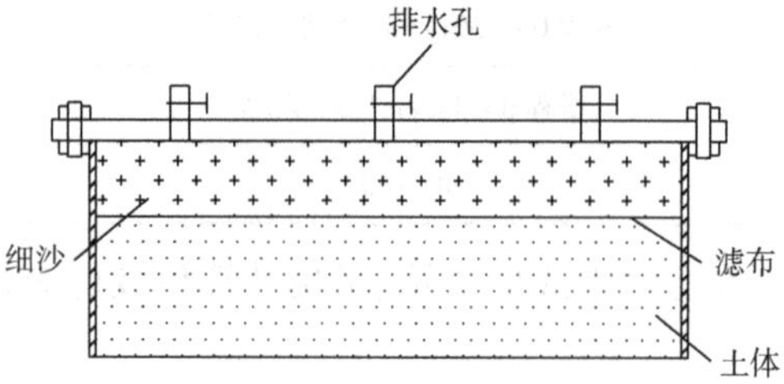

图 7-5　细沙渗滤层示意图

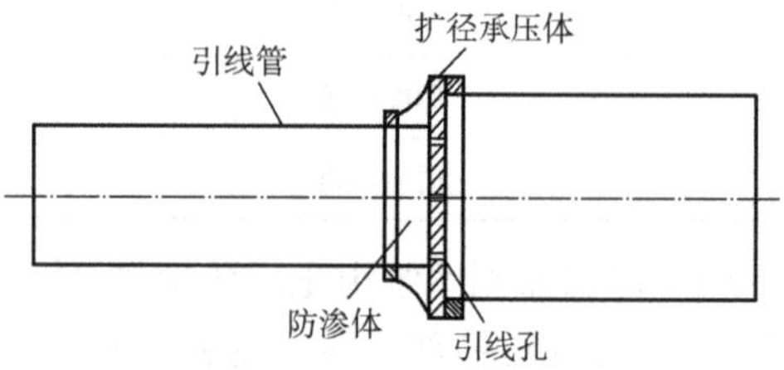

图 7-6　引线装置示意图

7.3　注浆试验设计

以往开展的注浆模拟研究多基于全段注浆试验,针对分段注浆的研究主要依靠工程经验,模型试验研究相对较少。为充分利用注浆模型空间,提高试验效率,通过三维注浆模型试验系统开展注浆扩散规律研究,并研究考虑分段注浆条件下注浆扩散加固机制。

7.3.1 试验目标

(1)研究软弱泥质介质中注浆扩散过程,分析各阶段注浆扩散特征。

(2)研究注浆过程中被注介质内压力场、渗流场时空演化规律。

(3)应用统计学原理,研究浆脉厚度及分布规律,获得分段注浆条件下的注浆扩散空间规律。

(4)研究分段注浆试验中被注介质内压力场变化特征。

(5)通过测试注浆加固前后被注介质力学参数、抗渗性能的差异性,研究注浆加固前后力学性能及渗透性能的定量关系。

7.3.2 分段注浆模拟设计

为模拟工程实践中的分段注浆工艺,采用自主研发的室内试验用分段注浆模拟装置(图7-7),注浆管内以分隔器阻隔,达到控制注浆段长的效果。第一段注浆试验时,分隔器处于关闭状态;第一段注浆结束且待浆液固结后,采用手持电动钻机破坏分隔器中的隔水沙袋,打开分隔器,继续第二段注浆,以此类推第三段注浆。

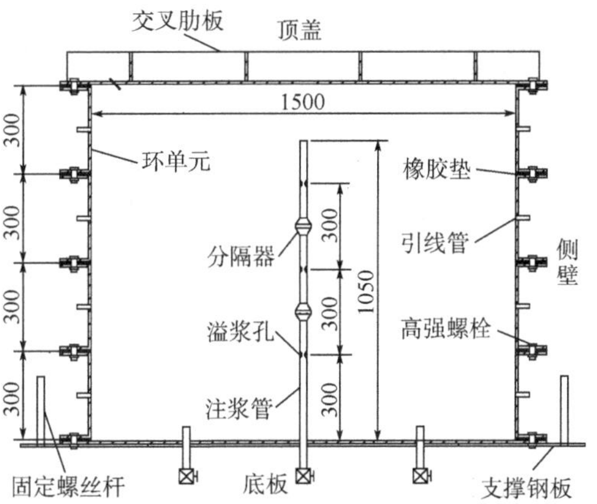

图7-7 模拟试验示意图(尺寸单位:cm)

7.3.3 充填方案设计

采用原状土作为充填介质,其基本物理参数见表7-4,试验中使用专用工具捣实原状土,直至填筑到试验装置顶端,介质与试验装置侧壁间隙使用玻璃胶进行密封处理,防止注浆中侧壁间隙成为优势通道影响试验结果。

充填土基本物理参数 表7-4

材料类型	干密度 ρ_d(g/cm^3)	初始含水量 w(%)	渗透系数 $k_{破}$(cm·s^{-1})
原状土	1.17	37.8	5.2×10^{-4}

7.3.4 监测设计

在试验中共设计3个监测断面，编号为A-C，距密封底板高度分别为30cm、60cm、90cm，如图7-8所示。其中，断面A设计土压传感器6个、渗压传感器4个；断面B设计土压传感器2个、渗压传感器2个；断面C设计土压传感器2个、渗压传感器2个(其中H标号元件水平埋设，测垂直方向数据，V标号元件垂直埋设，测水平方向数据)，以上元件可监测注浆过程中各断面土压力、渗透压力变化情况，传感器编号见表7-5。

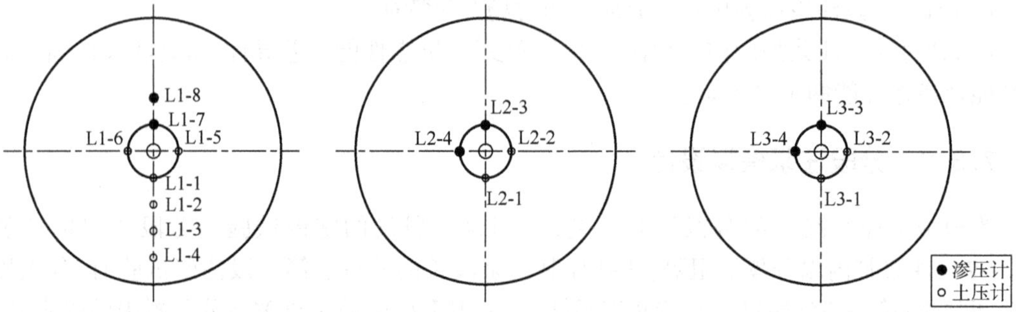

a)A断面元件布置图　　b)B断面元件布置图　　c)C断面元件布置图

图7-8　监测元件布置图

各断面监测元件统计表　　表7-5

断面序号	传感器类型	传感器编号	传感器型号
A	土压传感器	L1-1	H20093
		L1-2	H20088
		L1-3	H20085
		L1-4	H20086
		L1-5	H20111
		L1-6	V20109
	渗压传感器	L1-7	H20110
		L1-8	H20116
B	土压传感器	L2-1	H20106
		L2-2	V20089
	渗压传感器	L2-3	H20105
		L2-4	H20106
C	土压传感器	L3-1	H20108
		L3-2	V20094
	渗压传感器	L3-3	H20115
		L3-4	H20091

7.3.5 注浆设计

(1)注浆参数选择

注浆压力范围0~1MPa，注浆速度0~5L/min。注浆结束标准采用注浆量和注浆压力双重控制；各分段注浆量 20 ~ 40kg（水泥浆），外连压力表显示压力达到 1MPa，且持续不降低时，结束注浆。

（2）注浆材料选择

浆液配合比选取为 $C:G_T=1:1$，其中水泥采用南方水泥厂生产的 P · O 42.5 普通硅酸盐水泥，符合《通用硅酸盐水泥》（GB 175—2007）标准，选用山东大学自主研发的新型特种注浆材料 GT-1，浆液基本参数见表 7-6。

水泥-GT 浆液参数 表 7-6

水灰比 W/C	体积比 $V_C:V_S$	结石率（%）	凝胶时间（s）		龄期强度（MPa）							
			初凝 t_1	终凝 t_2	1h	3h	5h	1d	3d	5d	14d	28d
1:1	1:1	85	45	80	0.5	1.0	1.8	3.0	7.0	7.8	8.0	8.9

（3）浆液颜色设计

为便于开挖揭露时直观展示分段注浆不同扩散过程，对比各段注浆扩散效果，制浆前对浆液进行染色处理，通过添加无机染色剂，分别配置成原色、黄色、红色浆液，分三段依次注浆。

注浆参数设计表 表 7-7

序号	段次	设计注浆速度 q（$L \cdot min^{-1}$）	设计注浆压力 p_p（kPa）	浆液颜色	距底部高度（cm）
1	第一段	0 ~ 5	0 ~ 500	原色	30
2	第二段	0 ~ 5	0 ~ 500	黄色	60
3	第三段	0 ~ 5	0 ~ 500	红色	90

7.3.6 试验步骤

（1）试验前填筑材料与制备浆液。充填材料从工程现场提取，用特制的捣实工具将充填材料捣实，如图 7-9 所示。试验前配制浆液，采用电动搅拌器将水泥浆液充分搅拌，不能长时间静置。

图 7-9 材料填筑过程

（2）注浆管路连接、试验装置组装及紧固。使用快插头连接注浆管路，在关键接触部位进行密封工作，通过泵水试验检验其连通性和密封性，保证管路畅通，试验装置组装时需使用高强螺栓紧固，谨防较高注浆压力带来的安全隐患，关键接触部位使用橡胶垫保证密封性。

(3)监测传感器预埋、数据采集系统调试。按照监测设计方案将传感器分别埋入既定位置,如图7-10所示,尽量避免传感器引线对注浆扩散路径的影响,此外,引线在试验台架上的集中引出部位需使用密封胶处理,以防浆液泄漏,引线接入数据采集系统后进行系统调试,检验监测元件的数据有效性并记录相应位置。

图7-10　监测元件埋设过程

(4)注浆试验、数据采集。准备就绪之后开始注浆试验,通过预埋注浆管分3段次注入水泥-GT浆液(原色-黄色-红色),注浆间隔为20~30min,期间采用摄像机实时监控压力表数据,当注浆压力达到设计终压时停止注浆,应变式接收仪实时采集渗透压力和土压力数值,注浆结束后及时清洗管路,避免浆液凝固阻塞管路。

(5)注浆加固体开挖及记录,注浆试验结束后静置14d,待浆液初步固结后进行注浆加固体脱模、开挖环节,开挖过程遵循"由上而下、由外而内"的原则,每次开挖步长控制在5~10cm,使用照相机、摄像机、画纸等工具实时记录浆脉尺寸、位置等关键现象,进而分析浆脉厚度及分布特征。

7.4　注浆扩散加固机制分析

7.4.1　注浆压力和速率变化特征

采用CMS2008 PQT记录仪分别记录三段注浆过程,数据采集精度1次/s,三段次注浆时间分别为150s、400s、400s,注浆间隔时间20~30min。试验选用注浆泵为脉冲泵,当数据采集精度较高时,注浆压力、注浆速度的监测数据会发生振幅波动,为深入分析注浆阶段,提取数据时去除不良数据奇点的影响,选取有效均值数据,并在此基础上绘制PQT数据变化趋势线。三段注浆压力及注浆速率参数见表7-8。

注浆过程关键参数　　表7-8

序次	持续时间	注浆压力(MPa)		注浆速率(L/min)	
		集中值	最大值	集中值	最大值
1	150s	0.05~0.25	0.32	4.50~5.50	5.60
2	400s	0.10~0.45	0.60	2.70~3.60	4.53
3	400s	0.15~0.50	0.76	1.80~3.00	4.42

(1)单次注浆压力及注浆速率分析

选取第一段注浆研究浆液在软黏土介质中扩散过程，其 PQT 变化曲线如图 7-11 所示，为详细分析注浆阶段，去除振幅波动值，选取区间均值，绘制注浆压力及速率变化趋势线(图 7-12)。

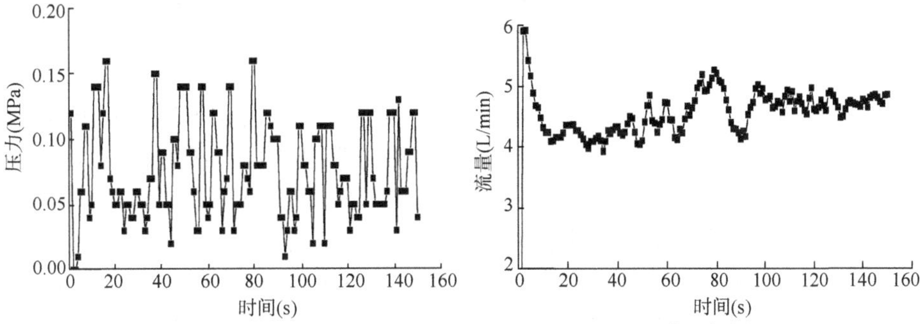

a)注浆压力变化　　b)注浆速率变化

图 7-11　注浆压力及速率监控图

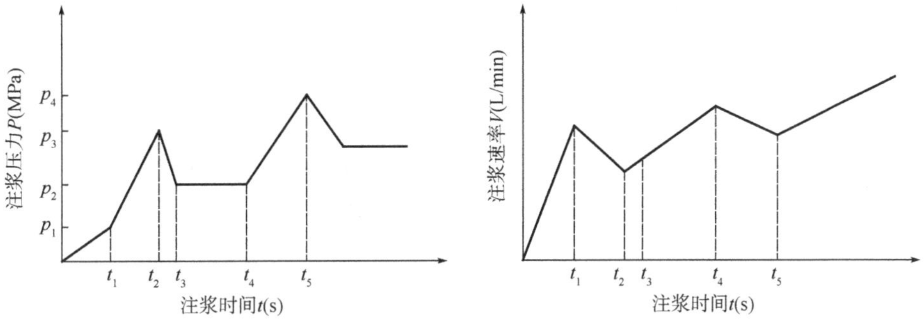

a)注浆压力变化趋势　　b)注浆速率变化趋势

图 7-12　注浆压力及速率优化趋势图

由 PQT 优化趋势曲线(图 7-12)可知，注浆过程可分为充填阶段、扩孔压密阶段、劈裂起始阶段、劈裂流动阶段和被动土压力阶段，各阶段注浆压力及速率变化分析如下：

①低压充填阶段

注浆起始阶段，浆液首先充填注浆管及其附近的空隙，被注岩土体中的孔隙逐渐被充填，充填注浆过程中浆液扩散的阻力较小，由图 7-12 可知，$0 \sim t_1$ 阶段注浆压力低，注浆速率较大，浆液迅速充填土体中孔隙。

②扩孔压密阶段

由于浆液颗粒在孔隙中沉积和土体骨架过滤效应，土体孔径逐渐减小，阻塞了浆液扩散通道，浆液逐渐在注浆孔附近聚集，形成浆泡并不断向外扩张，浆泡附近发生塑性变形，注浆压密传递效应下，远端土体开始发生弹性变形。$t_1 \sim t_2$ 阶段注浆压力不断升高以克服土体的初始应力，此阶段土体局部孔隙率较小，浆液可注性较差，注浆速率减小。

③劈裂起始阶段

当注浆压力升高至足以克服介质的初始应力，浆液沿最小主应力面发生劈裂，$t_2 \sim t_3$ 阶段出现破裂面或劈裂通道，浆液扩散阻力减小，劈裂通道形成后注浆压力骤降，土体劈裂后形成较大空间，浆液迅速进入劈裂通道，注浆速率大幅提升。

④劈裂流动阶段

劈裂引起土体破坏，浆液迅速充填破裂通道，同时在劈裂路径及边界上产生可控的破裂区，附近土体渗透性得到提高，注浆压力主要用于劈裂通道扩展，$t_3 \sim t_4$阶段注浆压力相对平稳，注浆速率持续增加。

⑤被动土压力阶段

随着浆液的不断注入，裂缝扩展到一定程度时，浆液在裂缝内充填达到极限，对附近土体进一步压密，土体中大小主应力方向发生变化，浆液在原劈裂方向上扩散受阻，需要更大的注浆压力产生新的劈裂通道，$t_4 \sim t_5$阶段表现为注浆压力迅速升高，注浆速率降低。

综上所述可知，浆液在软弱黏土中扩散是连续反复的浆液传输、土体压密、通道劈裂过程，浆液以劈裂为主、挤密和充填为辅的联合作用形式加固软弱黏土介质；注浆压力与注浆速率不断发生变化，经历多个循环模式转变，呈现震荡变化特征，结合不同扩散阶段分析压力变化曲线，可知：浆液扩散外在阻力主要来自于劈裂通道发生、裂缝宽度的扩展和土体塑性变形。

(2)分段注浆压力及速率变化特征

分段注浆压力及速率曲线图如图7-13～图7-15所示。

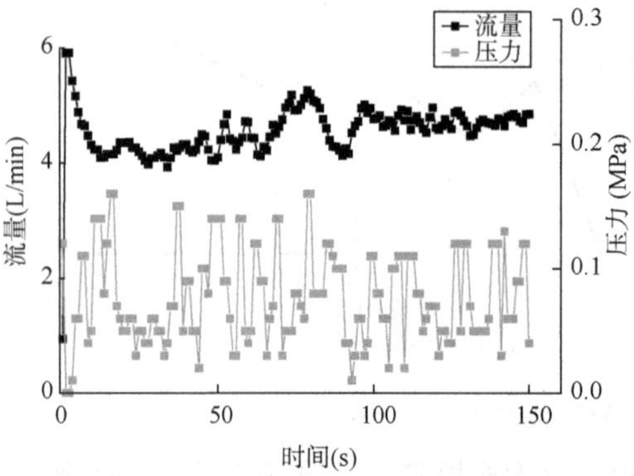

图7-13　第一段注浆pqt曲线图

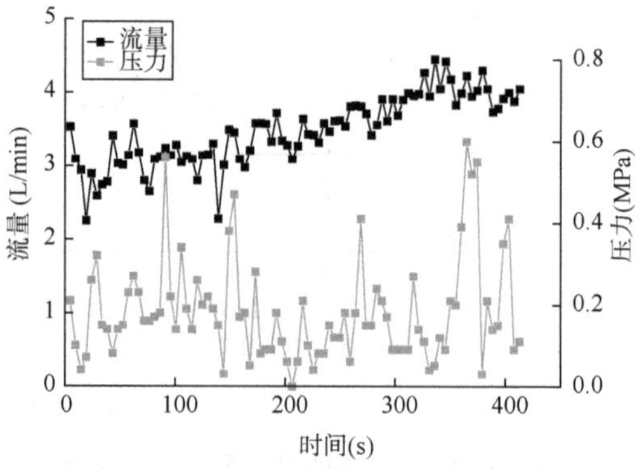

图7-14　第二段注浆pqt曲线图

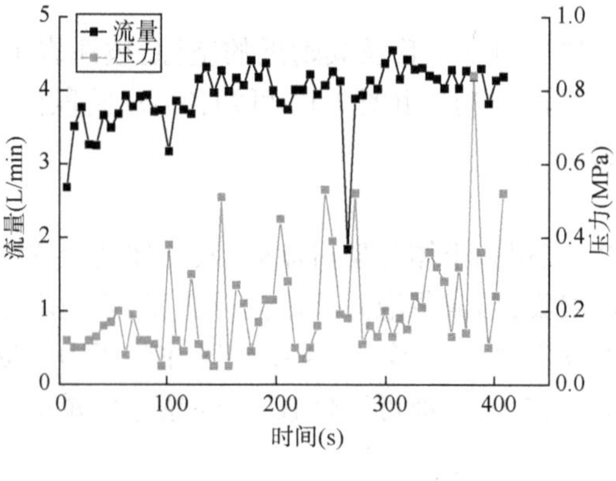

图7-15　第三段注浆pqt曲线图

分析三段注浆压力和速率曲线可得如下结论：

①由图7-13～图7-15可知，三段注浆过程中注浆压力和速率均呈震荡变化特征，有多个波峰和波谷，且注浆压力与注浆速率关联性极强，大小变化呈负相关特征。

②根据表7-8可知，注浆压力随分段序次逐渐升高，注浆速率逐渐降低，1～3段最大注浆压力分别为0.32MPa、0.60MPa和0.76MPa，最大注浆速率分别为5.60L/min、4.53L/min和4.42L/min。分析可知：经过第一段注浆压密劈裂加固之后，被注土体孔隙度、密度得到提升，后续两段次注浆需要更大的压力克服浆液扩散阻力；随着注浆段次增加，注浆压力递增，注浆速率降低，最终实现梯次增压缓速注入。通过分段连续注浆能对土体进行补充加固和反复加强，消除注浆加固的盲区。

7.4.2 土压力和渗透压力变化特征

(1)单次注浆土体中压力变化规律

第一段注浆没有受到后续注浆段次的影响，可研究注浆过程中介质内压力场变化规律，取A断面为监测断面，在浆液扩散方向，以注浆孔为圆心，每15cm设置一个测点，研究注浆扩散过程中土体内压力场时空演化规律，压力数据表见表7-9。

压力数据表　　表7-9

编号	元件	位置(cm)	峰值(kPa)	稳值(kPa)	衰减值(kPa)
1	L1-1	15	96	58.8	37.2
2	L1-2	30	57.5	32.2	25.3
3	L1-3	45	32	15.6	16.4
4	L1-4	60	16	8.4	7.6

各测点压力随时间变化规律如图7-16所示。

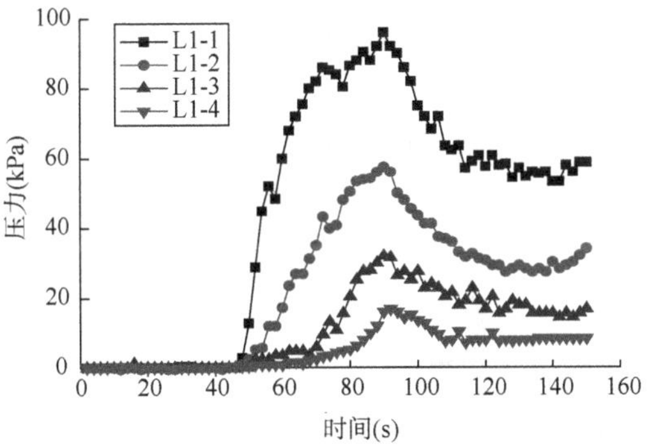

图7-16　压力随时间变化曲线

由图7-16可知：

①根据压力场变化趋势可知，注浆过程中土压力变化过程可分为三个阶段：压密劈裂阶段(0～90s)、塑性衰减阶段(90～110s)、压力稳定阶段(110～150s)。

②土压力变化呈现"适时响应，滞后衰减"的特征，各测点土压力变化趋势是随时间先增大后减小，土体在注浆压密、劈裂过程中土压力持续升高，并达到峰值。注浆结束后，随着注浆

压力消散,土体发生塑性变形,土压力呈现缓慢衰减趋势,并逐渐衰减至稳定值。

③土压力峰值随着离注浆孔距离增加而减小,其压力增加速度依次降低;说明随扩散距离增加压密劈裂效果逐渐减弱,注浆孔远端土压力还有较大的提升空间。

压密劈裂阶段(0~90s)注浆压力是土压力发生变化的主要影响因素,土压力变化特征与注浆压力呈现显著的响应特征,该阶段能够反映注浆过程中注浆压力场变化,压力随扩散半径增加呈现显著的衰减趋势,衰减规律符合指数曲线趋势(图7-17)。

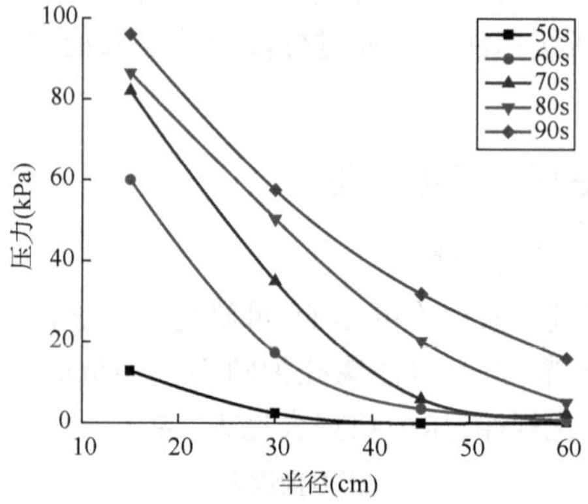

图7-17 压力随扩散半径变化曲线

(2)三段注浆土压力与渗透压力

注浆试验中使用应变数据接收仪记录了注浆过程中土压力和渗透压力,通过连续数据采集,数据接收仪采集到了第1~3段次注浆数据。由于三次连续采集数据时间较长,注浆间隔时间长达20~30min,因此在提取数据时,调整注浆间隔时间,将第1~3段次注浆试验开始时间点调整为0s、450s和650s。

连续注浆试验中三段注浆依次发生,浆液扩散过程中容易接触元件,元件灵敏度和连续监测能力会受到影响,考虑到元件存活率和数据连续监测有效性,选取部分元件监测数据进行分析。

①监测断面A压力变化分析

A断面土压力曲线和峰值曲线如图7-18和图7-19所示。

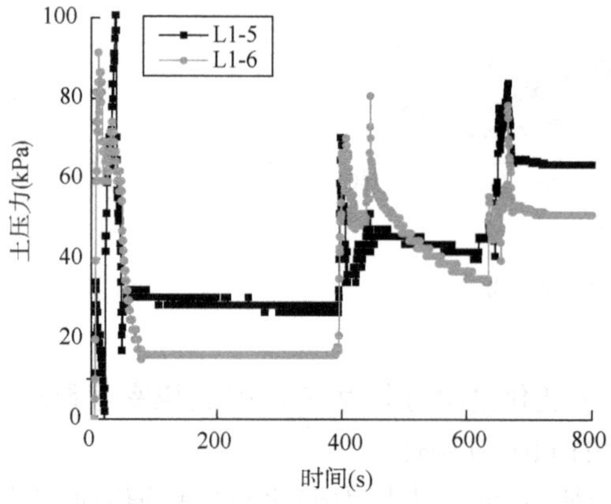

图7-18 A断面土压力曲线

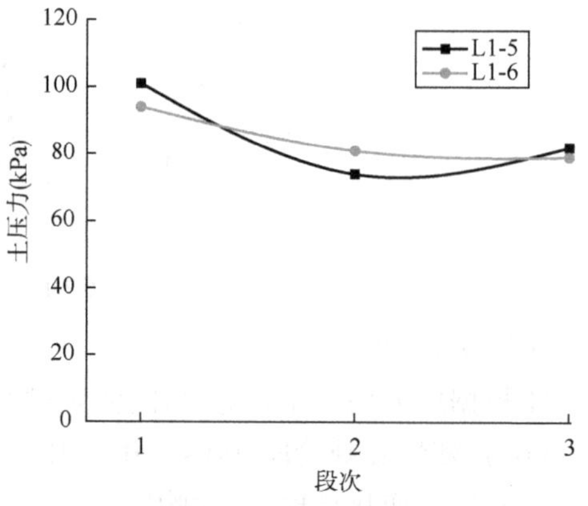

图7-19 A断面土压峰值曲线

如图 7-18 所示,监测断面 A 中有效采集到两个监测点 L1-5(垂直)、L1-6(水平)的土压力数据,土压力与注浆压力呈现显著的响应特征。第 1 序次注浆引起垂直土压力(L1-5)和水平土压力(L1-6)的最大值分别为 103kPa 和 92kPa;第 2 序次注浆引起上述监测点土压力的最大值分别为 74kPa 和 82kPa;第 3 序次注浆引起上述监测点土压力的最大值分别为 86kPa 和 80kPa。如图 3-19 所示,断面 A 中监测元件在第 1 序次注浆中土压力变化最为显著,土压力峰值达到最高值,其后第 2、3 序次注浆影响依次减弱,随着注浆序次的增加,土压力逐渐增大并达到稳定值。

A 断面土压-渗压曲线和有效应力曲线如图 7-20 和图 7-21 所示。

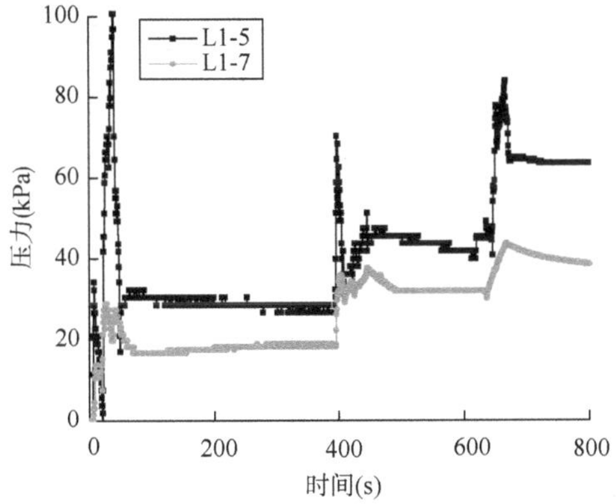

图 7-20　A 断面土压-渗压曲线

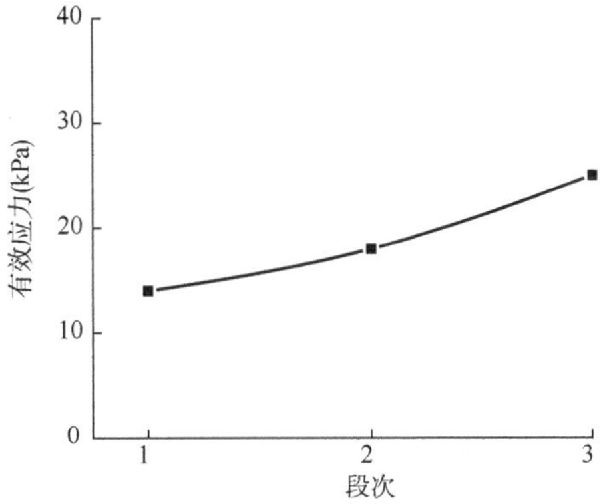

图 7-21　A 断面有效应力曲线

由图 7-20 ~ 图 7-21 可知,渗透压力变化趋势与土压力变化趋势基本一致,土压力元件 L1-5 与渗压元件 L1-7 类似对称布置,两者的差值可反映土体中有效应力的变化。第 1 序次注浆有效应力变化最为显著,在第 2、3 序次注浆的压力传递效应和浆液扩散效应影响下,被注土体逐次压密固结,有效应力逐渐增大并趋于稳定。就 A 断面及其附近土体而言,第 1 序次注浆是主要加固过程,第 2、3 序次注浆起到了补充加固和反复加强的作用。

②监测断面 B 压力变化分析

B 断面土压力曲线和峰值曲线如图 7-22 和图 7-23 所示。

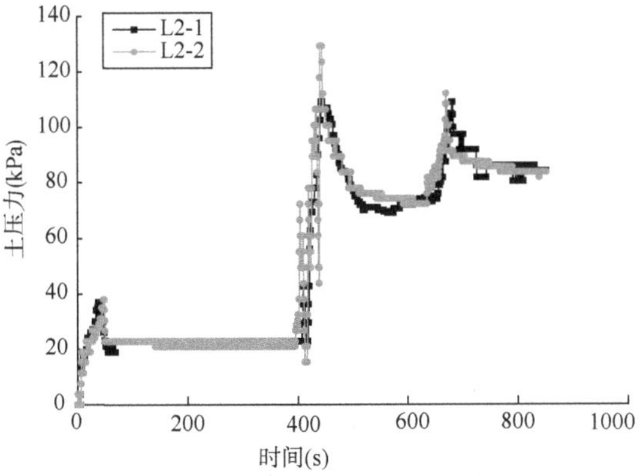

图 7-22　B 断面土压力曲线

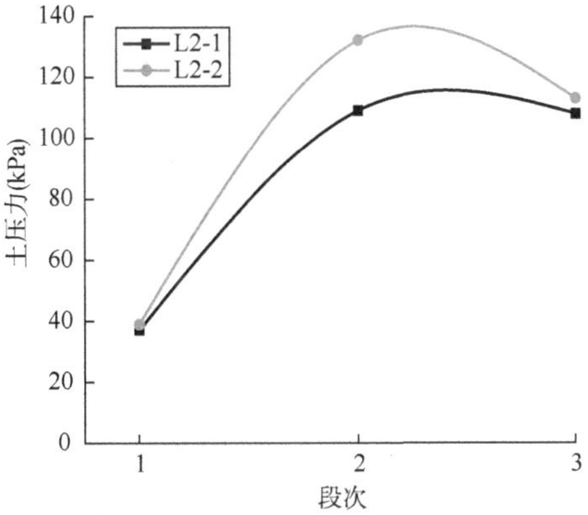

图 7-23　B 断面土压峰值曲线

如图 7-22 和图 7-23 所示，监测断面 B 中有效采集到两个监测点 L2-1（垂直）、L2-2（水平）的土压力数据，第 1 序次注浆引起垂直土压力（L2-1）和水平土压力（L2-2）的最大值分别为 37kPa 和 39kPa；第 2 序次注浆引起上述监测点土压力的最大值分别为 109kPa 和 132kPa；第 3 序次注浆引起上述监测点土压力的最大值分别为 108kPa 和 112kPa。断面 B 在第 2 序次注浆土压力变化最为显著，土压力峰值达到最高值。

B 断面土压-渗压曲线和有效应力曲线如图 7-24 和图 7-25 所示。

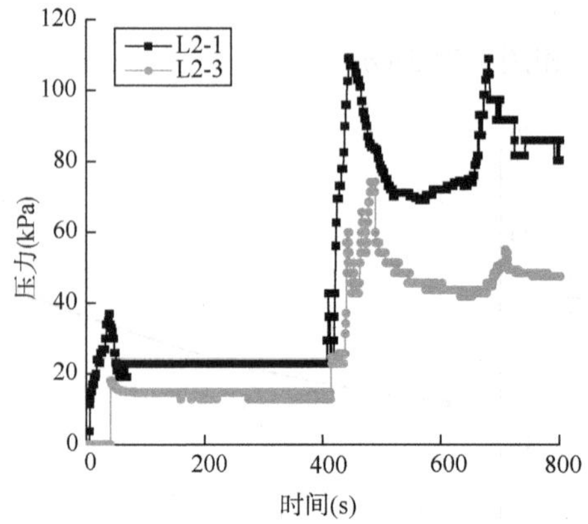

图 7-24 B 断面土压-渗压曲线

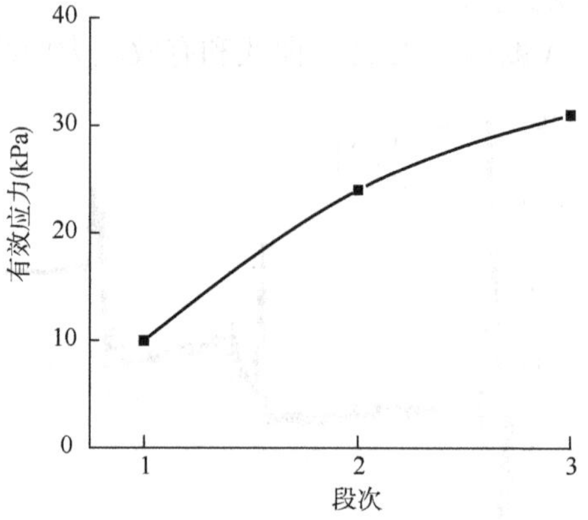

图 7-25 B 断面有效应力曲线

由图 7-24 可知，B 断面渗压元件 L2-3（垂直）数据变化趋势与土压力基本一致。在第 1 序次注浆的压力传递作用和浆液扩散效应影响下，B 断面附近土体得到压密，有效应力开始增大；在第 2 序次注浆时有效应力显著的提高，并在第 3 序次注浆得到进一步的提升。就 B 断面及其附近土体而言，第 2 序次注浆是主要加固过程，通过第 1 ~ 3 序次注浆实现了土体的反复加强。

③监测断面 C 压力变化分析

C 断面土压力曲线和峰值曲线如图 7-26 和图 7-27 所示。

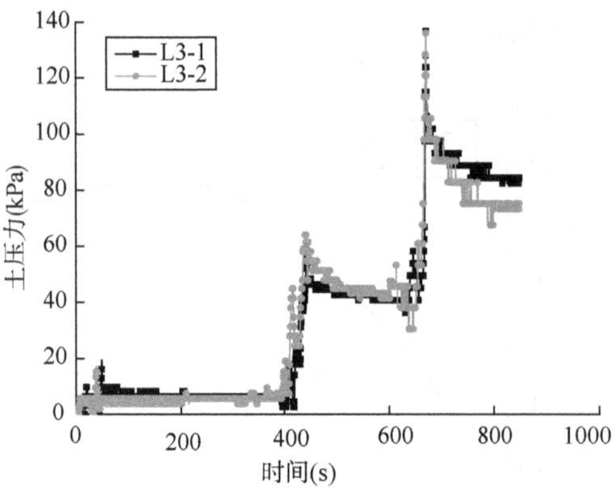

图 7-26 C 断面土压力曲线

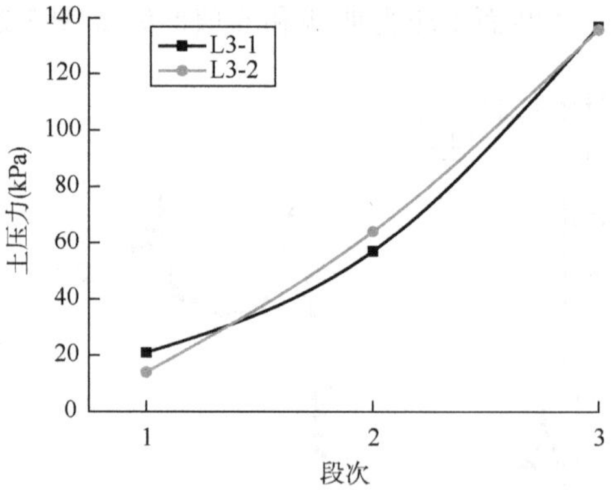

图 7-27 C 断面土压峰值曲线

如图 7-26、图 7-27 所示，监测断面 C 中有效采集到两个监测点 L3-1（垂直）、L3-2（水平）的土压力数据。第 1 序次注浆引起垂直土压力（L3-1）和水平土压力（L3-2）的最大值分别为

21kPa 和 14kPa；第 2 序次注浆引起上述监测点土压力的最大值分别为 57kPa 和 64kPa；第 3 序次注浆引起上述监测点土压力的最大值分别为 137kPa 和 136kPa。断面 C 在第 3 序次注浆土压力变化最为显著，土压力峰值达到最高值。

C 断面连续注浆土压-渗压曲线和有效应力曲线如图 7-28 和图 7-29 所示。

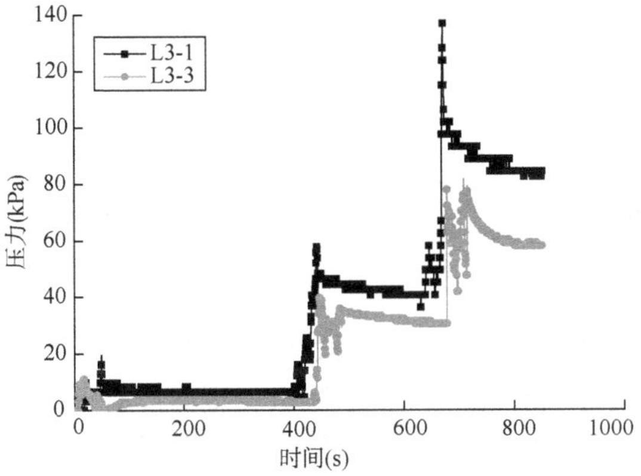

图 7-28 C 断面连续注浆土压-渗压曲线

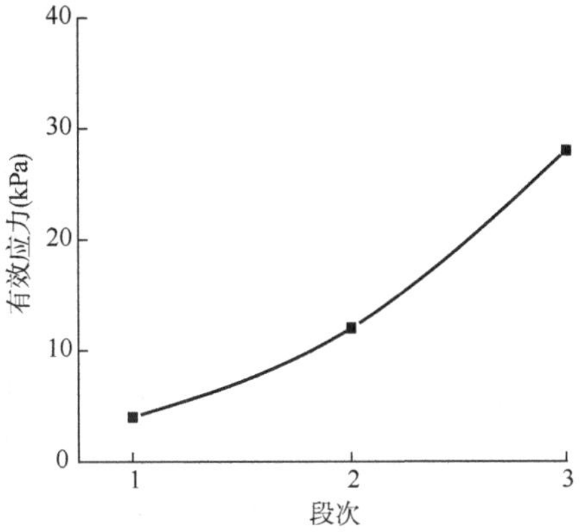

图 7-29 C 断面有效应力曲线

由图 7-28 可知，C 断面渗压元件 L3-3（垂直）数据变化趋势与土压元件 L3-1（垂直）基本一致，两元件对称布置。有效应力在第 1 序次注浆变化不甚显著，在第 2 序次注浆开始增大，并在第 3 序次注浆时达到最大值，就 C 断面及其附近土体而言，第 3 序次注浆是主要加固过程，通过第 1 ~ 3 序次注浆实现了土体的反复加强，分段注浆压力数据统计表见表 7-10。

分段注浆压力数据统计表 表 7-10

断面编号	监测元件编号		1 序次(kPa)		2 序次(kPa)		3 序次(kPa)	
			峰值	稳值	峰值	稳值	峰值	稳值
断面 A	土压	L1-5	103	31	74	48	85	64
		L1-6	92	16	82	37	80	51
	渗压	L1-7	27	17	34	30	42	39
断面 B	土压	L2-1	37	22	109	69	108	81
		L2-2	39	22	132	75	112	83
	渗压	L2-3	18	12	71	45	58	50
断面 C	土压	L3-1	21	8	57	42	137	86
		L3-2	14	6	64	43	136	75
	渗压	L3-3	12	4	39	30	78	58

7.4.3 浆脉分布特征及厚度分析

注浆结束后将加固体静置 14d，待浆体初步固结后开挖，沿水平 X、Y 轴环向分步段开挖，开挖步长 5 ~ 10cm，开挖过程中保持断面平整度和浆脉完整性，使用水平尺、记号笔等工具记录浆脉坐标和厚度变化，选取典型断面记录浆脉分布特征并进行分析（图 7-30）。

图 7-30 浆脉记录与统计

分段注浆在被注介质内形成复杂密集的浆脉网络，较之传统的全段注浆方式，浆脉网络密集程度更高，空间发育情况更加复杂。试验开始前对浆液进行染色处理，开挖揭露后能直观地分析不同段次注浆中浆脉的分布情况。观察记录开挖揭露的浆脉分布情况，根据不同浆脉厚度及形态特征，浆脉可分为骨架支撑浆脉、交叉网格浆脉和平行分散浆脉。

(1)骨架支撑浆脉

注浆孔附近注浆压力较大，浆液扩散阻力相对较小，易形成厚度较大的骨干浆脉，其以注浆孔为源点，沿注浆扩散方向向外延伸扩展。开挖揭露后，在注浆孔附近自下而上分别出现原色、黄色和红色主干浆脉(图 7-31)，浆脉特点是厚度较大，延展性较好，附近土体压密程度较高，浆脉的骨架支撑作用最为显著。

a)原色浆脉(Ⅰ)　b)黄色浆脉(Ⅱ)　c)红色浆脉(Ⅲ)

图 7-31 骨架支撑浆脉

在 $X=20$cm 断面主要分布有三条骨架支撑浆脉，统计浆脉厚度在注浆孔两侧 30cm 范围内变化数据(表 7-11)，分析可知：浆脉厚度多集中在 10～20cm，骨架支撑浆脉紧邻溢浆孔，沿扩散半径呈显著的衰减趋势(图 7-32)。

$X=20$cm 断面浆脉厚度统计表 表 7-11

坐标 Y (mm)	浆脉厚度 d(mm)		
	原色	黄色	红色
-300	8	10	12
-250	10	13	15.5

续上表

坐标 Y (mm)	浆脉厚度 d(mm)		
	原色	黄色	红色
-200	12	12	16
-150	13	18	20
-100	14.5	14	26
-50	16	20	28
0	17	23	30
50	15.6	19.5	27
100	15	17	24.5
150	13	16.5	23
200	12	18	17.5
250	10	12	14
300	8.5	8	10.5

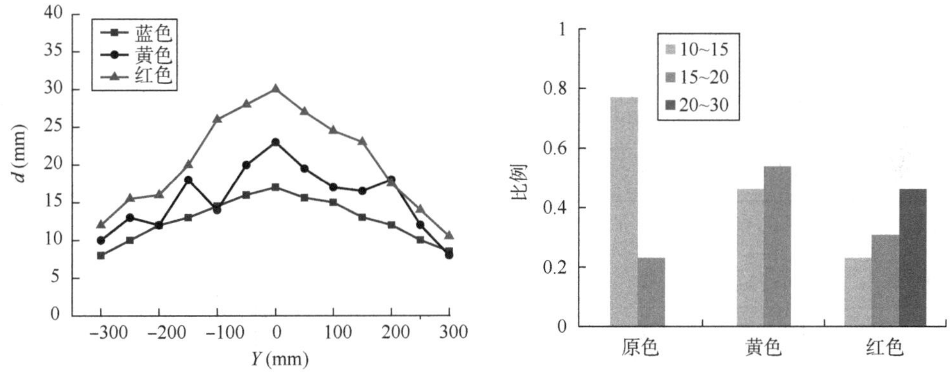

a)浆脉厚度分布 b)浆脉厚度分布比例

图 7-32 X = 20cm 断面浆脉厚度及分布

(2)交叉网格浆脉

分段连续注浆过程中,被注土体物理参数是动态变化的,每一段次注浆加固后,土体中大小主应力面不断发生转变,浆液劈裂方向表现为各向异性,从而在骨干浆脉以外形成了交叉浆脉区,各段次注浆二次劈裂后的浆脉会形成相互交叉的复杂网状浆脉结构。

如图 7-33 所示,原色浆脉(第 1 段)被红色浆脉(第 3 段)切割,两序次浆脉形成交叉的浆脉网络,红色浆脉能对原色浆脉劈裂通道附近的塑性破坏区进行补充强化,同时原色浆脉对红色浆脉扩散边界起到限制约束的作用。被注土体单位体积内浆脉密度增加,土体中薄弱区域得到反复强化,交叉浆脉在土体加固中起到网格加密的作用。

a)交叉切割作用

b)限制约束作用

图 7-33　浆脉交叉网格作用

在 $X=40\text{cm}$ 断面开挖揭露过程中，交叉网络浆脉分布较多，选取典型浆脉并统计其厚度变化（表 7-12），分析可知：浆脉厚度多集中在 5～15cm，交叉网格浆脉厚度以注浆孔为圆点整体呈衰减趋势，期间由于分段多次注浆之间的相互影响，在局部浆脉厚度呈现不规则变化（图 7-34）。

$X=40\text{cm}$ 断面浆脉厚度统计表　　表 7-12

坐标 Y（mm）	浆脉厚度 d(mm)					
	原色 1	原色 2	黄色 1	黄色 2	红色 1	红色 2
-350	8	6.5	7	6	4.6	5.5
-300	9	7	14	11	10	14
-250	7	10	13	9	8	8
-200	9	7	18	16	6	10
-150	9	2	15	9	10	9
-100	10	2	16	9	14	9
-50	11	2	14	12	4	11
0	9	12	15	14	8	16
50	12	10	14	10	7	10
100	12	10	18	9	11	10
150	10	7	15	11	16	5
200	9	6	14	7.5	12	5
250	13	3	11	6	9	4
300	11	4.5	14	5	5	5
350	11.5	6.5	8.5	4.5	5.8	6.5

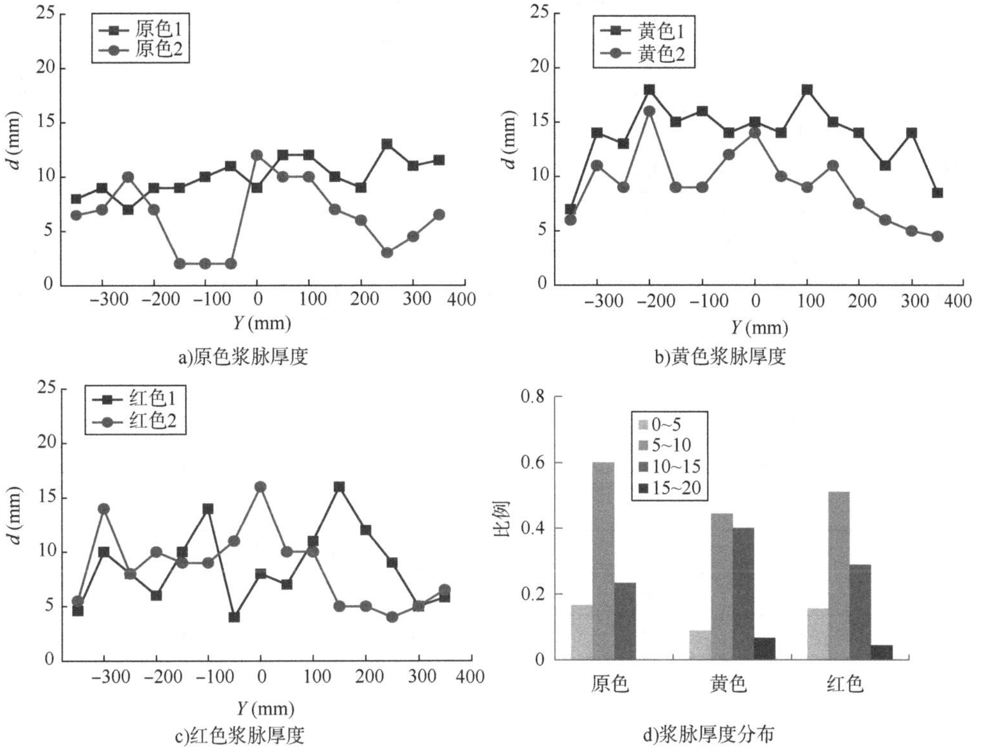

a)原色浆脉厚度 b)黄色浆脉厚度

c)红色浆脉厚度 d)浆脉厚度分布

图7-34 $X = 40\text{cm}$ 浆脉厚度及分布

(3)平行分散浆脉

平行分散浆脉分布于注浆扩散边界位置,随着注浆压力衰减,浆脉厚度逐渐变小,浆脉间距及分布的不均匀性增加,浆脉以近似平行不等间距的形式分布于被注土体内(图7-35)。该类浆脉特点是厚度较小,近似平行分布且间距不等。由于平行浆脉厚度较小,离散性更强且分布不均匀,对土体的注浆加固效果较之骨干浆脉、交叉浆脉略差。

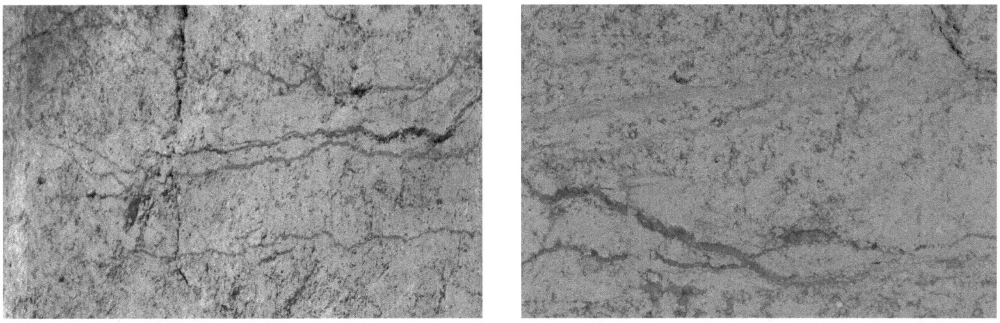

a)原色—红色平行浆脉 b)原色—黄色平行浆脉

图7-35 平行分散浆脉

选取 $X = 60\text{cm}$ 断面典型平行分散浆脉,并统计其厚度数据(表7-13),分析可知:浆脉厚度多集中在0~10cm,平行分散浆脉处于注浆扩散的末期,压力衰减显著,浆脉厚度随扩散距离呈衰减趋势(图7-36)。

$X = 60cm$ 断面浆脉厚度统计表　　表 7-13

坐标 Y (mm)	浆脉厚度 d(mm)					
	原色 1	原色 2	黄色 1	黄色 2	红色 1	红色 2
-300	4	2	2	4	5.5	4
-250	3	3.5	4	2	7	6
-200	5	5	5	5.5	8	4
-150	4.5	3	4	8	7	6.5
-100	11	9	10	10.5	5	2
-50	14	8	12	5	12	10
0	8	8	10	7	15	4
50	10	9	9.5	12	8	6
100	9	7	9	7	6	11
150	9	6	4	4	5	2
200	4	5	2	3	1.5	5
250	5	6	5	2	2	2
300	6	4	4	5	6	4

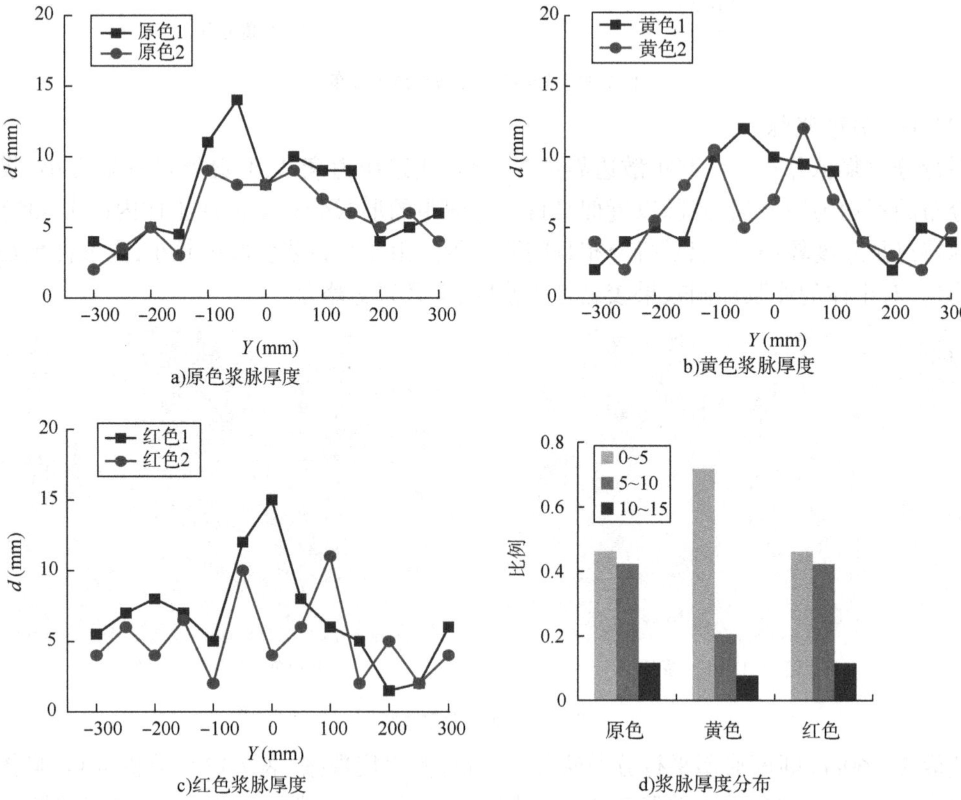

a)原色浆脉厚度　b)黄色浆脉厚度　c)红色浆脉厚度　d)浆脉厚度分布

图 7-36　$X = 60cm$ 浆脉厚度及分布

7.4.4 取样测试及加固效果分析

为对比分析注浆前后加固效果，注浆结束后，在开挖揭露浆脉过程中，根据浆脉分布空间位置和加固作用的不同，将被注介质进行区域划分，具体可分为：浆脉置换区、劈裂区和压密区。如图7-37所示，①、⑨为压密区，③、⑤、⑦为浆脉置换区，②、④、⑥、⑧为劈裂区。

考虑到加固体尺寸及对称注浆加固效应，选取典型开挖断面取样，如图7-38所示，沿X轴方向依次对$X=60$，$X=40$，$X=20$，$X=0$断面进行取样，在断面各区域（非浆脉置换区）依据网格间距取样。

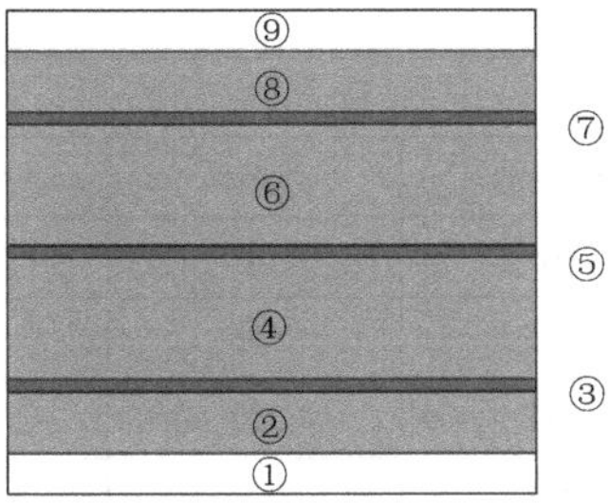

图7-37　断面分区域示意图

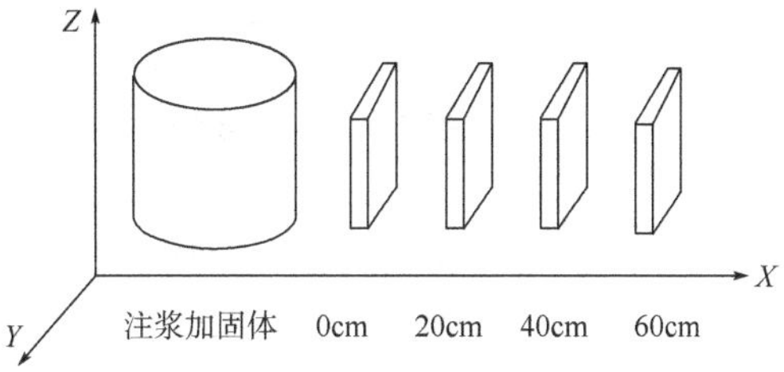

图7-38　取样典型断面分布图

1）抗压试验及数据分析

（1）取样及抗压试验

采用电动回转取芯机对注浆加固体进行取样（各区域依据20cm×20cm间距），并进行编号处理，试样尺寸ϕ50mm×100mm，累计取样144组（图7-39）。利用朝阳GAW-1000电液伺服刚性试验机开展单轴抗压试验，并根据应力—应变曲线换算出试样的弹性模量（图7-40）。

a)

b)

图7-39　试块取样与编号

浆脉置换区（区域3、5、7）主要由水泥-GT浆液结石体充填，通过室内试验测得水泥-GT注浆材料弹性模量500MPa（14d），在这里不再赘述。其他区域取样弹性模量试验数据见表7-14。

a)

b)

图 7-40　单轴抗压试验

试样弹性模量数据表　　表 7-14

断面(cm)	弹性模量(MPa)					
	压密区	劈裂区	劈裂区	劈裂区	劈裂区	压密区
	1	2	4	6	8	9
0	96	182	284	235	168	94
	124	205	296	312	212	126
	178	285	340	325	271	182
	152	247	388	363	243	148
	110	226	312	318	184	120
	85	196	275	304	150	87
20	80	127	226	185	106	82
	104	196	288	302	172	94
	148	264	307	325	203	138
	94	225	334	296	245	124
	87	158	272	252	164	91
	74	135	215	201	124	80
40	65	105	202	196	94	52
	92	150	243	230	144	68
	106	226	271	264	191	93
	85	210	238	256	244	102
	72	154	222	228	141	74
	54	96	195	184	116	65
60	45	67	93	97	54	52
	57	75	114	110	67	66
	93	101	146	158	96	80
	86	93	134	146	114	64
	78	78	102	112	84	48
	64	66	88	103	65	35

(2)试验结果分析

根据图7-37所示1~9区域分布获取各区域的面积加权系数,在此基础上,采用加权求均值的方法分析注浆加固体的等效弹性模量,计算公式如下:

各区域弹性模量:

$$E_{j-i}=\frac{\sum_{i=1}^{n}E_i}{n} \tag{7-1}$$

各断面弹性模量:

$$E_j=\sum_{i=1}^{n}\frac{s_i}{s_j}E_{j-i} \tag{7-2}$$

依据上述公式计算弹性模量见表7-15。

加权处理数据表　　表7-15

断面(cm)	区域	区域弹性模量(MPa)	加权系数	加权值	断面弹性模量(MPa)	等效弹性模量(MPa)
0	1	124.17	0.11	13.66	262.65	205.2
	2	223.50	0.13	29.06		
	3	500	0.03	15		
	4	315.83	0.215	67.9		
	5	500	0.03	15		
	6	309.50	0.215	66.54		
	7	500	0.03	15		
	8	204.67	0.13	26.61		
	9	126.17	0.11	13.88		
20	1	97.83	0.11	10.76	227.62	
	2	184.17	0.13	23.94		
	3	500	0.03	15		
	4	273.67	0.215	58.84		
	5	500	0.03	15		
	6	260.17	0.215	55.94		
	7	500	0.03	15		
	8	169.2	0.13	21.97		
	9	101.5	0.11	11.17		
40	1	79.46	0.11	8.69	200.34	
	2	156.83	0.13	20.39		
	3	500	0.03	15		
	4	228.5	0.215	49.13		

续上表

断面(cm)	区域	区域弹性模量(MPa)	加权系数	加权值	断面弹性模量(MPa)	等效弹性模量(MPa)
40	5	500	0.03	15	200.34	205.2
	6	226.33	0.215	48.66		
	7	500	0.03	15		
	8	155.84	0.13	20.15		
	9	75.67	0.11	8.32		
60	1	70.5	0.11	7.76	130.17	
	2	80.75	0.13	10.4		
	3	500	0.03	15		
	4	112.83	0.215	24.26		
	5	500	0.03	15		
	6	121.26	0.215	26.02		
	7	500	0.03	15		
	8	81.7	0.13	10.4		
	9	57.5	0.11	6.33		

注浆加固体等效弹性模量：

$$E_{等效} = \frac{\sum_{j=1}^{n} E_j}{n} \tag{7-3}$$

由表7-15可知，注浆加固体的等效弹性模量为205.2MPa。在模型试验开始之前，制作充填原状土试块，开展抗压试验，获取注浆前充填土试块弹性模量为8.3MPa，可知：

$$E_g = 24.72E_s \tag{7-4}$$

式中：E_g——注浆加固体等效弹性模量(MPa)；

E_s——充填土试块弹性模量(MPa)。

2)抗渗性试验及数据分析

(1)取样及抗渗性能试验

采用自制圆环取芯器进行取样(各区域取样间距30cm×30cm)，利用TST-55型渗透仪开展抗渗性试验，试样尺寸：$\varphi = 61.8mm$，$h = 40mm$(图7-41)，测试数据见表7-16。

渗透试验数据表 表7-16

断面(cm)	渗透系数(10^{-6}cm/s)					
	压密区	劈裂区	劈裂区	劈裂区	劈裂区	压密区
	1	2	4	6	8	9
0	8.64	0.72	0.21	0.42	1.75	27.4
	16.3	1.58	0.36	0.58	2.21	32.6
	10.7	2.23	0.62	0.84	3.46	44.8

续上表

断面(cm)	渗透系数(10^{-6}cm/s)					
	压密区	劈裂区	劈裂区	劈裂区	劈裂区	压密区
	1	2	4	6	8	9
20	22.5	1.15	0.39	0.82	3.47	38.5
	27.4	2.31	0.45	0.64	4.45	45.4
	38.6	3.26	0.84	1.02	5.82	56.8
40	48.1	4.6	0.72	0.72	5.7	67.4
	52.7	5.2	0.87	0.83	6.3	71.5
	64.2	6.7	0.94	1.21	7.8	82.8
60	68.8	5.45	0.95	1.25	7.3	78.5
	74.5	6.64	1.12	1.37	7.9	86.2
	82.4	7.81	1.44	1.84	9.1	95.6

a)　　b)

图7-41　试块取样及抗渗试验

(2)试验结果分析

注浆加固体具有显著的分层与分区域特征,如图7-42所示。

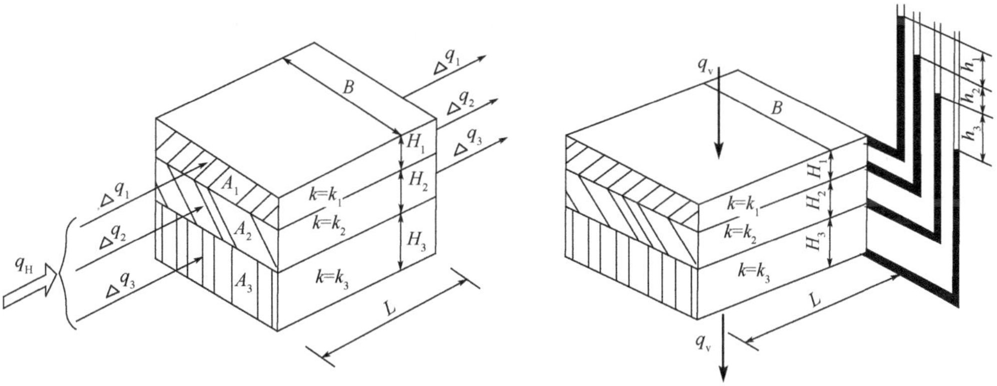

a)水平渗流　　b)垂直渗流

图7-42　分层渗流示意图

注浆加固体由渗透系数各不相同的加固区域组成,其渗流规律符合分层渗流的特征。水平渗流条件下,等效渗透系数是各层渗透系数按厚度的加权均值,在垂直渗流条件下,等效渗透系数的倒数是各层渗透系数的倒数按厚度的加权均值,其计算公式如下:

水平方向等效渗透系数:

$$K_x = \sum_{i=1}^{n} \frac{H_i}{H} K_i \tag{7-5}$$

垂直方向等效渗透系数:

$$K_y = \frac{1}{\sum_{i=1}^{n} \frac{H_i}{H} \frac{1}{K_i}} \tag{7-6}$$

式中:H_i——对应各层的厚度(m);

H——总厚度(m)。

水泥-GT 浆液结石体基本不透水,其渗透性远远小于其他各层加固体,故 $K_x \gg K_y$,因此,选取最不利的水平向等效渗透系数 K_x 计算(表 7-17)。

等效渗透系数计算表　　表 7-17

区域	试验均值(10^{-6}cm/s)				均值(10^{-6}cm/s)	加权系数	加权值(10^{-6}cm/s)	等效渗透系数(10^{-6}cm/s)
	0cm	20cm	40cm	60cm				
1	11.88	29.5	54.67	74.67	42.68	0.11	4.69	12.95
2	1.51	2.24	5.50	6.63	3.97	0.13	0.52	
3	0.01	0.01	0.01	0.01	0.01	0.03	0.0003	
4	0.40	0.56	0.84	1.17	0.74	0.215	0.16	
5	0.01	0.01	0.01	0.01	0.01	0.03	0.0003	
6	0.61	0.83	0.92	1.49	0.96	0.215	0.21	
7	0.01	0.01	0.01	0.01	0.01	0.03	0.0003	
8	2.47	4.58	6.60	8.10	5.44	0.13	0.71	
9	34.93	46.9	73.9	86.57	60.58	0.11	6.66	

由表 7-17 可知,注浆加固体水平方向等效渗透系数为 12.95×10^{-6}cm/s,在模型试验开始之前,制作充填原状土试块,开展渗透性试验,获取注浆前充填土试样渗透系数为 5.2×10^{-4} cm/s,可知:

$$K_g = 40.15^{-1} K_s \tag{7-7}$$

式中:K_g——注浆加固体等效渗透系数(m/s);

K_s——充填土试块渗透系数(m/s)。

第8章 永莲隧道断层破碎带突水突泥与注浆治理工程实例

8.1 永莲隧道工程概况

吉安至莲花高速公路是国家高速公路“71118”工程网第十五横(泉州至南宁)的江西境内西段,是江西省“三纵四横”高速公路主骨架网“第三横”的一部分,是江西省联络我国海峡西岸经济区、华东及华南地区的重要交通走廊,路线总长约104km。永莲隧道位于吉安至莲花高速公路西段,隧道进口位于永新县龙田镇的刘家村,出口位于莲花县升坊镇的江口村。隧道处于两个不设超高的平曲线中,纵坡为双向坡,进、出洞门均为1:1.5削竹式洞口,设计为分离式长隧道。左线起讫里程ZK90+349~ZK92+835,长2486m,进出洞口设计底板高程分别为172.93m和195.01m;右线起讫里程YK90+335~YK92+829,长2494m,进出洞口设计底板高程分别为172.73m和194.82m。

8.1.1 地形地貌

隧道穿越剥蚀低山,山体连绵起伏,地形起伏较大,山脊走向大致为南北向,山体植被发育。低山斜坡坡度为15°~30°,沿隧道轴线从进口开始,地面高程总体上逐渐增高,其中稍有波状起伏,地面高程最高点位于K91+830处,高程为500.1m,自K91+830至出口段,地面高程总体上逐渐降低。隧道进口段山体由东西向两冲沟夹持,局部出现表层堆积层滑塌,进口位置以东为冲洪积平原,区内地形平坦开阔,地面高程约162m。隧道出口段右侧濒临冲沟,出口位置以西为岗地,岗地低矮平缓,边坡稳定。

8.1.2 地层结构及岩性特征

根据工程地质资料及钻孔资料分析,隧址区地层结构自上而下依次为:第四系中更新统残坡积层(Q^{2el+dl})、石炭系下统大塘阶测水组(C_1d^2)及梓门桥段(C_1d^3)和泥盆系上统佘田桥组(D_3s)。现将各地层岩性特征分别描述如下:

(1)第四系中更新统残坡积层(Q^{2el+dl})

粉质黏土:红黄色~棕褐色,稍湿状,硬塑,含10%~20%碎石,分布极不均匀,碎石主要为石英砂岩及砂岩碎块。该层主要分布在隧道山体绝大部分表面,厚度一般随地形变化而变化,厚度一般为2~5m。

碎石土:黄色、红褐色等,碎石成分为强风化砂岩等,棱状,粒径一般2~7cm,大者可达10~

15cm，含量50%～60%，粉质黏土充填或胶结，浅部含植物根系及腐殖质。稍湿，稍密，$[f_{a0}]$ = 360kPa，主要为残坡积成因。基本分布于隧道山体表面或沟谷部位，揭露层厚3.4～9.0m。

(2)石炭系下统大塘阶(C_1d)

测水组(C_1d^2)：主要分布在隧道出口段部位，由砂岩、页岩等组成。

梓门桥段(C_1d^3)：主要分布在隧道出口段部位，由灰岩夹粉砂质页岩及白云质灰岩等组成。

中风化砂岩：灰白色～红褐色，砂质结构，中厚层状构造，裂隙较发育，岩体较破碎，仅ZK10号孔揭露，揭露厚度为6.5m。

全风化灰岩：黄色，原岩风化呈粉质黏土状，可取柱状岩芯，极软。

强风化灰岩：灰色，隐晶结构，中～厚层状构造，风化裂隙发育，岩溶发育。

中风化灰岩：浅灰色，隐晶结构，中～厚层状构造，ZK7、ZK8、ZK9及ZK10号孔揭露到该层，岩溶较发育～发育。ZK8、ZK9及ZK10号孔发育溶洞。该层为隧道出口段500m的主要围岩。

(3)泥盆系上统佘田桥组(D_3s)

主要有砂岩、页岩，砂、页岩分布规律性差，在斜坡中上部及山脊部分呈不等厚互(或夹)层状发育，以砂岩为主。

全风化砂、页岩：黄色，黄褐色，保持原岩结构特征，具微弱的结构强度，极易崩解呈碎石土状。

强风化砂岩：黄色，黄褐色，粉砂状、细砂状结构，中厚层状构造，岩体破碎。该层主要分布于山体的表层，一般22～38.5m，厚度较大。该层为进口段的主要围岩。

强风化页岩：黄色、深灰色，岩石风化强烈，岩性软。该层呈夹层状发育于砂岩中，发育规律性差。

中风化砂岩：灰白色～黄色，粉砂状、细砂状结构，中厚层状构造，岩石致密，裂隙发育～较发育，岩体破碎～较完整。

中风化页岩：浅灰色～深灰色，页理明显，取芯呈短柱状及碎块状。

8.1.3 地质构造

永莲隧道所在区域隶属于湘东新华夏构造体系，吉泰盆地边缘。区内主要构造形迹为永新—敖城雁行式构造，该雁行式构造由永新向斜、水源背斜及敖城向斜组成，永新盆地主要受控于敖城向斜。敖城向斜内发育陈山南麓断层和钟家山～界化垄断层两条区域性大断层，断层位于向斜西翼边缘，基本呈平行岩层状延伸。陈山南麓断层位于隧道进口方的禾水河附近，走向NEE70°～80°，倾向SE，长约70km，为永新盆地的边界处的断陷正断层；钟家山～界化垄断层，走向NE°，发育长度大于10km，该断层穿经隧道洞身K92+250部位。受北北东向区域构造影响，区内还发育有一系列北西向断层，北西向断层规模较小，长度为数百米至数千米。

受区域地质构造影响，隧址区内发育多条规模较小的断层。根据物探、钻探揭露情况，隧址区发育有F1、F2、F3、F4、F5等断裂：

F1：地表穿经K91+010部位，走向SN，与隧道轴线成75°相交，倾向E，倾角81°，断层宽度 15 ~ 35m,查明延伸长度 500m,地表表现形态为沟谷,岩体破碎 ~ 极破碎,断层为浅层地震探测显示,V_p = 1.3 ~ 1.9km/s。

F2:地表穿经 K91 + 350 部位,走向 SSE,与隧道轴线成 45°相交,倾向 E,倾角 84°,断层宽度 15 ~ 35m,查明延伸长度 520m,地表表现形态为沟谷,断层带为钻孔 ZK5 所揭露,带内岩体裂隙发育 ~ 很发育,多张开,结合差 ~ 极差,岩体破碎 ~ 极破碎,采芯率 55% ~ 65%,RQD < 10,[f_{a0}] = 400kPa。断层同时为浅层地震探测显示,V_p = 1.4 ~ 1.6km/s。

F3:地表穿经 K92 + 250 部位,即泥盆系和石炭系不整合接触带部位,走向 SN,与隧道轴线成 60°相交,倾向 W,倾角 55°,规模大,宽度 30 ~ 50m,查明延伸长度 10000m,地表表现形态为深长沟谷,断层带岩体裂隙发育 ~ 很发育,多张开,结合差 ~ 极差,岩体破碎 ~ 极破碎,断层同时为浅层地震探测所显示,V_p = 1.4 ~ 1.8km/s。

F4:地表穿经 K92 + 350 ~ K92 + 385 部位,走向 NE,与隧道轴线大角度相交,倾向 NW,倾角 70°,规模较小,宽度 15 ~ 25m,查明延伸长度 1000m,岩体破碎 ~ 很破碎,由高密度电法所显示。

F5:位于隧道左侧 130 ~ 230m,走向近 EW,与隧道轴线基本平行,倾向 N,倾角 75°,规模较大,宽度 30 ~ 50m,查明延伸长度 2000m,地表表现形态为深长沟谷,断层带岩体裂隙发育 ~ 很发育,多张开,结合差 ~ 极差,岩体破碎 ~ 极破碎,断层同时为浅层地震探测所显示,V_p = 1.4 ~ 1.8km/s。由于断层带距隧道洞身较远,故断层带对隧道围岩地质条件的影响较小,但在水文地质方面却必须重视穿越隧道的断层带 F1、F2、F3 与 F5 的相交所产生的重要影响。

8.1.4　水文地质

永莲隧道区域水文地质纵剖面图如图 8-1 所示。

隧道区内地下水类型主要有第四系松散岩类孔隙水、基岩裂隙水和岩溶水。

第四系松散岩类孔隙水:主要赋存于第四系残坡积层中,其富水性直接受大气降水的控制,雨季,补给充足,则孔隙水较多;而在旱季,蒸发量大于补给量,富水性较差,局部甚至枯竭。

基岩裂隙水:赋存于岩体裂隙中,隧道区段按其成因可分为风化裂隙水和构造裂隙水。风化裂隙水,埋藏在基岩表层的风化裂隙中,裂隙分布广泛,发育密集均匀,可构成彼此连通的裂隙体系,裂隙水主要赋存于强 ~ 中风化带浅部;发育深度一般为 20m 到几十米,钻孔水位埋深为 20 ~ 35m;一般为潜水、层状、无压,但在较深部位常具半承压性。构造裂隙水,主要赋存于构造断裂带特别是张性断裂带中,发育深度大,含量较丰富,受构造控制,呈脉状或带状,常具承压性。

岩溶水:主要赋存于岩溶溶蚀孔洞内,区内岩溶发育仅在隧道出口 K92 + 300 ~ K92 + 750 段揭露,其平面展布面积较小,且多为覆盖型,接受降雨补给的面积有限。

此外,隧址区山间冲沟的谷底分布有部分井泉,水量随季节变化而变化。地下水主要接受大气降水的补给,补给区受地形地貌控制,基本以地表分水岭为地下水补给边界,天然情况下,地下水主要沿风化裂隙带和构造破碎带径流,一部分在地形坡度变化较大的地方以泉的形式排泄,大部分地下水沿 NW—SE 向发育的沟谷汇流,在沟谷沿线以下用降泉的方式排泄后形成小溪沟,最终向北和向东流入禾水河。

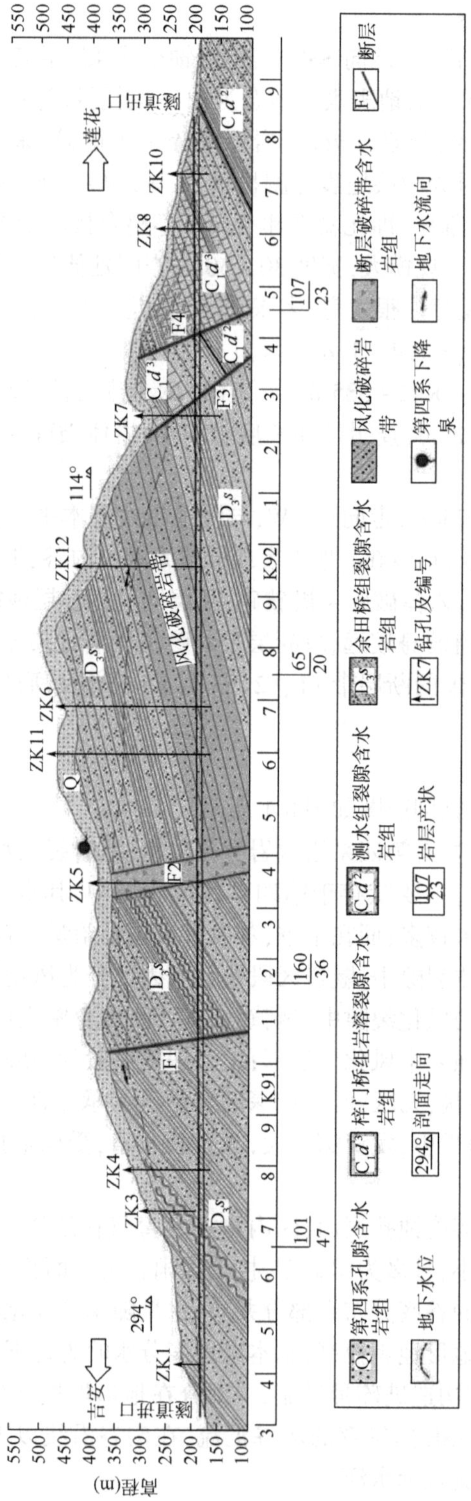

图8-1 永莲隧道区域水文地质纵剖面图

8.2 永莲隧道 F2 断层突水突泥情况

吉莲高速公路永莲隧道工程地质条件极为复杂，隧道修建进入 F2 断层后，进口左右洞发生十余次规模大、持续时间长、破坏性大的突水突泥灾害，并且在突水突泥后，隧道山顶出现土体开裂、地表塌陷，给工程建设带来巨大损失。

8.2.1 进口左洞突水突泥情况

2012 年 7 月 2 日至 8 月 18 日，进口左洞共发生 8 次大规模突水突泥，共突出淤泥约 17000m^3，泥水超过 50000m^3。突水突泥口位于 ZK91 +316 上导右侧 1m 左右直径的不规则圆形，如图 8-2 所示。前三次突水突泥过程中突出泥水量较大，之后以突出淤泥为主，泥水排出量较少。

第一次突水突泥：隧道施工队伍 6 月 26 日开始对原塌方体进行处理及上导坑换榀工作；在 6 月 29 日，换榀至 ZK91 +311 里程，在 ZK91 +308 里程处右壁拱脚有少量黄泥水渗出，水量逐渐增大，出水点增多，并向拱顶延伸，并且随着开挖的推进，出水点汇集到 ZK91 +308 拱肩处，水量也逐渐增大。7 月 2 日上午 08:00 施工至 ZK91 +316，出水点转移至掌子面右侧拱肩与初期支护交汇处，水量有逐步增加而后又减小的现象。7 月 2 日 23:30，进口左洞右侧出现第一次突水突泥，急剧涌出的泥水约 1400m^3，淤泥约 600m^3。

第二次突水突泥：7 月 3 日凌晨 4:20，原突水突泥位置出现第二次突水突泥（图 8-3），急剧涌出水量约 3800m^3，突出淤泥累计约 1200m^3。

图 8-2 隧道左洞突水突泥口

图 8-3 隧道左洞第二次突水突泥

第三次突水突泥：7 月 3 日上午 10:50，业主、设计、监理单位人员及承包人近 20 人正在隧道进口左洞距掌子面约 20m 位置查看前两次突水突泥现场时，突闻前方掌子面传来巨大轰隆声响，原突水突泥位置狂喷出夹杂沙石的黄泥水（图 8-4），如溃坝般洪水直冲现场查看人员，现场查看人员和车辆迅速向洞口和附近车行横洞方向逃离，所幸未发生人员伤亡。有一越野车距掌子面约 30m 而未来得及撤离，被涌出泥水冲走约 20m 跌落至水沟。第三次突水突泥前后约 10min、共涌出泥水约 27000m^3，沉积在掌子面附近淤泥约 3000m^3。

a) b)

图 8-4 隧道左洞第三次突水突泥

第四次突水突泥:7 月 12 日完成淤积体清理后,作业队伍于 7 月 11 日至 14 日在出水点右侧 +315 位置打入 89 钢管 19 孔用于减压排水。从 7 月 14 日下午 17:00 至 7 月 15 日上午,进口左洞掌子面附近断断续续出现轰隆隆声音,伴随着轰隆隆的塌涌声,掌子面出现突水突泥及坍塌,涌出淤积体约 1100m^3,未见大量泥水涌出。

第五次突水突泥:7 月 23 日完成第四次突水突泥淤积体清理后,在 7 月 24 日 14:30 左右,在未有明显征兆情况下,再次发生突泥,导致距离掌子面约 50m 的二次衬砌台车向后推移了 10m 左右。本次突泥后的淤积体约 4000m^3,但未见大量泥水伴随涌出。

第六 ~ 八次突水突泥:8 月 13 日、15 日、19 日,在对突水突泥淤积体进行部分清理后,掌子面又发生第 6 ~ 8 次突泥现象,涌出淤泥共约为 4200m^3。

在上述大规模突水突泥发生期间,其他不易察觉时段,不时涌出几百立方米淤泥,累计约 3000m^3。

8.2.2 进口右洞突水突泥情况

从 2012 年 8 月 12 日至 10 月 25 日,进口右洞共发生 7 次大规模突水突泥,突泥口约 3m × 4m,与左洞相比,右洞以突出大量淤泥为主,突出泥水量小些,共突出淤泥累计约 22500m^3,泥水超 1400m^3。

第一次突水突泥:2012 年 6 月底隧道 YK91 + 359 ~ YK91 + 409 段初期支护断面出现侵限,并随着时间推移不断发展,最大断面侵限值(YK91 + 380 位置)达 3m。7 月 4 日作业队伍开始对侵限初期支护进行换榀。7 月 15 日换至 YK91 + 380 时,YK91 + 385 拱顶出现一股水流。7 月 28 日开始从 YK91 + 380 位置侵限量进一步加大。8 月 12 日,伴随着咚咚咚的掉块声音,YK91 + 380 左侧裂开 3m × 4m,出现第一次突水突泥,导致工作台架被压垮,后方初期支护挤压变形严重,现场涌水量约为 500m^3,淤积体约 600m^3。

第二次突水突泥:9 月 18 日,YK91 + 376 顶部涌出泥水急剧增大,呈喷射状,换榀位置初期支护侵限进一步发展。9 月 19 日,新换榀位置(YK91 + 370 ~ YK91 + 376)左侧出现坍塌,并从 11:00 开始突泥(图 8-5),现场突出泥水约 900m^3,淤积体约 2100m^3。

第三次突水突泥:9 月 23 日 15:50 至 16:10,伴随着轰隆隆声音,YK91 + 374 附近再次出现突水突泥(图8-6),涌出淤积体累计约4200m^3,涌出淤泥末端距离掌子面约140m,并将二次衬砌台车(距离掌子面25m)向后推移约70m。

图8-5 隧道右洞第二次突水突泥

图8-6 隧道右洞第三次突水突泥

第四、五次突水突泥:10月1日,当淤积清理至YK91+365突泥口附近时,晚上21:40、23:00左右,YK91+374附近再次分别发生两次较大规模突水突泥,淤积体约2200m^3。

第六次突水突泥:10月6日晚上23:30,10月7日早上7:30,当淤泥清理至YK91+374附近时,坍塌口出现第六次突水突泥(图8-7),导致现场稀泥再次涌至YK91+255,淤积体约4900m^3。

第七次突水突泥:进口右洞淤泥清理至YK91+355时,10月25日凌晨1:30,右洞再次发生大规模突水突泥(图8-8),淤泥涌至YK91+255,约8500m^3,坍塌口后方80m范围内二次衬砌断面完全被淤泥填满。

图8-7 隧道右洞第六次突水突泥

图8-8 隧道右洞第七次突水突泥

8.2.3 地表山顶塌陷情况

进口右洞前三次大规模突水突泥前,进口山顶未见明显异常。2012年9月23日隧道进口右洞发生第三次突水突泥后,发现在右洞YK91+371~YK91+389设计线内侧20m附近(F2断层内,ZK5钻孔旁)出现明显地表塌陷,地陷处山顶高程与隧道设计线高差约190m,地陷平面图呈不规则圆形(图8-9),直径约25m,面积约500m^2,深度约8~15m。地陷平面面积及深度随着突水突泥发展进一步扩大,11月11日查勘时,山顶地陷平面为不规则椭圆形,直径约 62m、46m，面积约 1800m^2，深度 15～32m。

a) b)

图 8-9 突水突泥后山顶塌陷情况

隧道进口左右洞突水突泥概况总览见表 8-1，隧道右洞第七次突水突泥如图 8-10 所示。

隧道进口左右洞突水突泥情况一览表 表 8-1

时间	左洞大规模突水突泥			右洞大规模突水突泥		
	序次	描述	数量(m^3)	序次	描述	数量(m^3)
7 月 2 日晚上 23:30	第 1 次	突水突泥	2000 (600)			
7 月 3 日凌晨 4:20	第 2 次	突水突泥	5000 (1200)			
7 月 3 日上午 10:50	第 3 次	突水突泥	30000 (3000)			
7 月 15 日 17:00	第 4 次	突泥	1100	YK91 + 385 拱顶出现一股水流，已换棉位置 YK91 + 365～YK91 + 380 收敛变形大(3～10cm/d)		
7 月 24 日 14:30	第 5 次	突泥	4000			
8 月 12 日				第 1 次	突水突泥	1100 (600)
8 月 13 日、15 日、19 日	第 6～8 次	突泥	4200			
未知	其他不易察觉时段涌出泥约 3000m^3					
9 月 19 日 11:00	在完成淤积体清理后，作业队伍在掌子面回填洞渣，并封堵突水口			第 2 次	突水突泥	3000 (2100)
9 月 23 日 15:50～16:10				第 3 次	突泥	4200
9 月 29 日				发现山顶地表塌陷		
10 月 1 日				第 4、5 次	突泥	2200
10 月 7 日				第 6 次	突泥	4900
10 月 25 日				第 7 次	突泥	8500
合计	8 次	突泥	17100	7 次	突泥	22500

注：数据中，有括号的括号外为突水突泥总量，括号内为突泥量；无括号的仅为突泥量。

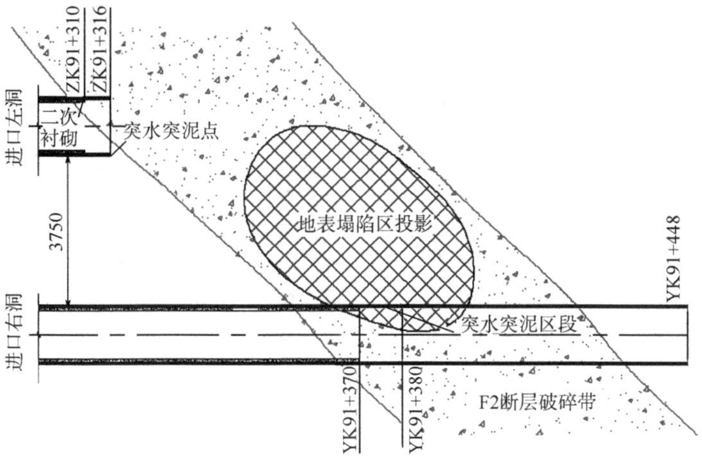

图 8-10 隧道右洞第七次突水突泥(尺寸单位:mm)

8.3 永莲隧道 F2 断层突水突泥过程机理

隧道等地下工程施工穿越断层破碎带、节理密集带等破碎岩体地带时,容易发生地质灾害,由于各自特殊的地质和工程控制因素,地质灾害的发生常表现出不同的形式。以隧道穿越断层破碎带为例,由于断层破碎带岩体结构、地下水条件以及施工方法等差异,断层破碎带发生灾害特征可表现为涌水、突水、突泥或突石等。本节在总结类似工程的基础上,结合永莲隧道突水突泥情况,从形成条件和演化过程等角度,研究分析该隧道在 F2 断层施工过程中发生突水突泥的成因和机制。

8.3.1 隧道 F2 断层突水突泥的形成条件

隧道施工遇到断层破碎带、侵入岩接触破碎带、饱和松软围岩、充填岩溶洞穴等时,容易引发泥(石)、水或者泥(石)水混合物如地下泥石流一样,突然大规模涌出,对隧道具有极强破坏作用。总结分析隧道断层破碎带突水突泥案例,隧道突水突泥(尤其是突泥)的发生与地面泥石流的形成有一些类似之处,也需要具备一定的基本条件,包括丰富的松散破碎物质、地下水以及工程开挖扰动等因素。结合永莲隧道 F2 断层突水突泥特征,从地质和工程因素综合考虑研究,F2 断层突水突泥发生的条件主要包括地层岩性条件差、地下水丰富、隧道开挖扰动等。

(1)地层岩性条件差

隧道 F2 断层破碎带处于页岩、砂岩互层区,围岩极其破碎,孔隙度高、裂隙率大;泥质含量高,力学强度极低,施工开挖过程揭露的岩体,甚至可以用手捏碎。岩体内页岩含蒙脱石等矿物,属弱膨胀性围岩;断层破碎带岩体胶结松散,遇水容易崩解,软化、泥化成流塑状,强度极低。可见,F2 断层破碎带岩体结构脆弱,风化程度高,内含丰富的松散破碎物质,为隧道突泥的形成提供了很好的固体物质条件。隧道工程勘察及施工过程中 F2 断层破碎带揭露的岩芯情况如图 8-11 所示。

a) b)

图 8-11 钻孔揭露岩芯情况

(2)地下水丰富

调查研究区域水文地质条件发现,隧道地表降水丰富,地下水接受补给充足。据隧道所在区域的永新县水文站多年的气象资料统计,该县 4 月至 6 月份雨量偏多,占全年降水量 45% 以上,其降雨特点是强度大、面广、雨量大、历时长;7 月至 10 月常有台风入侵,形成台风雨,其降雨特点是历时短、强度大,降雨集中,易造成洪涝灾害;此外,2012 年水文资料显示,6 月份降水量为 263mm,较以往的年降水量平均值 220.1mm 增加 19.49%,该段时间正是隧道突水突泥发展形成期,可见隧址区域地下水受地表水补给充足。

隧道 F2、F5 断层构造性沟谷地表交汇为一定范围的负地形汇水区,如图 8-12 所示,多条集水沟谷连通该汇水区,向沟谷排泄,总体汇水面积大。F2 断层横切隧道,并与 F5 断层构成张性交接复合构造形式,断层破碎带岩体极其破碎,富水、导水性好。据现场钻探、物探资料,对揭露 F2 断层的 SK2 钻孔进行注水试验时,以 $4m^3/h$ 的流量对钻孔注水 2h 后,水位仅抬高了约 1.2m,而在停止注水后仅 3min 后,水位即恢复,表明 F2 断层具有较好的导水性;此外,对 SK2 钻孔处进行罗丹明示踪试验时,进洞口处在 6 ~ 7 天即检测到示踪剂,也直接说明 F2 断层是导水断层,地下水运移较为通畅。

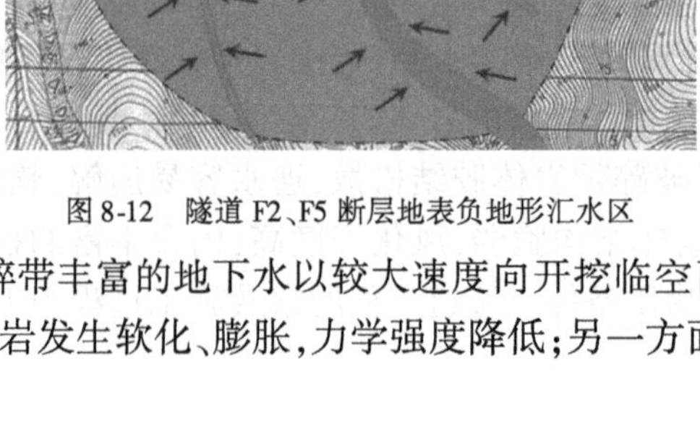

图 8-12 隧道 F2、F5 断层地表负地形汇水区

隧道开挖后,断层破碎带丰富的地下水以较大速度向开挖临空面汇集,一方面,地下水促使以破碎页岩为主的断层岩发生软化、膨胀,力学强度降低;另一方面,水又会冲刷淘蚀岩体结

构面内的泥质、黏土质沉积物，使得断层破碎带岩体松弛度增大、强度进一步降低。可见，丰富的地下水是隧道断层突水突泥发生的重要条件之一，提供了灾害发生的启动力。

(3)隧道开挖扰动

隧道开挖后，围岩失去了原有的支撑空间，径向应力降低，原有的三向应力平衡状态被打破，一定范围内的围岩发生应力重分布和应力释放，形成二次应力，断层破碎带松散破碎岩体稳定性降低，围岩发生变形、开裂，形成大量的裂隙。此外，隧道施工开挖还改变了原处于平衡状态的地下水径流系统，隧道成为地下水新的有利渗流通道，导致地下水大量涌出，若施工开挖支护或者处理方法不当，容易造成隧道突水突泥灾害发生。

8.3.2 隧道F2断层突水突泥演化过程机理

在多种因素条件综合影响下，地下水对断层破碎带围岩产生的破坏作用加剧，至某一程度时，大范围岩体发生突发性失稳，造成突水突泥灾害发生。相关文献研究表明，地下工程这一突发性失稳破坏过程往往需要经历较长时间的发展演化过程，表现出较为明显的阶段性。根据永莲隧道F2断层突水突泥发生过程观察及现场资料分析研究，其突水突泥演化过程可以概括为：孕育阶段、潜伏阶段和发生阶段。

(1)突水突泥孕育阶段

这一阶段以隧道出现初始渗水通道，渗水量逐渐增多为起点。隧道开挖进入断层破碎带后，由于围岩松散破碎，渗流量增加，地下水开始侵蚀冲刷断层破碎带岩体内裂(孔)隙，并将裂(孔)隙内的沉积物、泥质等细小充填物逐渐带出，进而形成初始渗水通道，水量逐渐增加，并且比较浑浊。随着地下水渗流量和渗流速度的增加，断层破碎围岩被软化和泥化程度增加，岩体强度持续降低，造成越来越多的充填颗粒被冲刷带出，这种类似管涌的现象不断加剧，进而导致渗水通道不断扩大，涌水量进一步增加。此外，地下水潜蚀冲刷带出充填物又加剧了松动岩体的形成，导致松动区范围扩大。水岩相互作用不断如此恶性循环，持续较长时间，直至本阶段末期，形成较大孔径的径流通道和较大范围的松动区，涌水量几乎不再增加，水质也略有变清。

以永莲隧道进口左洞突水突泥为例，该阶段永莲隧道施工开挖过程中进口左洞涌水变化情况如下所述：

施工单位于2012年6月25日由桩号ZK91+303m开始开挖塌方体并进行换拱。6月29日上午8时开挖至ZK91+312，换拱至ZK91+311里程(进入F2断层破碎带)。上午9时左右，在ZK91+308里程处右壁拱脚有少量水渗出，水量逐渐增大，出水点增多，并向拱顶延伸。至10时，ZK91+308里程肩及拱顶区域有多处水流沿系统锚杆及原注浆孔套管外壁滴出，据现场资料统计，总水量约为0.7m^3/h。至12时，ZK91+308里程拱肩及拱顶处渗水总量增加为2.9m^3/h。

6月30日上午10:00开挖至ZK91+314，换拱至ZK91+313里程，渗水汇集到初支后相对集中的通道内，在ZK91+313里程处涌出，此时出水量约10m^3/h。涌水量持续增加，至12:00，出水点水量约为11.2m^3/h。

6月30日晚上22:00开挖至ZK91+315里程，换拱至ZK91+314里程，施工单位在ZK91+313拱肩处将涌水集中引出，此时水量增加至20.5m^3/h。涌水过程中，不断有碎石随水流冲出，过水通道孔径不断扩大。

7 月 1 日上午 9 时开挖至 ZK91 +316 里程,换拱至 ZK91 +315 里程,ZK91 +313 拱肩处涌水量继续增加;至上午 10 时,涌水量约为 30. 3m^3/h。至 22 时,涌水几乎不再增长,水量略有不稳定,时大时小,在拱肩处出水点位置形成的孔洞直径约为 30cm,壁后一定范围围岩被掏空。

永莲隧道进口左洞施工进入 F2 断层破碎带后,该阶段现场出水情况如图 8-13 和图 8-14 所示。

a)初始拱顶滴水

b)出水点涌水量增加

c)出水点涌水量进一步增加

d)形成较大过水通道

图 8-13 现场涌水变化情况

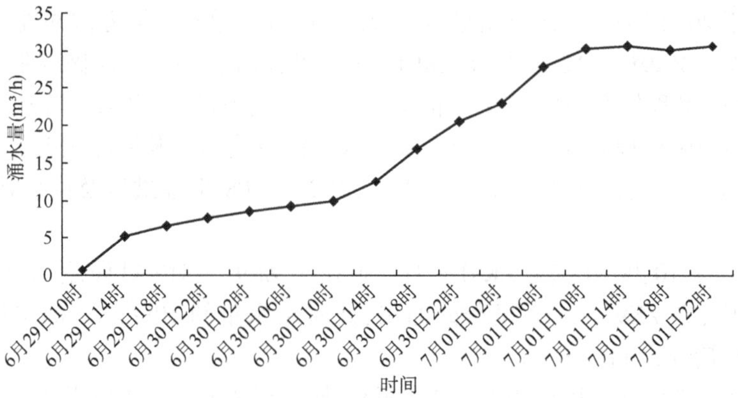

图 8-14 孕育阶段隧道出水点涌水量变化曲线

(2)突水突泥潜伏阶段

至孕育阶段末期,在地下水持续冲刷作用下,隧道洞周岩体形成了大范围的围岩松动区。在自重应力作用下,松动区岩体向下产生位移,从而导致下部破碎岩体被上部岩体逐渐压实,在隧道支护上部形成一较为密实的沉积“保护层”,该“保护层”一定程度上会减缓和阻挡地下水向隧道内涌入;因此,该阶段出水点的涌水量会有所波动,并开始逐渐减少,水质也会有所变清,有时候甚至会出现地下水流动改道、隧道出水点向其他薄弱环节转移的现象。沉积“保护层”的逐渐加厚和密实,导致地下水在“保护层”上部滞留、积存,在地下水的浸泡下,上部围岩大范围软化、泥化,进而强度急降,破碎带岩体的松动区进一步扩大。由于自重应力和围岩压力的作用,松动区岩体不断向下位移,导致保护层滞留地下水、松动区扩大的情况不断恶化,造成支护顶部积存了大量的地下水;积存的地下水对断层破碎围岩进行浸泡,导致隧道洞周大范围岩体软化和泥化,围岩稳定性极差。这一时期,由于沉积“保护层”和初期支护的支撑作用,一定时期内,应力可以维持平衡,并未发生冒顶塌方,表面看上去是稳定的;但实际上,隧道顶部积压了大量的泥和地下水,积累的这些高能量往往一触即发,隧道突水突泥即将发生。

这一阶段永莲隧道进口左洞现场变化情况如下所述:

2012 年 7 月 2 日凌晨 3 时,ZK91 +313 拱肩处引水点水量开始逐渐减少,至上午 10 时左右,该出水点几乎不出水,涌水点逐渐向掌子面附近转移。

2012 年 7 月 2 日上午 8 时换拱至 ZK91 +316 里程(掌子面位置),地下水转移至掌子面右侧拱肩与初支交汇处集中涌出,水量逐渐增大,大量黄泥及石块被涌水带出。至 16 时,出水量增大至 $40m^3/h$;随后,水量又开始减少,至 22 时左右,出水量很小,几乎不出水。

该阶段现场出水情况如图 8-15 和图 8-16 所示。

图 8-15　原出水点不出水、出水点转移示意图

(3)突水突泥发生阶段

随着断层破碎带围岩松动区范围不断扩大,并在自重作用下逐渐下移,沉积“保护层”和初期支护所承受的应力也不断增加。当应力增加达到某一临界状态时,沉积“保护层”与初期

支护突然失稳破坏,瞬间,积存了高能量的地下水、碎石和泥质充填物的混合物,从破坏口突然大规模涌出,这时也就发生隧道突水突泥灾害。突水突泥后,由于围岩几乎无承载力,若不能及时治理,在地下水的潜蚀、软化作用下,极易形成多次突水突泥。

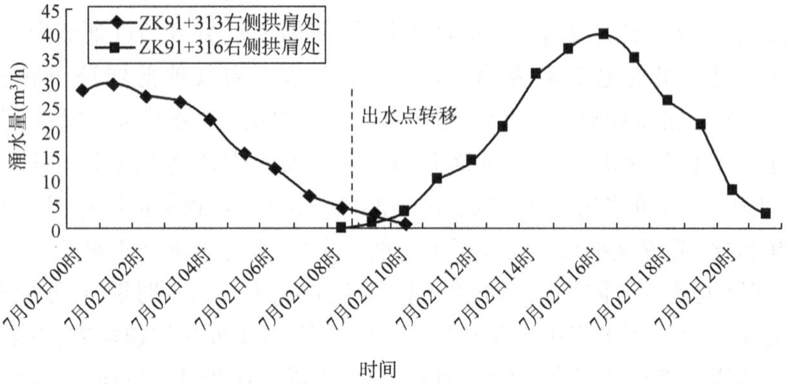

图 8-16 潜伏阶段隧道出水点涌水量变化曲线图

在经历前两阶段的孕育后,于 2012 年 7 月 2 日 23:30,隧道进口左洞掌子面 ZK91 + 316 右侧拱肩与初支交汇处水量突然剧增,瞬时大量地下水突出;同时,大量的碎石和泥质充填物的混合物突出,发生第一次突水突泥。这次突泥造成掌子面右侧钢拱架位置形成 $1m^2$ 的不规则形状空洞,ZK91 + 316 ~ ZK91 + 308 附近严重淤泥。此后,进口左洞又发生了多次突水突泥,给隧道带来极大的损失。

8.4 断层突水突泥注浆治理技术体系

地下工程实践表明,注浆法特别适用于断层破碎带、岩溶、节理密集带等不良地质体的水害治理,国内外大部分隧道工程都采用了注浆技术治理突水突泥灾害,并取得了较好的效果。注浆工作主要包括注浆孔的布置、施工、注浆材料的配制,并利用一定的施工工艺将浆液通过钻孔注入到岩土介质。这是一个系统的过程,其技术体系是否安全可行,直接关系到注浆加固或防渗堵漏作用能否实现,并将影响到工程后期建设和运营的安全。

实际上,隧道断层突水突泥的注浆治理过程是复杂的系统工程,具体来讲,注浆治理工程体系应包括被注围岩水文及工程地质特征探查阶段、注浆工程设计阶段、注浆工程实施阶段以及注浆效果长期监控阶段。因此,注浆治理技术有着系统的内容,不仅包括注浆基本工作的实施,还应涵盖注浆工程上游和下游的延伸以及注浆过程的有效控制等方面。本节通过研究国内外断层突水突泥灾害注浆治理的工程实例,并结合突水突泥机理及工程实践经验,基于安全、可行、经济、环保的原则,建立了基于注浆治理全过程的隧道断层突水突泥注浆治理技术方法体系,具体技术实施流程如图 8-17 所示。

8.4.1 注浆治理原则

为保证注浆治理满足技术可行、工程安全、经济合理、环境保护等方面的要求,注浆技术体系建立过程中考虑了探测先行、封堵与排放结合、围岩稳定性长期监控、信息化动态调控施工以及注浆效果多手段综合评价等治理原则。

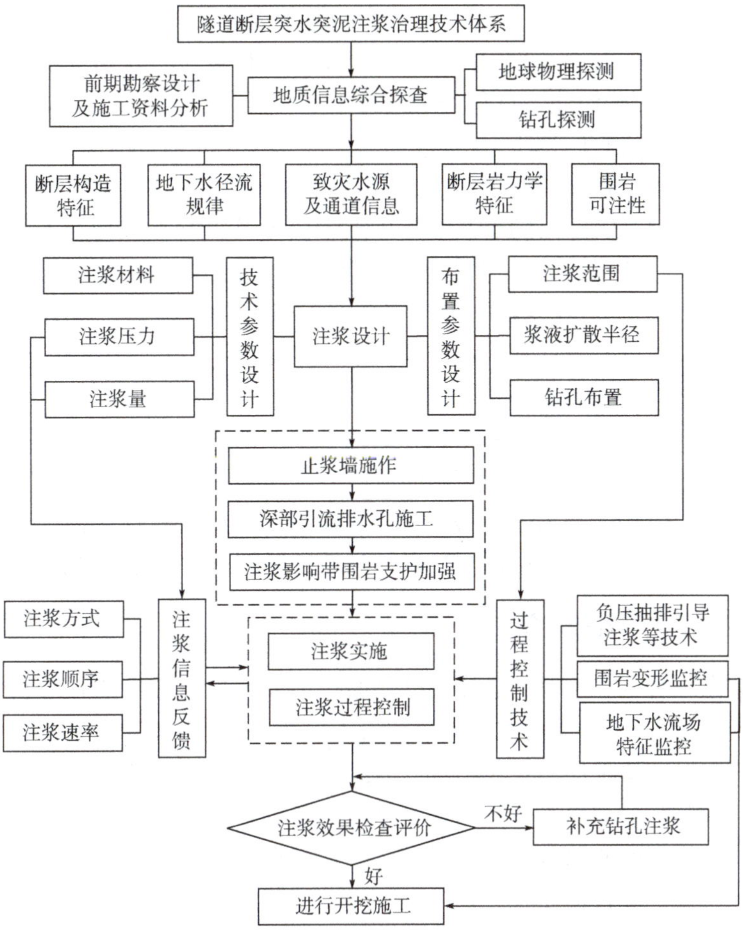

图8-17　富水断层破碎带突涌水害治理技术路线

(1)探测先行原则

认识治理区域的地质条件,明确断层构造特征及其突水突泥通道,这是注浆治理的重要基础,直接关系到注浆技术方案的合理性和经济性。通过地质资料分析、综合探测等手段对治理区域含导水构造进行探测分析,查明断层破碎带空间展布形态、地质特征、围岩情况、致灾水源以及通道等综合信息,为注浆设计及实施提供参考和依据。

(2)封堵与排放结合原则

对于发生过突水突泥灾害的断层破碎带,岩体强度极低,注浆施工时,若仅考虑对地下水进行封堵,而不进行适宜的排放,则会导致注浆治理过程中围岩承受较大水压,甚至可能引发塌方或涌水涌泥等共生灾害。因此,宜采用"以堵为主,堵排结合"的原则进行治理,以增加注浆施工的安全性。考虑到隧道附近的断层破碎带岩体易受渗流冲刷潜蚀的影响,采用深部引排和浅部注浆加固结合的堵排方式,使工程治理中排水与封堵有机的结合。

(3)围岩稳定性长期监控原则

断层破碎带及影响范围内岩体破碎、自稳能力差,受区域注浆压力影响,围岩变形加剧,并可能引发冒顶、片帮与底鼓等次生灾害。因此,注浆治理坚持围岩稳定性监控原则,以使工程治理与工程安全协同。注浆施工前,应对注浆影响范围内的围岩进行支护加强,以防止围岩垮塌。同时,注浆工程中,应对全过程中的涌水量及围岩变形量进行实时监测,并以这些数据指导注浆参数的动态调整,确保注浆过程安全进行。

(4)信息化动态调控施工原则

突水突泥注浆治理工程极为复杂,其治理对象本身特征具有一定的不确定性,并且随着工程的推进,具有动态变化的特点,随着浆液注入围岩变形及力学参数均在不断改变,且地下水流速、水压、流量与运移路径也在不断变化。因此,采用信息化施工的原则,动态调控注浆过程。建立信息化施工平台,对注浆过程中的涌水量、注浆压力、注浆量、和围岩变形等信息进行实时监测、反馈,并及时调整设计和优化注浆参数。

(5)注浆效果多手段综合检查评价原则

隧道突水突泥灾害注浆治理效果不仅影响施工期间的工程建设,也关系着工程的运营安全、经济以及环保等问题。因此,针对富水断层破碎带注浆治理堵水、加固的目的和要求,采用地球物理探测法、参数分析法、检查孔法、开挖取样以及变形监测等多种手段,相互印证和补充,对注浆治理效果进行综合检查及评价,以科学地指导隧道后期施工开挖和支护。

8.4.2 地质信息综合探查

断层地质信息综合探查阶段的总体目的是通过前期地质及施工资料分析、地球物理探测和试验钻探等手段,探明掌子面前方及周边围岩工程地质和水文地质条件,为注浆孔设计和优化提供依据。该阶段主要工作内容包括:借助地质分析研究方法,掌握治理区域致灾含水构造特征、地下水径流规律、突涌水水压及水量等基础地质数据;利用综合地球物理探测手段,探查治理区域断层突水突泥的通道及水源信息;通过探查钻孔和岩芯室内试验,确定水力联系、岩体的可注性以及可钻性等特征。

(1)前期设计及施工资料分析

地质资料分析是断层突水突泥注浆治理工程的基础,通过分析相关资料可以获取治理区域的地质信息特征。分析工程勘察设计资料,查明断层规模、力学性质、产状、富水特征、地下水承压性质等信息,确定断层突水突泥的构造原因。综合分析勘察设计资料和施工资料,突水突泥区域断层与周围含水层等的水力联系特征,并判识突水突泥灾害发生的地下水来源。全面分析隧道施工过程搜集到的突水突泥工程资料,并结合现场观测,获取突水突泥特征信息,包括突水突泥量、地下水压力以及突水突泥发生过程等重要数据。

(2)综合地球物理探测

注浆设计施工与致灾水源及其通道密切相关,为保证治理效果,常常需要在水源和通道区域进行强化,因此,采用地球物理探测手段判识断层突水突泥水源及其通道,对注浆治理工程具有重要作用。地球物理探测的方法有很多,主要包括隧道地震探测(Tunnel Seismic Prediction,简称 TSP)法、地质雷达探测法、瞬变电磁法、激化电极法、红外超前探水法、陆地声纳法等,各种探测方法都有着不同的发展历程、应用条件以及优缺点,需要根据具体情况进行选用。

注浆治理前,结合具体的工程情况和探测条件,采用综合地球物理探测的方法,发挥不同方法的优势,取长补短,可以较好地实现致灾水源赋存状态和导水通道的探查。可以用于断层岩体介质探测的方法比较多,表8-2给出了几种隧道工程中常用的物探方法。

隧道工程中几种常用的物探方法　　表8-2

名称	探测技术方法及原理	探测距离
TSP法	地震波探测技术。通过在若干特定点上小规模爆破激发产生地震波,当地震波遇到地层中的不良地质界面时,将产生反射波,并被接收器所接收,不同性质和产状的界面,反射波表现出来的性质不一样,实现对不良地质体的预报	可以用来分析判断开挖面前方100～150m范围内是否有断层、软弱围岩、岩溶、淤泥等不良地质体存在
地质雷达法	电磁波探测技术。利用地下介质对广谱电磁波的不同响应来确定地下介质的分布特征的,能预报掌子面前方地层岩性的变化,对于断裂带特别是含水带、破碎带有较高的识别能力	探测距离20～30m,可以较为准确地探查浅层围岩的含导水构造和富水围岩的空间展布情况
瞬变电磁法	时间域电磁法。利用阶跃波形电磁脉冲激发,通过不接地回线向地下发射一次场,在一次场断电后,测量由地下介质产生的感应二次场随时间的变化,达到寻找各种不良地质的目标	可以探测前方50～80m内水体或富水体的位置及规模
激发极化法	电法探测。基于含水层中的水量多少致使二电流激发极化时间差不同,水量大者恢复时间长,水量小者恢复时间短,这就造成二激发电流极化衰减半衰时差的大小不同,以此判定含水量	有效探测距离30～50m,可以有效识别判别含水体的规模和位置,同时可有效排除大型机械设备干扰,探测精度高

(3)钻孔探测

钻孔探测是一种比较直接、有效的探测方法,可以直观地反映地层的地下水情况和岩性条件。利用钻探设备向掌子面前方地层钻进,并在钻进过程中详细记录揭露的地层岩性、地下水变化情况、岩体完整性等信息;取出岩芯,进行土工试验和渗透性测试试验等。根据上述工作,进一步确定治理区域的水力联系,断层岩的粒径分布、颗粒级配、力学强度、渗透性、可注性以及可钻性等特征,为注浆材料和钻孔施工设备选用等提供依据和指导。

断层突水突泥后,地层稳定性变差,在扰动下容易失稳诱发灾害。因此,应根据现场的实际情况,钻孔探测施作前,应研究评估钻孔数量、钻探距离以及施工风险性等情况,并制定相应的应急措施,防止因钻孔揭露而再次引发突水突泥灾害。建议在施作止浆墙或者其他防突结构后,根据现场条件,进行钻孔探测,以确保施工的安全性。

8.4.3　超前帷幕注浆设计

制定科学合理、切实可行的注浆设计方案是断层突水突泥治理工程重要的一步,为保证注浆加固和堵水效果,注浆设计应满足能形成严密、不留空缺的帷幕。注浆设计主要工作内容是对注浆材料、注浆加固圈厚度、浆液扩散半径、钻孔布置、注浆压力和注浆量等注浆技术参数的选择和确定。

1)注浆材料

注浆材料是在地层裂隙和孔隙中起充填和固结作用的主要物质,注浆材料选用在很大程度上关系着注浆加固和堵水效果,并且影响着注浆施工工艺、工期和工程治理费用。通过分析注浆材料的类别和特点,并根据工程特点,选用和研发适合于断层破碎带岩体的注浆材料对于注浆治理工程具有重要意义。

(1)注浆材料的类别

目前的注浆材料种类比较多,根据不同的原则可以划分为多种类型。从浆液的状态角度,可以划分为真溶液、悬浮液以及乳化液;从施工工艺角度,可以划分为单浆液和双浆液;从颗粒分散状态角度,可以划分为粒状浆液和化学浆液;从注浆材料主剂性质角度,可以划分为无机类浆液和有机类浆液,如图 8-18 所示。

- 注浆材料
  - 无机类浆液
    - 单液水泥类浆液
    - 水泥黏土类浆液
    - 水泥—水玻璃类浆液
    - 水玻璃类浆液
    - 其他无机类浆液
  - 有机类浆液
    - 丙烯酰胺类浆液
    - 质素类浆液
    - 脲醛树脂类浆液
    - 聚氨酯类浆液
    - 其他有机类浆液

图 8-18　注浆材料分类

(2)几种常用注浆材料的特点

不同种类的注浆材料具有不同的特点,分析各自的优点和缺点有助于合理选用适合工程条件的注浆材料。根据室内试验和工程实践经验,表 8-3 给出了几种常用注浆材料的优缺点,可以为注浆选材提供一定的参考。

几种常用注浆材料优缺点对比表　　表 8-3

注浆材料	优点	缺点
普通水泥单液浆	凝胶时间长,可注时间长;结石体力学强度高,后期稳定性好;材料来源容易,注浆工艺简单,成本较低	初凝时间长,抗分散性差,易被地下水稀释和冲走,不利于浆液控制;终凝时间长,强度上升缓慢,注浆完成后尚需一段时间方可进行开挖,不利于节约工期;水泥颗粒相对较大,在孔隙、裂隙小的地层中,较难注入
普通水泥—水玻璃双液浆	可以根据不同配合比调整凝胶时间,一定程度上可以实现控制性注浆;渗透性较好,适用的地层较多;凝结时间快,注浆结束后可在短时间内开挖,可以加快工期	颗粒较大,在孔隙、裂隙小的地层中,注浆效果较差;凝胶时间短,容易造成注浆设备堵塞,注浆操作难度增大;力学强度较低,在地下水稀释作用下,强度进一步降低;施工工艺要求高,造价也有所提高
超细水泥单液浆	凝结时间较长,可注时间较长;结石体强度高,后期稳定好;颗粒细小,可以在裂隙、孔隙小的地层中注入	凝胶时间较长,抗分散性差,易被地下水稀释和冲走;强度上升较慢,注浆完成后需消耗一定工期方可进行开挖;工艺要求高,材料和技术成本增加
化学浆液	渗透性好,适用微小孔隙、裂隙	强度低、造价高、不利于环保

(3)断层注浆材料综合选用

根据上述各种注浆材料的优缺点,由于断层内部结构具有分带的特点,因此,应根据现场揭露的地层岩性和水文情况的特点,采取综合选用各种注浆材料的方法,对注浆材料进行选择和优化组合,充分发挥各材料的优势,取长补短,以达到最佳的注浆治理效果。

治理过程中,普通水泥单液浆可以用于钻探过程中揭露涌水量较小和靠近开挖轮廓线附近的区域,发挥水泥浆液后期强度大的特点,增加注浆后岩体的稳定性。超细水泥单液浆可用于围岩结构致密,渗透性低的地段,发挥超细水泥浆液渗透性好的优点,增加浆液对围岩的充填率,减少注浆盲区。普通水泥—水玻璃双液浆可用于钻孔揭露涌水量较大的区域,发挥双液浆凝固时间快的优势,增加浆液的结石率;还可以将双液浆用于注浆加固圈外围,可在外围快速形成一个类似于“桶壁”的结构,防止浆液过多的浪费,从而达到控制性注浆的目的;此外,双液浆还可用于封固孔口管、探孔等处,达到快速封固的作用,一定程度上起到了加快施工进度的作用。另外,还可以通过研发试验,研制出更适合于富水甚至是动水地层环境下注浆材料,进一步保证注浆效果。

2)注浆加固范围及注浆段长度

(1)注浆加固范围

目前来看,关于隧道围岩注浆加固范围还尚未形成一个统一的规定,在确定加固范围时,主要考虑注浆加固后隧道围岩的承载能力和工程安全,并顾及工程成本和工期要求,通过有关经验并结合计算确定。根据山岭隧道、海底隧道和水下隧道等的施工经验,一般情况下,在富水的节理、裂隙地层,隧道注浆加固范围为开挖轮廓线外(0.5~1.0)倍开挖直径;在高压富水地区,隧道注浆加固范围为开挖轮廓线外(1.0~2.0)倍开挖直径。实际工程应用中,还应在经验值的基础上,按照围岩稳定性要求进行理论核算和数值模拟优化计算,综合选定注浆加固范围设计值,以保证注浆加固范围满足工程安全和经济的条件。

(2)注浆段长度

注浆段长度应结合工程的地质情况、施工钻机和注浆设备的最佳工作能力、止浆岩柱(墙)厚度以及最小设计盲区等方面综合确定。一般情况下,如采用一次注浆,其注浆段长度在极破碎岩层中取5~10m,在破碎岩层中取10~15m,在裂隙岩层中取15~30m;如采用重复注浆,则注浆段长可取30~50m;如地层中存在隔水层时,注浆段长度可按隔水层位置划分。

3)浆液扩散半径及钻孔布置

(1)浆液扩散半径

浆液扩散半径的选取关系到工程治理的安全性和经济性等问题,注浆设计时应做到科学合理和经济。浆液扩散范围受注浆速度和压力、注入量、浆液黏度、凝固时间和岩石裂(孔)隙大小等多种因素的影响。一般情况下,随着注浆压力、注浆时间、注浆量和地层渗透系数的增加,浆液扩散半径增大;随着浆液黏度、浆液浓度的增加,浆液扩散半径减小。实际工程应用时,可根据有关理论进行估算,当地质条件复杂、计算参数较难准确选取时,应通过现场注浆试验进行确定。

(2)钻孔布置

注浆钻孔布置直接影响到注浆治理效果和成本,设计时应综合考虑。钻孔布置时,一方面，应根据浆液的扩散半径，确定最大的钻孔间距，保证浆液扩散在帷幕加固圈的横断面和纵断面上均能相互重叠，形成一个有机的整体，不存在注浆设计盲区；另一方面，应根据地下水分布情况、地层岩性情况、施工设备性能、操作空间、经济性要求等条件，采用计算与作图相结合的方法，优化确定。

为保证注浆后可以形成严密、无盲区的帷幕加固圈，在注浆钻孔横断面布置时，应使注浆钻孔间距满足如下要求：

$$a \leqslant \sqrt{3}R \tag{8-1}$$

式中：a——注浆孔间距；

R——浆液扩散半径。

具体孔位设计时，还应根据地层岩性、地下水流动以及钻机设备性能等情况，进行合理的调整和优化。一般情况下，在岩性较好的部位，可以适当减少钻孔数量，以合理加快施工进度。在地下水丰富、流动速度较快的部位，可以适当增加钻孔数量，以防止因地下水冲刷造成浆液充填不够充分。注浆孔的设计还应考虑钻机的钻孔角度范围、工作所需的操作和安全空间等，使设计的钻孔便于施工和安全。

4）注浆压力及单孔注浆量

（1）注浆压力

注浆压力是注浆过程控制的重要参数，其大小直接影响着浆液的扩散和充填效果。一般情况下，注浆压力越高，注浆扩散半径越大，浆液充填率也越高，注浆效果也更容易达到；但是，注浆压力过高会导致浆液流失过远，串浆、冒浆现象增多，围岩承受压力增大，反而不利于注浆效果和注浆过程安全。因此，应当根据工程实际情况，合理确定注浆压力。注浆压力大小取决于地下水压力、地层岩性、浆液的性质和浓度、注浆扩散半径等因素，实际工程应用中，可以按以下两经验公式之一来确定：

$$P' < P < (3 \sim 5)P' \tag{8-2}$$

$$P = P' + (2 \sim 4)\,\mathrm{MPa} \tag{8-3}$$

式中：P'——注浆处静水压力（MPa）；

P——设计注浆压力（MPa）。

（2）单孔注浆量

注浆量是注浆过程控制，注浆效果检查的重要依据，同时，也是反映注浆成本的重要参数。只有注入足够且合理的浆液数量，才能保证注浆加固堵水作用的实现。但是，如果注浆量过大，则浆液有可能沿某一通道扩散至很远，并未在加固范围内积存，反而导致注浆效果不理想，注浆材料浪费，施工成本增加。因此，注浆量，尤其是单孔注浆量的控制很有必要。单孔注浆量取决于地层岩性、裂（孔）隙率、浆液种类以及注浆方式等多方面因素，工程应用时，可以根据下式进行粗略的计算：

$$Q = \pi R^2 L n \alpha \beta \tag{8-4}$$

式中：Q——单孔注浆设计量（m^3）；

R——浆液扩散半径(m)；

n——地层裂(孔)隙率；

L——注浆段(孔)长度(m)；

α——浆液消耗率；

β——浆液在地层中的有效充填系数。

8.4.4　注浆实施及其过程控制技术

注浆实施是治理工程中最关键的一步，直接影响到工程的治理效果。采用合理、可行的施工工艺、施工组织以及配套的技术设备是确保注浆质量的基础，对注浆过程进行技术性的控制是提高注浆效果、注浆安全和注浆施工进度的关键。

1)注浆实施前的工作

断层突水突泥发生后，围岩稳定性较差。因此，为了给钻探注浆提供一个平稳、安全的施工作业面，应该在注浆实施前做相应的安全强化工作，主要包括止浆墙的施作、排水处理以及支护加强等。

(1)止浆墙施作

断层突水突泥后，地质情况恶化，常常容易产生突发状况，因此，为保证注浆工程安全和注浆治理效果，防止地下水从工作面涌出和浆液从工作面跑浆，应在掌子面处构筑一定厚度的混凝土止浆墙，为注浆提供工作平台。混凝土止浆墙施作要点主要包括厚度选择以及施作质量控制等。

止浆墙厚度的选择非常重要，厚度太小，无法满足注浆压力和施工安全要求，厚度太大，浪费资源并影响注浆钻孔施工速度。止浆墙的厚度取决于注浆压力、隧道断面尺寸以及止浆墙材料强度等因素，工程应用时，可以按下式计算确定：

$$B = K\sqrt{\frac{Wb}{2h[\sigma]}} \tag{8-5}$$

式中：B——止浆墙设计厚度；

K——安全系数，一般可取1.0~2.0；

W——作用在止浆墙上的荷载，$W=PS$，P为最大注浆压力，S为止浆墙面积；

b——隧道宽度；

h——隧道高度；

$[\sigma]$——混凝土容许抗压强度。

止浆墙施工时，为保证整体稳定，宜采用嵌入式施工方法，如地质条件比较差时，还可以在四周安装一定数量的径向锚杆；止浆墙的基底应进行硬化处理，可以采用基底注浆或者打入钢管桩等方式。止浆墙施工过程中，应该保证混凝土浇筑密实，墙体与四周围岩结合不充分的薄弱环节，可以预埋注浆小导管，在浇筑结束后，通过预埋的小导管注入水泥—水玻璃双液浆或者其他的早强水泥浆，以使墙体与围岩紧密结合，防止漏水和漏浆；施工过程中，还应注意对引排管的处理，将引排管放置于墙体的合适位置，以使排水和后期施工方便。止浆墙施工完毕后，应待混凝土强度达到设计值的75%时，方可进行后续的注浆施工。

(2)深部引流排水

注浆过程中,随着浆液不断填充围岩的空隙,地下水通道逐渐被堵塞,可能会造成围岩由于承受不住较高的水压,而发生次生灾害;但是,若在治理区域浅部进行引排泄压,由于突水突泥后断层破碎带围岩条件极其恶劣,浅部的引排反而可能会造成围岩的渗流失稳。因此,注浆过程中,宜进行合理的排水处理,结合课题组的工程实践经验,可以采用深部引流泄压的排水方式,即,在围岩较为稳定的区域向致灾水源上游或断层破碎带深部地下水主要径流通道上施作引流排水钻孔,以分流断层揭露处涌水量,减少注浆过程中施加在围岩上的水压力。引排孔施作过程中,为防止钻孔坍塌而无法排水,宜全孔下入无缝热轧钢管,并凿成花管式样,顶端做成尖锥状;为防止引排孔堵塞,应在钢管外侧用土工布或滤网包裹,并隔一定时间进行扫孔,以保持引水通畅。注浆治理结束后,可根据实际情况,将引排孔进行封堵或者继续排水。

(3)支护加强

注浆过程中,注浆压力会对隧道止浆墙后方的围岩产生一定影响,导致围岩变形加剧。因此,为防止注浆压力增加时围岩坍塌,保证注浆人员和设备安全,在注浆实施之前,应对止浆墙后方一定范围内的围岩支护进行补强和加固。支护补强加固范围视围岩破碎情况而定,一般取至止浆墙至洞口方向 15 ~ 30m 处。支护的补强加固方式,可以采用增设套拱和补充径向加固注浆等多种措施,同时,在注浆过程中应进行实时观测,确保注浆施工安全。

2)注浆实施

(1)注浆施工工艺流程

注浆施工工艺流程如图 8-19 所示。

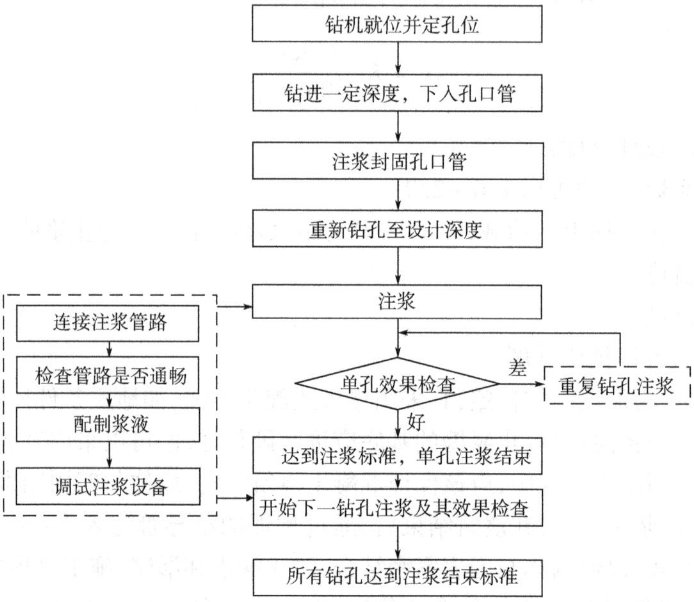

图 8-19　注浆施工工艺流程

(2)注浆施工作业要点

隧道注浆施工过程中,为有效保证注浆质量和注浆效果,应对以下几个主要作业要点进行重点控制:

①钻孔

注浆钻孔应准确定位,位置偏差必须控制在容许范围内。钻孔施工过程中,应每钻进一定深度,便进行检查,及时进行纠偏,防止孔位偏差过大。应及时清理钻孔内的岩屑,减少钻具磨损和卡钻等事故的发生;如遇塌孔、卡钻时,应先停止钻进,待扫孔处理后再继续钻进。钻进过程中,应对孔内的掉块、卡钻、坍塌、钻进速度、钻孔出水量、出水位置、水压以及出水时间等关键信息进行详细记录,便于分析地层的岩性和地下水情况,动态指导注浆施工。钻进过程中要特别注意钻孔出水量变化,特别注意,当单孔的出水量大于30L/min时,则应立即停止钻进,并及时进行注浆,防止灾害的扩大。

②注浆施工前的准备

为确保注浆安全、顺利进行,施工前,应做好各项准备工作,主要包括注浆管路连接及通畅性检查、浆液配制以及注浆设备调试等工作。注浆管路连接时,应保证各连接紧密、可靠,并整洁有序的铺设管路,以满足文明施工。注浆管路系统连接好后,还应进行通畅性和密封性检查,进行注水试验,检查管路系统有无滴漏和堵塞现象,确保注浆过程安全。为保证浆液质量,注浆材料配制时,应做到准确计量、加料顺序严格、搅拌时间充分且合理以及使用时间适宜等,确保浆液性能良好。注浆开启前,还应对注浆设备系统进行检查和调试,使设备工作安全、稳定,保证注浆过程顺利和安全。

③注浆方式

注浆方式可以分为全段注浆和分段注浆两种,施工时,应从地层岩性特征、地下水情况、浆液类型以及钻孔注浆设备性能等方面确定。在断层破碎带、裂隙发育带等富水软弱的地质条件下,为保证注浆质量和注浆效果,一般多采用前进式分段注浆。采用前进式分段注浆,钻进一段,注浆一段,由浅部向深部反复进行,直至设计孔深,各段浆液的扩散都得到较好的控制,注浆堵水加固效果较好;但是,反复交替的施工过程增加了钻孔工作量,影响了钻孔注浆的施工效率。分段注浆的注浆段长是比较关键的控制参数,应根据地质条件、钻孔成孔情况以及钻孔出水量综合确定,并动态调整,注浆分段长度一般可按表8-4进行选取。

注浆段长选用表　　表8-4

钻孔成孔情况	钻孔出水情况		
	$\leqslant 10m^3/h$	$10 \sim 30m^3/h$	$\geqslant 30m^3/h$
钻孔未塌孔	5~8m	3~5m	立即注浆
钻孔轻微塌孔	3~5m	3~5m	立即注浆
钻孔严重塌孔	立即注浆	立即注浆	立即注浆

④注浆顺序

为保证注浆效果和质量过程控制,应采用分序的原则进行注浆施工。注浆顺序可以结合地层条件、地下水流动情况和施工条件等因素进行综合考虑，一般来说，可以采用先外圈后内圈，先下部后上部，跳孔施工的原则。采用先外圈后内圈的方式，主要是先通过对外圈的钻孔进行注浆，在加固圈外围形成一个类似于“桶壁”的结构，后续内圈孔的浆液被控制在加固圈范围内，阻止了浆液沿某条路径无限地扩散至较远处，从而使加固圈范围内的岩体得到很好的充填和加固，达到控域注浆的效果。考虑到浆液扩散受重力作用影响，一般采用先下部后上部的方式，使浆液由上而下，逐步有序的充填。采用跳孔施工，可以实现“约束—收敛—强化”的施工效果，后序孔可以检查前序孔注浆后约束作用的大小，从而反映前序孔的注浆效果，并通过收敛或者强化的方式进行处理，实现注浆效果的过程优化和控制。采用跳孔施工时，选择钻孔时应注意控制孔位间隔，以防止串浆，一般要求孔位间隔大于两倍的注浆扩散半径；同时，也应避免跳孔间隔过远，导致钻探注浆设备来回转移，影响施工效率。

⑤注浆结束标准

注浆结束标准的选择对注浆质量有控制性的作用，恰当的注浆结束时机，可以满足设计要求，取得良好的注浆效果。单孔注浆结束标准常以注浆量和注浆压力两个指标进行确定，当注浆压力到达设计压力，并且注浆速率小于 5L/min 能持续 20min 以上，可以结束该孔的注浆。当注浆压力长时间达不到设计注浆压力，则以注浆量为标准进行控制，当注浆量达到设计值时，可以调整浆液配合比，缩短凝胶时间，并采取间歇注浆措施，控制浆液扩散范围，并适时结束该孔注浆。当所有注浆孔均满足单孔注浆标准后，且无漏注，则注浆实施完成，应开始准备整体效果检查及评价。

3）注浆过程控制技术

隧道断层突水突泥注浆治理具有复杂性和风险性，采取相应技术措施对注浆治理过程进行优化和控制具有重要意义。从治理过程及其目的角度来看，注浆治理突水突泥的主要工作是确保浆液的有效扩散以及施工过程中围岩稳定性，因此，应采取合理有效的技术措施对注浆扩散范围和施工过程围岩稳定性等进行控制，以确保注浆质量、注浆效果以及注浆过程安全。结合工程实践，总结了几种注浆过程及安全控制技术措施。

（1）负压抽排引导注浆

注浆工程理论及实践表明，浆液的扩散距离及其形态会受到地下水压力梯度及流速的影响。因此，通过有效手段对地下流场进行定向的人工干扰，如引流、抽排等，可以引导浆液沿某一主导方向扩散至一定范围内，从而实现浆液的定向扩散及定域扩散，起到定向封堵地下水和加固围岩的作用。断层破碎带突水突泥后，地下水通道复杂、结构多变且无明显规律性的特征，注浆时，极易发生非均匀扩散，造成浆液在地层薄弱区沿一个主要方向扩散及运移距离大，而在其他方向上扩散较弱甚至基本无扩散。因此，为增加浆液扩散的均匀性，注浆过程中，结合负压抽排技术进行控制，通过在断层破碎带岩体内布置抽水设备和管路，进行有效抽排水和引导注浆扩散。负压抽排水可以在离心泵负压作用下吸出断层破碎带岩体中的地下水，改变地下水运移路径，使地下水发生定向、加速运移；地下水运移过程促使含导水通道的再分布，形成注浆引导路径，减弱浆液的无序扩散，避免浆液浪费，从而起到增大注浆均匀性和减少注浆盲区的作用，进一步保证了注浆效果。负压抽排引导注浆工作过程如图 8-20 所示，抽排设备包括管路部分和抽水部分，管路部分包括抽水管及集水总管等，抽水部分主要包括射流泵等。

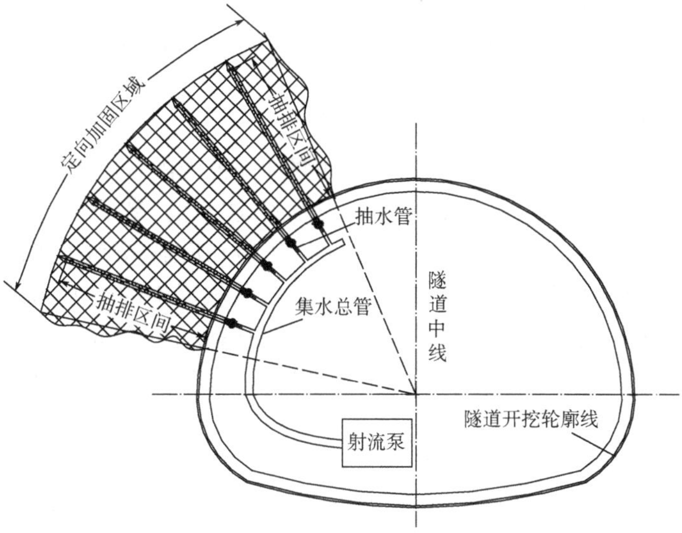

图8-20 负压抽排引导注浆原理

(2)注浆过程围岩变形监控

注浆治理过程中,由于注浆压力和地下水压力的综合作用,断层破碎带围岩容易发生大变形甚至塌方、冒顶等事故。因此,为保证注浆过程安全,应采取实时监测手段对围岩变形情况进行密切监控。在注浆影响段围岩布设监测断面,通过安置收敛监测仪,对围岩变形进行实时、全程的监测和分析,为注浆过程中可能出现的灾害提供预警。同时,建立信息化施工平台,将围岩变形监控数据实时反馈到注浆施工中,并根据反馈信息,及时调整注浆参数,确保注浆施工过程安全。

(3)注浆过程地下水流场特征监控

随着浆液对岩体的充填和封堵,地下水流场会逐渐改变,并重新分布,地下水流场改变会对围岩的稳定性造成一定的影响。因此,在注浆施工过程中,还应对地下水流场的涌水量、水压以及浑浊性等情况进行监控,以保证注浆过程围岩稳定和注浆施工参数合理。涌水量测定方法可以根据现场条件进行选用,可以采用容积法、堰测法及流量仪法等,应准确测量,并保持一定的测量频率。钻孔施工后,及时测量水压,并分析变化情况。水流的浑浊度变化情况一定程度上可以反映渗流通道的演化过程,在注浆过程中应注意观察水流的浑浊性,必要时还应测定水流的含泥量,依据浑浊性变化分析渗流通道的演化情况,防止新的突水突泥通道形成。及时反馈地下水流场的变化信息,动态调整注浆,确保注浆安全和注浆效果。

8.4.5 注浆效果检查评价

注浆效果检查评价是突水突泥注浆治理过程最后环节,也是尤为重要的一个环节,通过对注浆效果科学全面的评价,可以判断注浆效果是否满足设计、安全,以及生态环境等要求,并及时发现、处理可能存在的安全隐患,为隧道开挖施工提供依据和指导。根据前述分析,富水断层突水突泥后的注浆治理应满足加固和堵水的双重要求,因此,应综合多手段评价技术和方法,对注浆后地层的稳定性和渗透性等方面进行检查,进而综合评价注浆效果。结合国内外工程实践,可以综合采用地球物理探测法、参数分析法、检查孔法、开挖取样以及变形监测等多种评价方法,相互印证和补充,对注浆治理效果进行系统检查及评价。此外,对于注浆效果不理想的部位,应进行补孔注浆。

1)地球物理探测法

采用地质雷达、瞬变电磁等物探手段,探查注浆加固范围内岩体密实完整程度和地下水含量,可以间接检查注浆效果。以地质雷达探测法为例,注浆前,掌子面前方软岩松散、空隙率高、富水性强等特点,电磁波在空隙界面上发生多次折射和反射,导致电磁波衰减,雷达图像显示能量衰减显著。注浆后,由于水泥浆充填了原有松散软岩中的空隙,围岩整体性能得到提高,空隙率降低,电磁波在界面反射能耗散减少,雷达图像显示的能量衰减没有注浆之前强,反射波呈现均质性的特征,即波形平直、连续、同向性好,通过对比和分析可以间接验证注浆加固效果。

2)参数分析法

参数分析法主要是通过注浆施工过程 $P-Q-t$ 曲线分析、注浆量时空分布分析、浆液填充率反算分析等方法进行注浆效果检查评价。

(1)$P-Q-t$ 曲线分析法

根据注浆施工过程记录的注浆压力 P 和注浆量 Q 数据,绘制 $P-Q-t$ 曲线,对曲线进行相应的分析,从而检查评价注浆效果。一般来说,注浆过程中如果 $P-t$ 曲线呈逐渐上升的趋势,而 $Q-t$ 曲线呈逐渐下降的趋势,并且在注浆结束时注浆压力达到设计值,这种趋势说明地层被浆液充填良好,注浆效果较好;如果 $P-t$ 曲线与 $Q-t$ 曲线表现出正相关的趋势,则说明存在跑浆通道,浆液在加固圈内存留率低,注浆加固效果较差。由于地层条件复杂,注浆时往往会出现“渗透—挤密—劈裂—挤密”反复交替的过程,$P-Q-t$ 曲线会表现出较为复杂的变化趋势,因此,应根据具体情况,进行合理、准确的分析评价。

(2)注浆量时空分布分析法

注浆量直接反映地层的吸浆能力,从注浆量的变化可以推知地层充填、加固、密实程度。因此,通过分析注浆量时空分布特征与注浆过程的关系,可以掌握浆液的充填情况,从而间接地评价注浆效果。根据注浆顺序,绘制注浆量时间效应分布直方图,如果后序次的注浆量较前序次的注浆量显著降低,则说明通过前序次的注浆,围岩的松散空隙得到有效充填,后期注浆吸浆量减少,注浆效果明显。根据注浆钻孔位置,绘制注浆量空间效应分布图,如果注浆量分布相对均匀,并且注浆量大的孔和注浆量小的孔呈间隔状态,则表明浆液在隧道周边形成均匀稳固的帷幕加固体,注浆效果较好。

(3)浆液充填率反算分析法

根据加固范围内的注浆总量和地层相关参数,可以反算出注浆的充填率,从而评价注浆效果。浆液充填率可以按下式进行计算:

$$\alpha = \frac{\sum Q}{Vn(1+\beta)} \tag{8-6}$$

式中:α——浆液充填率;

$\sum Q$——注浆总量;

V——加固体体积。

一般情况下，地层含水量不大时，浆液充填率应达到70%以上；地层富水时，浆液填充率应达到80%以上。

3）检查孔法

检查孔法是分析评价注浆效果最直接的方法之一，通过对检查孔的出水量测定，取出的岩芯进行分析，能可靠地判识注浆堵水加固效果。检查孔布置应根据注浆实施情况等因素确定，应遵守全面性同时兼顾重点部位的原则，重点部位主要包括：注浆异常段、注浆事故段、地层异常段等可能的薄弱环节。检查孔的数量一般为钻孔总数量的5%～10%，当对注浆的要求变高时，检查孔数量应适当增加。检查孔深度不应超出加固圈范围外，距加固圈各方向界限应保持合适的距离。

检查孔施工过程中，应查看检查孔是否完整，是否缩孔、塌孔，并测定其出水量，一般来说，检查孔允许出水量应小于0.2L/（min·m），亦有学者根据高压富水断层破碎带注浆机理特征，建议检查孔允许出水量可采用为小于2L/（min·m）。对检查孔进行取芯，分析岩芯的完整性、取芯率、岩芯强度等参数，综合评价注浆效果。

4）开挖取样及变形监测

隧道开挖过程中，还应继续对注浆效果进行跟踪和检查分析，通过观察开挖后掌子面附近围岩浆液的充填固结程度，并取样测试围岩的物理力学指标，从而达到宏观上评价注浆效果。同时，密切监测开挖后围岩的变形情况，分析评价注浆效果，指导下一阶段隧道的开挖与支护。

8.5　永莲隧道F2断层左洞注浆实践

吉莲高速公路永莲隧道施工进入F2断层后，进口左右洞发生多次规模大、破坏性强的突水突泥灾害，严重影响了施工安全和施工进程。为保证围岩稳定性、避免结构继续破坏失稳，防止更恶劣的工程事故的发生，经多方评估和论证，确定采用帷幕注浆加固法处置F2断层突水突泥地质灾害。以下以隧道进口左洞ZK91+310～ZK91+340治理段为例，将断层突水突泥注浆治理技术体系应用于实际。

8.5.1　断层地质信息探测

注浆实施前，应查明隧道掌子面前方及周边围岩水文地质条件、F2断层突水突泥通道、地下水分布情况、断层岩特征等信息，为后续注浆孔设计和优化提供依据。结合隧道现场实际具备的探测条件，采用瞬变电磁、地质雷达和钻探综合的方法，对隧道断层地质信息进行了探测。

（1）瞬变电磁探测

根据现场情况，由于边墙与顶板已经进行了二次衬砌支护，存在大量的钢拱架和钢筋网片，这些对瞬变电磁探测存在极大的干扰，探测结果无法提供可用的参考资料，因此本次探测主要针对掌子面（ZK91+310）前方围岩。掌子面探测方案如下：采用固定回线源阵列式多分量探测方法，利用6m×6m×4匝的发射回线，在回线内部设置81个阵列式接收点；具体布置及实施情况如图8-21和图8-22所示，在每个点均进行三分量数据采集。

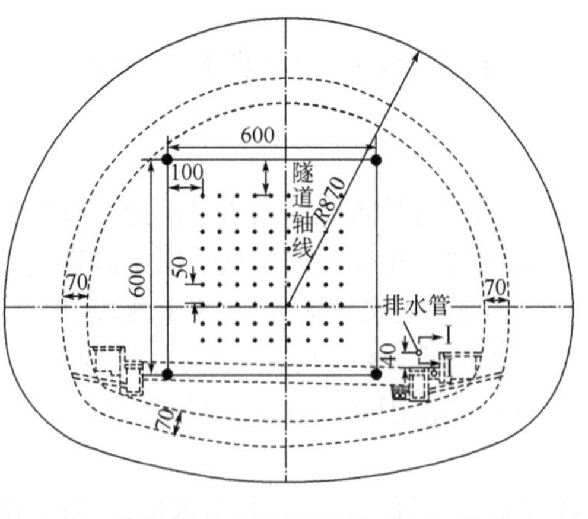

图 8-21　掌子面前方探测布置示意图(尺寸单位:cm)

图 8-22　现场探测实施

瞬变电磁探测结束后,对采集到的信息进行反演分析,得到掌子面前方 60m 范围内围岩整体电阻率分布如图 8-23 所示。从图中可以看出,ZK91 + 310 ~ ZK91 + 325 段开挖轮廓范围内大部分为低电阻异常区,仅在 ZK91 + 316 ~ ZK91 + 325 段右侧和右拱肩位置存在小范围高电阻率区域,因此,可以推断该段掌子面前方围岩极其破碎,主要为突泥体或泥质充填物,分析施工资料可知,局部稍好的围岩,是由于前期注浆加固的原因。ZK91 + 325 ~ ZK91 + 370 段围岩整体也呈现为低电阻率,并且电阻率比前段围岩更低,说明该段围岩条件更差,围岩主要以泥质充填物为主。通过探测可以得知,掌子面前方围岩富水破碎,强度极低,注浆设计施工时应特别注意。

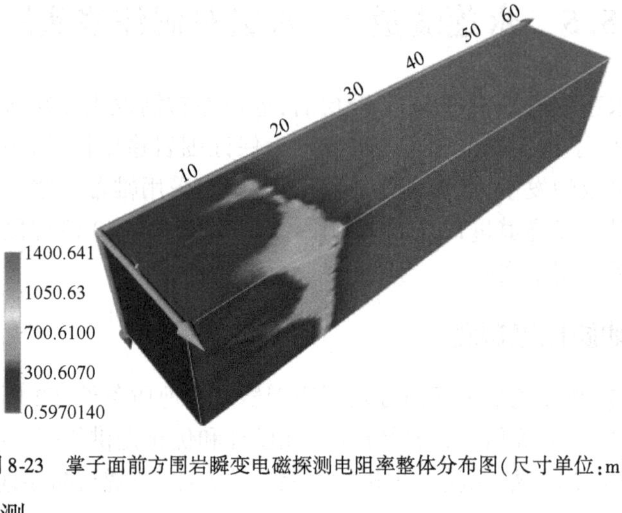

图 8-23　掌子面前方围岩瞬变电磁探测电阻率整体分布图(尺寸单位:m)

(2)地质雷达探测

针对瞬变电磁探测的不足,为进一步查清掌子面前方及两侧和拱顶的围岩和地下水情况,对隧道左洞掌子面、左右侧帮开展了地质雷达探测。地质雷达天线的主频为 100MHz,采集点数 1024,掌子面探测深度 20m,两侧壁探测深度 15m。

地质雷达探测结束后,对采集到的信息进行解译分析,得到雷达探测成果如图 8-24 所示。根据掌子面、左右侧帮的探测结果,整体上看,探测区段围岩负反射较强,含水率较高;同相轴连续性差,围岩破碎,强度不高,整体可以判定围岩等级为 V 级,局部为 V + 级,以泥质充填为主。另外,掌子面中部前方 11 ~ 15m 处(ZK91 + 321 ~ ZK91 + 325 段)同相轴不连续,围岩破碎,围岩含水率高,可能存在明显的过水通道,帷幕注浆设计施工时应作为重点加固区段,缩短注浆段长,进行强化;掌子面右部前方 16 ~ 19m 处(ZK91 + 326 ~ ZK91 + 329 段),同相轴完整性差,含水反射强烈,围岩完整性很差,可能为局部强含水泥质充填,也应作为设计施工重点区域进行调整和优化。

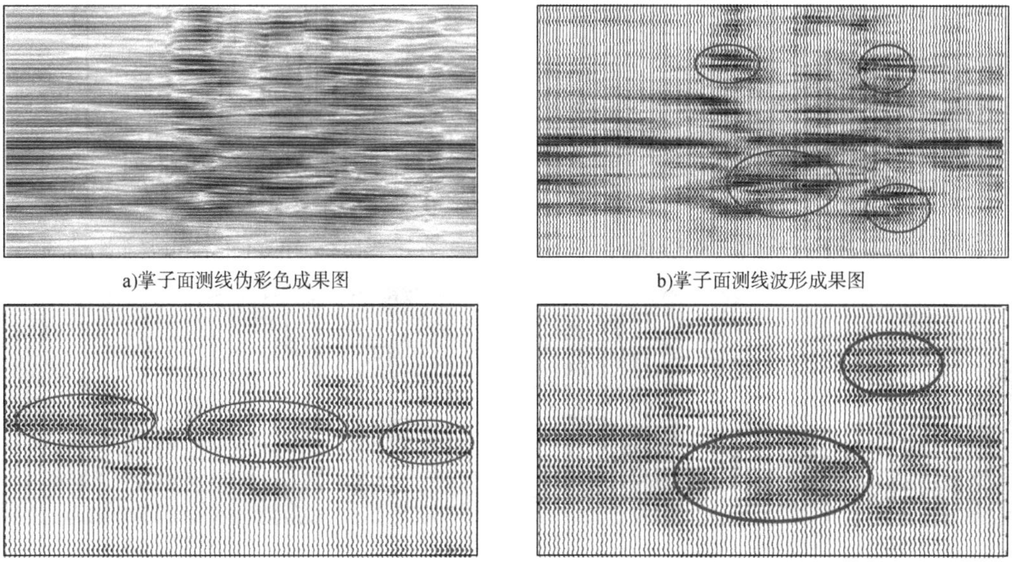

a)掌子面测线伪彩色成果图　　b)掌子面测线波形成果图

c)左侧壁测线波形成果图　　d)右侧壁测线波形成果图

图 8-24　地质雷达探测成果

(3)钻探

考虑现场条件及施工进度和安全等因素,采用在注浆施工过程中实行钻探,即,在注浆施工过程中,钻孔不仅起到作为浆液进入地层通道的作用,还可以起到探测观察的作用。根据注浆施工钻孔揭露的岩性和地下水分布情况,作为钻孔探测结果,进而对注浆过程进行动态调整和控制。

8.5.2　注浆设计及实施

(1)止浆墙的设计及施作

由于 ZK91 +316 处发生多次多突水突泥,淤泥掩埋隧道较长范围,贸然清淤至突泥口附近有相当大的风险性,同时,考虑到止浆墙整体稳定性和注浆施工的要求,经研究决定,将止浆墙设置在 ZK91 +310 处,厚度设计为 3m。根据现场条件,隧道进口左洞 ZK91 +310 ~ ZK91 +340 治理段采用单级平面型混凝土止浆墙,止浆墙材料为 C25 混凝土。周边通过打设径向锚杆与围岩锚固,增强止浆墙稳固性。采用钢管桩对软弱基础进行处理。下部预留排水管,将止浆墙后的涌水集中引排。拱部预留注浆管,以注浆封堵止浆墙拱顶与拱肩部位与围岩体之间的缝隙,确保止浆墙严密,止浆墙背面 ZK91 +313 ~ ZK91 +318 段上部已开挖上导坑采用洞渣及砂浆回填。止浆墙的设计形式及部分施工过程如图 8-25 ~ 图 8-27 所示。

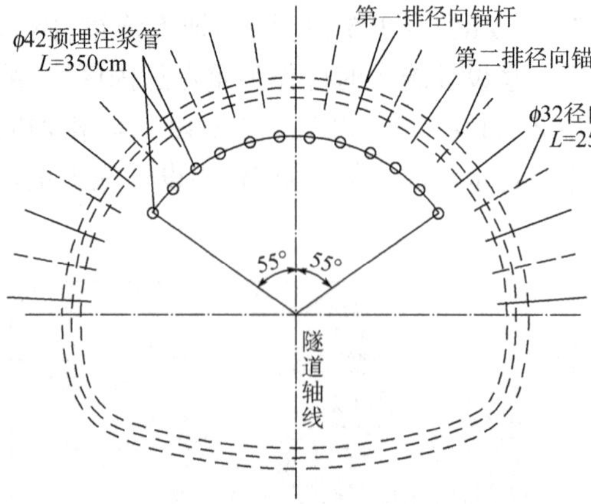

图 8-25　止浆墙横断面图

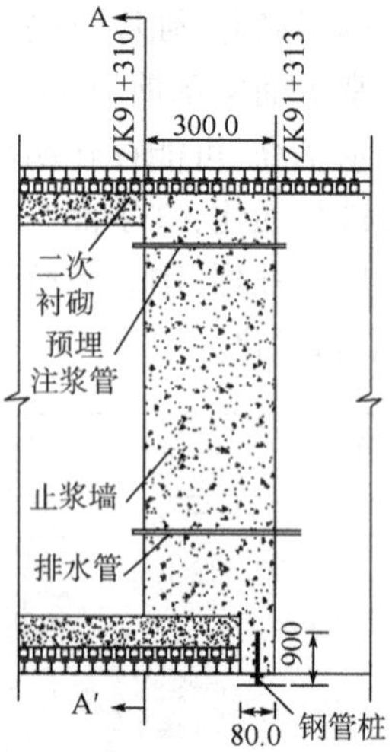

图 8-26　止浆墙侧面图(尺寸单位:cm)

a)径向锚杆施作　b)注浆管埋设　c)止浆墙成形

图 8-27　止浆墙施工

(2)注浆孔布置

根据相关理论、结合隧道现场地质条件等因素,对 ZK91 +310 ~ ZK91 +340 治理段采用全断面帷幕注浆进行加固。设计注浆加固圈厚度为 8m,浆液扩散半径 2m,终孔间距 3.15m 左右控制。治理段平均划分为三个注浆段,各加固区段均为 10m,具体开孔及终孔布置如图 8-28 所示。

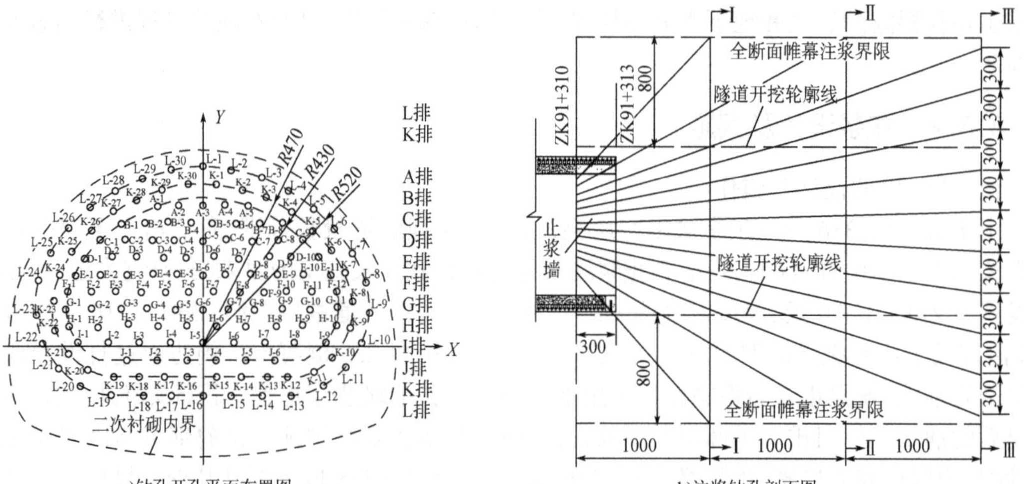

a)钻孔开孔平面布置图　b)注浆钻孔剖面图

图　8-28

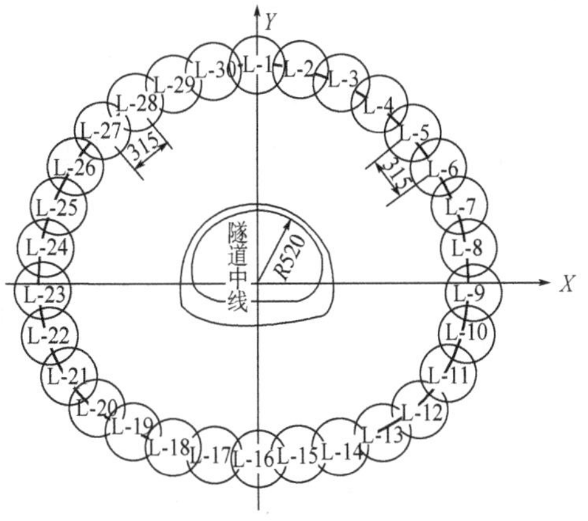

c)Ⅰ－Ⅰ断面终孔交圈图

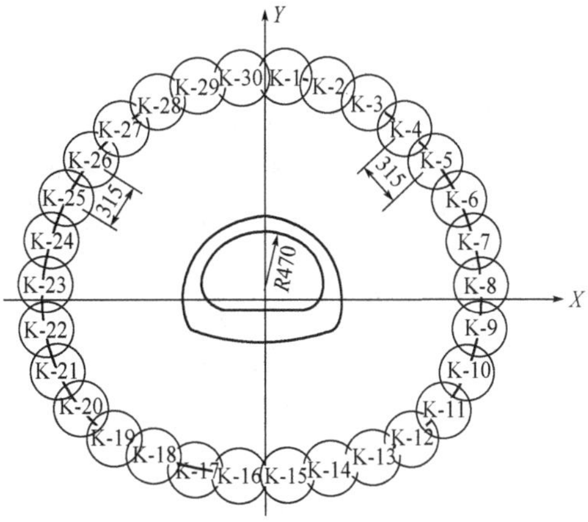

d)Ⅱ－Ⅱ断面终孔交圈图

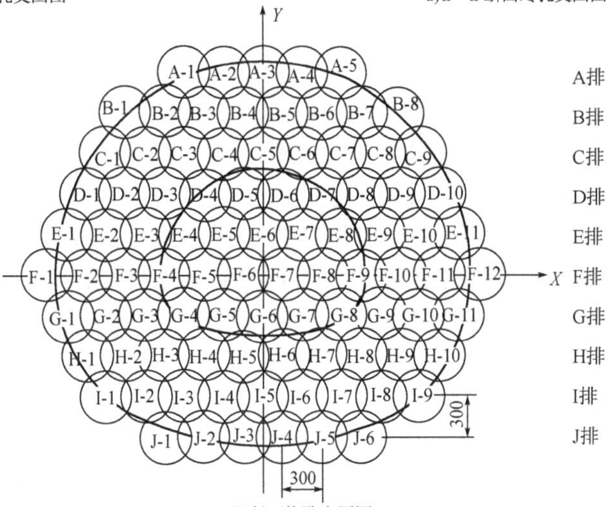

e)Ⅲ－Ⅲ断面终孔交圈图

图8-28　ZK91＋310～ZK91＋340注浆治理段钻孔布置(尺寸单位:cm)

(3)注浆材料

突水突泥发生后,断层破碎带岩体极其松散破碎、富水甚至呈泥质流塑状态,在此种条件下,所选材料应具有良好的可注性、耐久性,并具有早强、高强、凝结时间可控等特性。结合治理技术体系要求,本次注浆治理综合采用了单液水泥浆、水泥-水玻璃双液浆以及新型可控速凝膏状体注浆材料(GT-1)。施工中,单液水泥浆浓度一般控制在1.3～1.70g/cm^3,并根据实际需要进行调整。水泥—水玻璃双液浆的水玻璃浓度控制在35%～42%之间,水泥水玻璃体积比控制在1∶1～3∶1之间;注浆前进行凝固配合比试验,掌握其凝固时间和固结体强度,以保证注浆加固质量。新型可控速凝膏状体注浆材料(GT-1)具有初终凝时间可调、扩散控制性好、动水抗分散、早期强度高、环保无毒等优点。该材料适用于围岩破碎裂隙发育、浆液留存少、地下水流动快等条件下,具有普通浆液难以达到的效果。

根据以上注浆材料各自的特点,取长补短,综合使用。注浆帷幕界限区域和富水区域,为控制浆液扩散范围,使用新型可控速凝膏状体注浆材料GT-1。开挖轮廓线外2m范围内,使用水泥单液浆以提高地层强度。其他注浆加固范围内主要使用水泥单液浆及水泥-水玻璃双液浆，通过交替注浆方式注入，并根据钻孔揭露地层实际情况灵活使用。

(4)注浆压力

根据前述治理体系分析，并结合本工程地下水压力、地层特点及加固要求，左洞超前帷幕钻孔第1～2注浆段注浆终压设计为3MPa，其他各注浆段注浆终压设计为4～6MPa，具体注浆压力控制根据浆液消耗情况及揭露围岩情况进行调整。

(5)注浆顺序及注浆方式

结合本工程实际，注浆采用由外到内，从下往上分三序孔施工的原则；其中，水平方向上采取跳孔原则，垂直方向上采取隔行跳排原则。根据前述分析，采用前进式分段注浆，注浆段长初定为5m，施工过程中，根据实际情况合理调整。

(6)注浆结束标准

根据本工程特点，注浆结束标准采用建立的治理技术体系相关结论，以定量和定压进行控制，以保证注浆质量和效果。

(7)注浆过程及控制技术

钻孔注浆施工流程按照前述流程进行，施工过程严格按照有关操作规程进行，确保了注浆过程质量及施工过程安全，施工过程中未出现技术和安全事故。此外，由于永莲隧道断层突水突泥注浆治理工程难度较大，在一定的时间和成本内，单靠一种方法或普通的注浆工艺是难以实现的，因此，在施工过程中，采用了分层渐进式精细化控制注浆技术。该技术通过对注浆材料的配合比调节，控制浆液的凝胶固化时间，实现了控制浆液扩散状态的目的；采用高压、密孔、多种材料、反复强化的注浆方式，通过适当提高注浆压力增加浆脉数量和宽度，局部强化加密钻孔，从而减小注浆盲区，保证了注浆效果；在施工过程中进行质量过程控制，严格检查反复强化，保证了注浆过程质量及效果。

8.5.3 注浆效果评价

注浆结束后，结合本工程实际情况，综合采用了 $P-Q-t$ 分析法、注浆量分析法、检查孔法等多种手段，对左洞帷幕注浆效果进行了系统的分析和评价。

(1) $P-Q-t$ 曲线分析

钻孔注浆过程中，对注浆压力、注浆量进行实时跟踪记录，并分析其变化规律，评价注浆效果。以掌子面右侧典型钻孔E11为例，选取20～25m、25～30m注浆段，绘制得到注浆过程中的 $P-Q-t$ 曲线，如图8-29所示。

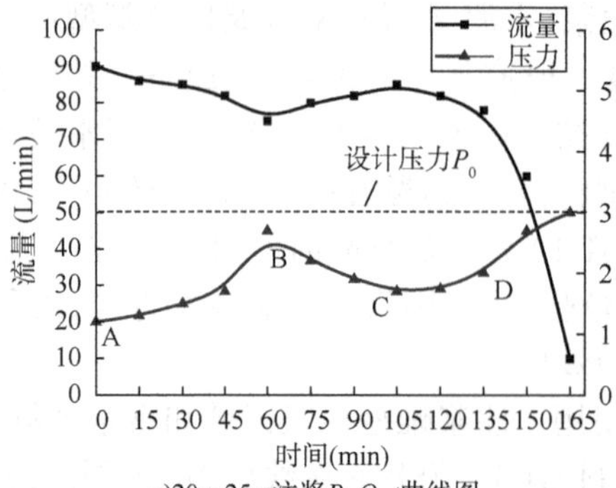

a)20～25m注浆P–Q–t曲线图

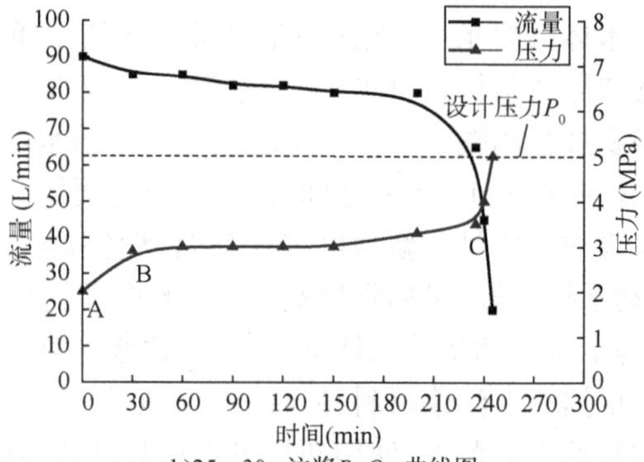

b)25～30m注浆P–Q–t曲线图

图8-29 钻孔E11注浆过程 $P-Q-t$ 曲线

分析图 8-29a) 可知，该段注浆时，注浆压力先逐步升高，注浆速率逐渐降低，在 B 时刻压力达到峰值，并发生劈裂作用，形成新的扩展通道，浆液扩展范围增大；劈裂后，注浆压力先降低后急剧上升，并最终达到设计压力，流量也呈现出同步的负相关趋势，说明浆液在岩土体中完成了劈裂-渗透的注浆转换过程，注浆充填加固作用得到强化。由图 8-29b) 可知，该段注浆时，注浆压力先迅速提升，完成挤密-渗透的注浆转换过程；随后较长一段时间，注浆压力提升不显著，注浆速率变化较小，说明浆液在空隙和导水通道内持续充填扩散，注浆孔周边岩体得到有效加固；后期注浆压力骤然升高至设计压力，注浆速率急剧降低时，说明岩体已被充填较饱和密实。综合分析 $P-Q-t$ 曲线特征，说明通过“劈裂-挤密-充填-渗透”的联合注浆过程，断层破碎围岩得到很好的充填加固，注浆效果明显。

(2) 注浆量分析

注浆结束后，对注浆量进行了多角度的分析，系统地评价了注浆效果。分析时，按照注浆顺序将加固区域划分为第一环注浆区、第二环注浆区、第三环注浆区、第四环注浆区及内部注浆区 5 个区域；其中，第一环注浆区为 L 圈钻孔，第二环注浆区为 K 圈钻孔，第三环注浆区为 A 排、J 排钻孔及剩余各排两端钻孔，第四环注浆区为靠近第三环钻孔，内部注浆区为余下钻孔。

不同注浆区每延米耗浆量分布如图 8-30 所示，分析可知，由于各注浆区揭露的地质条件存在差异，各注浆区的耗浆量有一定的差别，第三环和第四环耗浆量较大，第一、二环耗浆量次之，内部注浆区耗浆量最小，说明经过外围注浆帷幕的施作，内部注浆区耗浆量大幅减少，浆液扩散有效控制在加固圈范围内。以第一环注浆区不同序列钻孔注浆量空间分布为例，如图 8-31所示，分析可知，第二序钻孔浆量总体上较第一序的耗浆量降低较多，说明第一序钻孔注浆后对围岩起到了较大的改善作用，导致第二序钻孔注浆时较快收敛，注浆效果较好。

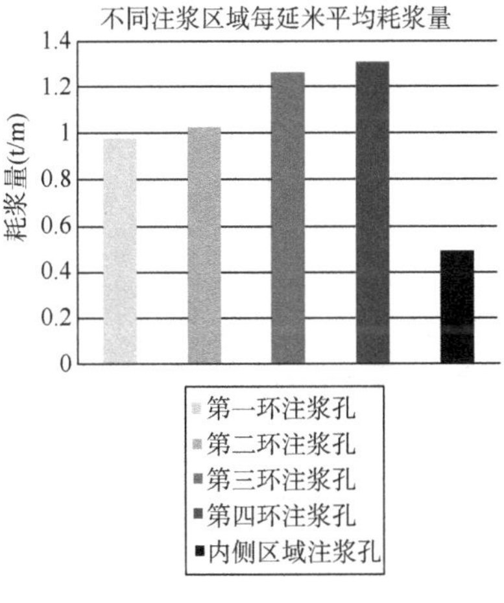

图 8-30　各注浆区每延米耗浆量直方图

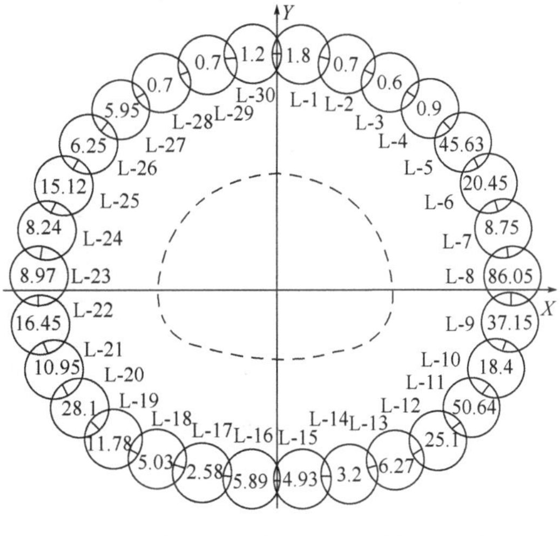

图 8-31　第一环注浆区钻孔耗浆量空间分布

(3) 检查孔分析

注浆结束后，根据本工程特点，施作一定数量的检查孔，分析可知，岩芯主要为硬塑状断层岩，断层泥、大量杂角砾岩，且岩芯内可见大量水泥劈裂面及水泥与断层泥胶结界面，注浆效果显著。

(4)注浆开挖情况

注浆治理后,隧道左洞开挖揭露大面积的充填浆液和浆脉(图8-32),围岩变形较小,说明本次注浆治理效果良好,在F2断层破碎带松散充水介质内起到了有效的加固和阻水作用,提高了隧道围岩的整体稳定性,具有很好的工程意义。

a)　　b)

图8-32　隧道开挖揭露浆脉情况

8.6　永莲隧道F2断层右洞注浆实践

受永莲隧道F2断层影响,永莲隧道左右洞突水突泥位置较为接近,两条隧道的断层注浆加固治理存在交互影响,因此,针对永莲隧道F2断层进口左洞、右洞及中隔岩柱部分进行联合注浆加固。联合治理注浆总体设计如图8-33所示。

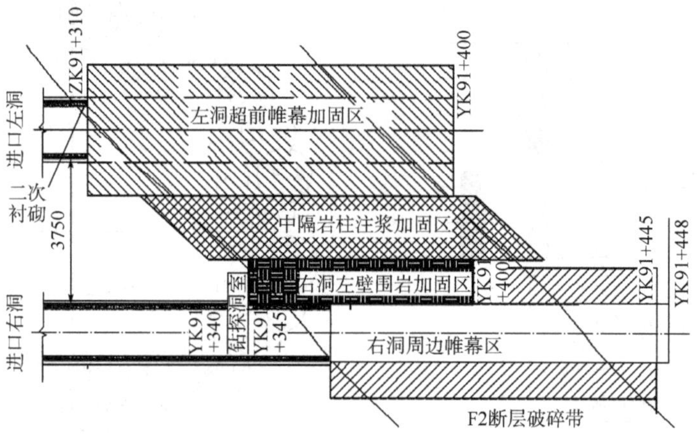

图8-33　左右洞联合治理注浆总体设计(尺寸单位:cm)

针对左洞、右洞分别进行超前帷幕注浆加固,与此同时,由右洞施作横向洞室,开展左右洞中隔岩柱的超前注浆加固工作,左右洞中隔岩柱注浆钻孔布置如图8-34所示。右洞与左右洞中隔岩柱注浆材料选型、注浆钻孔设计原则、注浆参数选择均与左洞帷幕注浆基本一致。

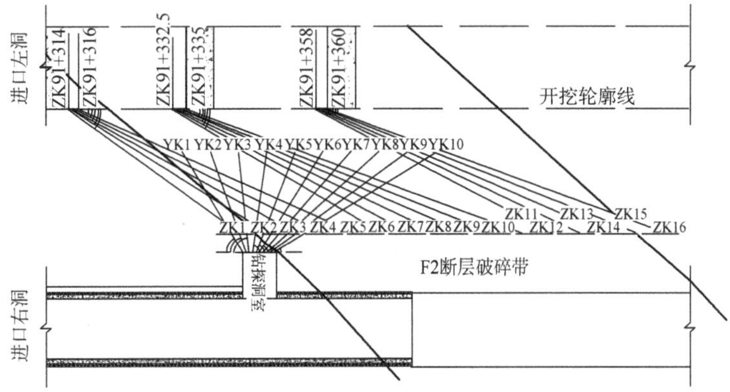

图 8-34　左右洞中隔岩柱注浆钻孔布置

经过近 2 年的 F2 断层注浆加固治理与隧道开挖工作，吉莲高速公路永莲隧道已安全贯通（图 8-35）。

图 8-35　永莲隧道建成通车

参 考 文 献

[1] 钱七虎. 地下工程建设安全面临的挑战与对策[J]. 岩石力学与工程学报,2012,31(10):1945-1956.

[2] 王德明. 泥质断层破碎带隧道突水突泥灾变机理研究及应用[D]. 济南:山东大学,2017.

[3] 张梅,张民庆,黄鸿健,等. 龙厦铁路象山隧道岩溶区段施工技术研究[J]. 铁道工程学报,2011,9:75-82.

[4] 黄鑫,许振浩,林鹏,等. 隧道突水突泥致灾构造识别方法及其工程应用[J]. 应用基础与工程科学学报,2020,28(1):103-122.

[5] 苏昌,陈海洋,周宁,等. 平阳隧道岩溶突水类型与形成机理研究[J]. 资源环境与工程,2012,1:7-10.

[6] 张民庆,刘招伟. 圆梁山隧道岩溶突水特征分析[J]. 岩土工程学报,2005,27(4):422-426.

[7] 黄劲,荆周宝,李哲,等. 三黎高速盘岭隧道富水断层破碎带突水突泥灾害处治[J]. 华东公路,2015,3:71-74.

[8] 翁贤杰. 富水断层破碎带隧道突水突泥机理及注浆治理技术研究[D]. 济南:山东大学,2014.

[9] 朱建群,李天正. 基于突变理论的岩溶隧道突水突泥风险评估模型及其应用研究[J]. 中南大学学报(英文版),2020,27(5):1587-1598.

[10] 王刚. 隧道富水地层帷幕注浆加固圈参数及稳定性研究[D]. 济南:山东大学,2014.

[11] Shi L Q,Singh R N. Study of mine water in rush from floor strata through faults[J]. Mine Water and the Environment,2001,20(3):140-147.

[12] 黎良杰,钱鸣高,李树刚. 断层突水机理分析[J]. 煤炭学报,1996,21(2):119-123.

[13] 卜万奎,茅献彪. 断层倾角对断层活化及底板突水的影响研究[J]. 岩石力学与工程学报,2009,28(2):386-394.

[14] 李晓昭,罗国煜,陈忠胜. 地下工程突水的断裂变形活化导水机制[J]. 岩土工程学报,2002,24(6):695-700.

[15] 孟召平,易武,兰华,等. 开滦范各庄井田突水特征及煤层底板突水地质条件分析[J]. 岩石力学与工程学报,2009,28(2):228-237.

[16] 李相辉. 隧道突泥灾害致灾介质失稳破坏机理研究[D]. 济南:山东大学,2019.

[17] 罗雄文,何发亮. 深长隧道突水致灾构造及其突水模式研究[J]. 现代隧道技术,2014,1(6):21-25.

[18] 陈忠辉,胡正平,李辉,等. 煤矿隐伏断层突水的断裂力学模型及力学判据[J]. 中国矿业大学学报,2011,40(5):673-677.

[19] LOMIZE G M. Flow in fractured rocks[M]. Moscow:Gesenergoizdat,1951.

[20] ROMM E S. Flow characteristics of fractured rocks[M]. Moscow:Nedra,1966.

[21] Louis C. Rock hydraulics in rock mechanics[M]. New York:Verlay Wien,1975:254-325.

[22] 孟凡树,王迎超,焦庆磊,等.断层破碎带突水最小安全厚度的筒仓理论分析[J].哈尔滨工业大学学报,2020,52(2):89-95.

[23] Seidel J P,Chris M,et al. A theoretical model for rock joints subjected to constant normal stiffness direct shear[J]. International Journal of Rock Mechanics & Mining Seiences,2002,39:539-553.

[24] Malama B,Kulatilake P H. Models for normal fraeture deformation under compressive loading[J]. International Journal of Rock Mechanies & Mining Seienees,2003,40:893-901.

[25] 张庆艳,陈卫忠,袁敬强,等.断层破碎带突水突泥演化特征试验研究[J].岩土力学,2020,41(6):1911-1922+1932.

[26] Christian,WolkersdoorferRob,Bowell. Contemporary reviews of mine water studies in Europe[J]. Mine Water and the Environment,2004,23:161.

[27] Archambault G,Poirier S,Rouleau A,et al. The behavior of induced Pore fluid pressure in undrained triaxial shear test on fractured porous anology rock material specimens[C]. Mechanics of Jointed and Faulted Rock MJFR-3,Rossmaniehed:1998.

[28] 赵阳升.多孔介质多场耦合作用及其工程响应[M].北京:科学出版社,2010.

[29] 周瑞光,成彬芳,叶贵钧,等.断层破碎带突水的时效特性研究[J].工程地质学报,2000,8(4):411-415.

[30] 王月英,姚军,黄朝琴.裂隙岩体流动模型综述[J].大庆石油学院学报,2011,5:42-48.

[31] 刘杰.土的渗透稳定与渗流控制[M].北京:水利电力出版社,1992.

[32] Sherard J L, Dunnigan L P, Talbot J R. Basic properties of sand and gravel filters[J]. Geotechnical Engineering,1984,110(6):684-700.

[33] 刘杰.无黏性土的孔隙直径及渗流特性[C]//水利水电科学研究院.水利水电科学研究院科学研究论文集:第8集.北京:水利出版社,1982:106-113.

[34] 杨天鸿,陈仕阔,朱万成,等.矿井岩体破坏突水机制及非线性渗流模型初探[J].岩石力学与工程学报,2008,27(7):1411-1416.

[35] 姚邦华,茅献彪,魏建平,等.考虑颗粒迁移的陷落柱流固耦合动力学模型研究[J].中国矿业大学学报,2014,43(1):30-35.

[36] 李文平,刘启蒙,孙如华.构造破碎带滞后突水渗流转换理论与试验研究[J].煤炭科学技术,2011,39(11):10-13.

[37] 张金才,王建学.岩体应力与渗流的耦合及其工程应用[J].岩石力学与工程学报,2006,25(10):1981-1989.

[38] 黄鑫,林鹏,许振浩,等.岩溶隧道突水突泥防突评判方法及其工程应用[J].中南大学学报(自然科学版),2018,49(10):2533-2544.

[39] 李利平,李术才,石少帅,等.基于应力-渗流-损伤耦合效应的断层活化突水机制研究[J].岩石力学与工程学报(S),2011,30(5):3295-3304.

[40] Zhang X, Sanderson D J, Barker A J. Numerical study of fluid flow of deforming fractured rocks using dual permeability model[J]. Geophysical Journal international, 2002, 151:452-468.

[41] 王媛,陆宇光,倪小东,等.深埋隧洞开挖过程中突水与突泥的机理研究[J].水利学报,2011,42(5):595-601.
[42] 陆银龙.渗流—应力耦合作用下岩石损伤破裂演化模型与煤层底板突水机理研究[D].徐州:中国矿业大学,2013.
[43] 朱维申,张乾兵,李勇,等.真三轴荷载条件下大型地质力学模型试验系统的研制及其应用[J].岩石力学与工程学报,2010,29(1):1-7.
[44] 李晓昭,黄震,许振浩,等.隧道突水突泥致灾构造及其多尺度精细观测技术[J].中国公路学报,2018,31(10):79-90.
[45] 张强勇,陈旭光,林波,等.高地应力真三维加载模型试验系统的研制及其应用[J].岩土工程学报,2010,32(10):1588-1593.
[46] 姜耀东,王涛,宋义敏,等.煤岩组合结构失稳滑动过程的实验研究[J].煤炭学报,2013,38(2):177-182.
[47] 李术才,王凯,李利平,等.海底隧道新型可拓展突水模型试验系统的研制及应用[J].岩石力学与工程学报,2014,33(12):2409-2418.
[48] 王家臣,李见波,徐高明.导水陷落柱突水模拟试验台研制及应用[J].采矿与安全工程学报,2010,27(3):305-309.
[49] 李术才,许振浩,黄鑫,等.隧道突水突泥致灾构造分类、地质判识、孕灾模式与典型案例分析[J].岩石力学与工程学报,2018,37(5):1041-1069.
[50] 陈红江,李夕兵,刘爱华,等.水下开采顶板突水相似物理模型试验研究[J].中国矿业大学学报,2010,39(6):854-859.
[51] 王路珍,陈占清,孔海陵,等.渗透压力和初始孔隙度对破碎泥岩变质量渗流影响的试验研究[J].采矿与安全工程学报,2014,31(3):462-475.
[52] 刘志达.断层对工作面顶板涌突水的影响分析及应用研究[M].青岛:山东科技大学,2014.
[53] 张民庆,彭峰,邹明波,等.铁路隧道不良地质突水突泥治理技术与工程应用[J].铁道工程学报,2013,9:65-71.
[54] 周宗青,李术才,李利平,等.特长深埋隧道基岩裂隙水探测与应用研究[J].地下空间与工程学报,2012,1:99-104.
[55] 刘伟.锦屏一级水电站左岸坝肩及以上边坡深拉裂岩体力学变形参数研究[M].成都:成都理工大学,2011.
[56] 宗义江.深部破裂围岩蠕变力学特性与本构模型研究[D].徐州:中国矿业大学,2013.
[57] 耿萍,权乾龙,王少锋,等.隧道施工突水突泥形成过程及受断层倾角影响研究[J].现代隧道技术,2015,5:102-109.
[58] 方琼,段中满.湖南省地形地貌与地质灾害分布关系分析[J].中国地质灾害与防治学报,2012,2:83-88.
[59] 李静.现阶段我国地质灾害主要组成部分分析[J].华夏地理,2015,2:127-129.
[60] 曾佳龙.矿山深部开采水力通风换热机动力源研究[M].长沙:中南大学,2014.
[61] 张俊栋.矿井涌水资源化利用分析[J].工业安全与环保,2010,7:42-43.

[62] 吴晓旭. 基于局部自适应稀疏约束的图像去模糊[M]. 大连:大连理工大学,2014.
[63] 常刚. 高承压水上带压开采二 1 煤构造扰动底板阻渗性研究[M]. 徐州:中国矿业大学,2014.
[64] 吴启红. 矿山复杂多层采空区稳定性综合分析及安全治理研究[D]. 长沙:中南大学,2010.
[65] 李建新,王来贵. 降雨诱发浅伏采空区上方地表塌陷机理[J]. 辽宁工程技术大学学报(自然科学版),2013,1:50-54.
[66] 周国恩. 基于 ANP 与模糊理论的寒区隧道冻害风险评估与管理研究[J]. 现代隧道技术,2013,50(2):60-66.
[67] 翁其能,吴秉其,向帅,等. 隧道涌水突泥风险评价模型研究[J]. 重庆交通大学学报(自然科学版),2012,31(5):944-947.
[68] 谢理想,赵光明,孟祥瑞. 软岩及混凝土材料损伤型黏弹性动态本构模型研究[J]. 岩石力学与工程学报,2013,32(4):857-864.
[69] 李树忱,冯现大,李术才,等. 新型固流耦合相似材料的研制及其应用[J]. 岩石力学与工程学报,2010,29(2):281-288.
[70] 周丁恒,曹力桥,房师涛,等. 特大断面隧道支护结构现场试验与三维效应分析[J]. 土木工程学报,2011,44(2):136-142.
[71] 吴顺川,周喻,高斌. 卸载岩爆试验及 PFC3D 数值模拟研究[J]. 岩石力学与工程学报,2010,29(增 2):4082-4088.
[72] 郑泽源. 水工隧道断层破碎带段掌子面稳定性分析方法研究[D]. 长沙:中南大学,2012.
[73] 翁贤杰. 富水断层破碎带隧道突水突泥机理及注浆治理技术研究[M]. 济南:山东大学,2014.
[74] 高晓杰,李召峰,林久卿,等. 滨海潮汐岩溶地表软土注浆技术研究与应用[J]. 浙江大学学报(工学版),2023,57(3):552-561.
[75] 郭景琢,郑刚,赵林嵩,等. 多排孔注浆引起土体变形与孔压规律试验研究[J]. 岩土力学,2023,44(3):896-907.
[76] 徐良骥,张坤,刘潇鹏,等. 离层注浆开采关键层变形特征及地表沉陷控制效应[J]. 煤炭学报,2023,48(2):931-942.
[77] LI Shu-cai,LI Guo-ying. Effect of heterogeneity on mechanical and acoustic emission characteristics of rock specimen[J]. 中南大学学报(英文版),2010,17:1119-1124.
[78] 李术才,李利平,孙子正,等. 超长定向钻注装备关键技术分析及发展趋势[J]. 岩土力学,2023,44(1):1-30.
[79] 曾志鹏,宋小艳,孙勇,等. 聚氨酯/水玻璃注浆材料固化过程中的微观结构和力学性能[J]. 材料研究学报,2022,36(11):855-861.
[80] 潘锐,王雷,王凤云,等. 破碎围岩下注浆锚索锚固性能及参数试验研究[J]. 采矿与安全工程学报,2022,39(6):1108-1115.
[81] 李培楠,朱合华,李晓军,等. 大断面异形盾构同步注浆两阶段复合扩散机制及压力时空分布模式[J]. 土木工程学报,2023,56(3):90-106.

[82] 张润畦,徐斌,尹尚先,等. 水泥基注浆材料析水时变特性量化试验研究[J]. 煤田地质与勘探,2022,50(11):153-161.
[83] 赵帅,张东明,邵华,等. 盾构隧道微扰动注浆对土体强度和衬砌横向收敛的影响[J]. 同济大学学报(自然科学版),2022,50(8):1145-1153.
[84] 李术才,张霄,张庆松,等. 地下工程涌突水注浆止水浆液扩散机制和封堵方法研究[J]. 岩石力学与工程学报,2011(12):2377-2396.
[85] 刘人太. 水泥基速凝浆液地下水工程动水注浆封堵机理及应用研究[D]. 济南:山东大学,2012.
[86] Karol R H. Chemical Grouts and Their Properties [C]//Grouting in Geotechnical Engineering,ASCE,2010.
[87] Karol R H. Chemical Grouting and Soil Stabilization [M]. New York:Marcel Dekker,2003.
[88] Borden R H,Krizek R J,Baker W H. Creep Behavior of Silicate-Grouted Sand[C]//Grouting in Geotechnical Engineering,ASCE,2011.
[89] 吴悦,刘丰铭,赵春风,等. 加卸荷工况对注浆砂土-混凝土接触面剪切特性影响[J]. 工程科学与技术,2022,54(5):103-110.
[90] 孙勇,牛建东,陈康,等. 砂砾土注浆结石体抗冲刷特性试验研究[J]. 铁道科学与工程学报,2023,20(3):931-940.
[91] 彭锐,张升,叶新宇,等. 应用于压密注浆土钉的土工织物反滤性能试验研究[J]. 岩土力学,2022,43(S1):339-347.
[92] 陈昌富,李伟,朱世民,等. 基于黏弹—塑性圆孔扩张理论压力注浆锚杆锚—土界面黏结强度计算方法[J]. 中国公路学报,2023,36(2):41-51.
[93] 张升,彭锐,叶新宇,等. 土工织物应用于新型压密注浆土钉的试验研究[J]. 岩土工程学报,2022,44(9):1733-1740.
[94] 刘孝孔,绪瑞华,赵艳鹏,等. 邻近厚松散层既有立井井筒地面注浆地层加固技术[J]. 煤炭科学技术,2022,50(7):127-134.
[95] 王庆磊,朱永全,李文江,等. 考虑黏度空间衰减的宾汉姆流体柱形渗透注浆机制研究[J]. 岩石力学与工程学报,2022,41(8):1647-1658.
[96] Liu H Y,Kou S Q,Lindqvist P A. Numerical simulation of the fracture process in cutting heterogeneous brittle material[J]. International Journal for Numerical and Analytical Methods in Geomechanics,2002,26(13):1253-1278.
[97] Liu H Y,Roquete M,Kou S Q,et al. Characterization of rock heterogeneity and numerical verification[J]. Engineering Geology,2004,72(1/2):89-119.
[98]《岩土注浆理论与工程实例》协作组,邝健政,等. 岩土注浆理论与工程实例[M]. 北京:科学出版社,2001.
[99] 崔玖江. 隧道与地下工程修建技术[M]. 北京:科学出版社,2005.
[100] 何修仁. 注浆加固与堵水[M]. 沈阳:东北工学院出版社,1990.
[101] 傅鹤林,安鹏涛,成国文,等. 考虑注浆圈与复合衬砌时体外排水方式设计[J]. 湖南大学学报(自然科学版),2022,49(1):174-182.

[102] 董书宁,柳昭星,王皓,等. 导水断层破碎带注浆浆液扩散机制试验研究[J]. 采矿与安全工程学报,2022,39(1):174-183.

[103] 余永强,张纪云,范利丹,等. 高温富水环境下裂隙岩体注浆试验装置研制及浆液扩散规律[J]. 煤炭学报,2022,47(7):2582-2592.

[104] 傅鹤林,安鹏涛,李凯,等. 隧道富水断层段全断面注浆时的缓冲层厚度研究[J]. 中国铁道科学,2021,42(4):78-87.

[105] 刘向阳,程桦,黎明镜,等. 基于浆液流变性的深埋岩层纵向劈裂注浆理论研究[J]. 岩土力学,2021,42(5):1373-1380+1394.

[106] 王春,王怀彬,熊祖强,等. 承压注浆加固含弱面岩体时的岩-浆抗剪强度耦合机理[J]. 中国有色金属学报,2020,30(11):2758-2772.

[107] 付艳斌,陈湘生,吕桂阳,等. 基于小孔扩张弹塑性理论的注浆起始劈裂压力研究[J]. 中国公路学报,2020,33(12):154-163.

[108] 张庆松,韩伟伟,李术才,等. 灰岩角砾岩破碎带涌水综合注浆治理[J]. 岩石力学与工程学报,2012,31(12):2412-2419.

[109] 李术才,韩伟伟,张庆松,等. 地下工程动水注浆速凝浆液黏度时变特性研究[J]. 岩石力学与工程学报,2013,32(1):1-7.

[110] 张霄,李术才,张庆松,等. 高压裂隙涌水综合治理方法的现场试验[J]. 煤炭学报,2010,35(8):1314-1318.

[111] 张春文. 高压喷射注浆法处理岭澳核电站 DG GB 廊道工后沉降的应用[J]. 电力建设,2002,23(6):16-17.

[112] 战玉宝,宋晓辉,陈明辉. 渗透注浆简介及其发展—岩土注浆理论研究进展[J]. 路基工程,2010(2):20-22.

[113] 李慎刚. 砂性地层渗透注浆试验及工程应用研究[D]. 沈阳:东北大学,2010.

[114] 张连震,李志鹏,张庆松,等. 砂层压密特性及其对劈裂-压密注浆扩散过程的影响[J]. 煤炭学报,2020,45(2):667-675.

[115] 张聪,阳军生,谢亦朋,等. 非均质软弱围岩隧道注浆加固圈分布特性[J]. 交通运输工程学报,2019,19(3):58-70.

[116] 张顶立,孙振宇,陈铁林. 海底隧道复合注浆技术及其工程应用[J]. 岩石力学与工程学报,2019,38(6):1102-1116.

[117] 朱明听,张庆松,李术才,等. 土体劈裂注浆加固主控因素模拟试验[J]. 浙江大学学报(工学版),2018,52(11):2058-2067.

[118] 王洪波,张庆松,刘人太,等. 恒压群孔注浆浆液压力分布理论模型与现场试验[J]. 中国公路学报,2018,31(10):266-273.

[119] 姜鹏,张庆松,刘人太,等. 富水砂层合理注浆终压室内试验[J]. 中国公路学报,2018,31(10):302-310.

[120] 李启月,吴正宇,张电吉. 饱和软黏土路基中布袋注浆桩的挤土效应[J]. 西南交通大学学报,2018,53(5):1026-1032+1047.

[121] 张连震,李志鹏,刘人太,等. 砂层劈裂—压密注浆模拟试验系统研发及试验[J]. 岩土

工程学报,2019,41(4):665-674.
[122] 张连震,张庆松,刘人太,等. 基于浆液—岩体耦合效应的微裂隙岩体注浆理论研究[J]. 岩土工程学报,2018,40(11):2003-2011.
[123] 张连震,刘人太,张庆松,等. 软弱地层劈裂—压密注浆加固效果定量计算方法研究[J]. 岩石力学与工程学报,2018,37(5):1169-1184.
[124] 张连震. 地铁穿越砂层注浆扩散与加固机理及工程应用[D]. 济南:山东大学,2017.
[125] 朱明听. 单一裂隙注浆扩散及封堵机理的数值模拟研究[D]. 济南:山东大学,2013.
[126] SHI G-H. Discontinuous Deformation Analysis:A New Numerical Model for the Statics and Dynamics of Block System [J]. Engineering Computations,1992,9(2):157-168.
[127] Lin C T. Extension to the discontinuous deformation analysis for jointed rock masses and other blocky systems [D]. University of Colorado at Boulder,1995.
[128] 张良辉. 岩土注浆渗流机理及渗流力学[D]. 北京:北方交通大学,1996.
[129] 石达民,吴理云. 关于注浆参数研究的一点探索[J]. 矿山技术,1986,2:14-16.
[130] 杨晓东,刘嘉材. 水泥浆材灌入能力研究[C]//中国水利水电科学院科学研究论文集:第 27 集. 水利电力出版社,1987:184-191.
[131] 刘振兴. 基于平面模型下致密土体劈裂灌浆机理的试验研究[D]. 北京:北京交通大学,2012.
[132] 杨秀竹,王星华,雷金山. 宾汉体浆液扩散半径的研究及应用[J]. 水利学报,2004(6):75-79.
[133] 杨秀竹,雷金山,夏力农,等. 幂律型浆液扩散半径研究[J]. 岩土力学,2005,26(11):112-115.
[134] 杨志全,侯克鹏,郭婷婷,等. 黏度时变性宾汉体浆液的柱-半球形渗透注浆机制研究[J]. 岩土力学,2011,32(9):2697-2703.
[135] 杨志全,侯克鹏,郭婷婷,等. 基于考虑时变性的宾汉姆流体的渗透注浆机理研究[J]. 四川大学学报(工程科学版),2011(S1):67-72.
[136] 叶飞,苟长飞,刘燕鹏,等. 盾构隧道壁后注浆浆液时变半球面扩散模型[J]. 同济大学学报(自然科学版),2012,40(12):1789-1794.
[137] 叶飞,苟长飞,陈治,等. 盾构隧道粘度时变性浆液壁后注浆渗透扩散模型[J]. 中国公路学报,2013(1):127-134.
[138] 刘健,张载松,韩烨,等. 考虑黏度时变性的水泥浆液盾构壁后注浆扩散规律及管片压力模型的试验研究[J]. 岩土力学,2015(2):361-368.
[139] 张连震,张庆松,刘人太,等. 考虑浆液黏度时空变化的速凝浆液渗透注浆扩散机制研究[J]. 岩土力学,2017,38(2):443-452.
[140] Maghou S, Saada Z, Dormieux L, et al. A model for in situ grouting with account for particle filtration[J]. Computers and Geotechnics,2007,34:164-174.
[141] Eklund D, Stille H. Penetrability due to filtration tendency of cement-based grouts[J]. Tunnelling and Underground Space Technology,2008,23(4):389-398.
[142] Axelsson M, Gustafson G, Fransson A. Stop mechanism for cementitious grouts at different

water-to-cement ratios [J]. Tunnelling and Underground Space Technology, 2009, 24: 390-397.

[143] Kim J S, Lee I M, Jane J H, et al. Groutability of cement-based grout with consideration of viscosity and filtration phenomenon [J]. International Journal for Numerical and Analytical Methods in Geomechanics, 2009, 33: 1771-1797.

[144] 冯啸,李术才,刘人太,等. 多孔介质中水泥浆三维锋面特征研究[J]. 岩土力学,2015, 36(11):3171-3179.

[145] 冯啸,刘人太,李术才,等. 考虑深层渗滤效应的水泥浆动界面特征研究[J]. 岩石力学与工程学报,2016,35(5):1000-1008.

[146] 李术才,郑卓,刘人太,等. 基于渗滤效应的多孔介质渗透注浆扩散规律分析[J]. 岩石力学与工程学报,2015,34(12):2401-2409.

[147] Randolph M F, Carter J P, Wroth C P. Driven pile in clay the effect of installation and subsequent consolidation [J]. Geotechnique, 1979, 29(4): 361-393.

[148] Sagaseta C, Houlsby G T, Burd H J. Quasistatic undrained expansion of a cylindrical cavity in clay in the presence of shaft friction and anisotropic initial stresses [C] // Proceeding of Conference on Computational Fluid and Solid Mechanics, 2003: 619-622.

[149] Chow Y K, Teh C I. A theoretical study of pileheave [J]. Geotechnique, 1990, 40(1): 1-14.

[150] Mabsout M E, Tasoulas J L. A finite element model for the simulation of pile driving [J]. International Journal for Numerical Methods in Engineering, 1994, 37(2): 257-278.

[151] 蒋明镜,沈珠江. 考虑剪胀的弹脆塑性软化柱形孔扩张问题[J]. 河海大学学报,1996, 24(4):65-72.

[152] Yu H S, Houlsby G T. Finite cavity expansion in dilatant soils: loading analysis [J]. Geotechnique, 1991, 41(2): 173-183.

[153] 汪鹏程,朱向荣,方鹏飞. 考虑土应变软化及剪胀特性的大应变球孔扩张的问题[J]. 水利学报,2004(9):78-82.

[154] 张忠苗,邹健,何景愈,等. 考虑压滤效应下饱和黏土压密注浆柱扩张理论[J]. 浙江大学学报(工学版),2011,45(11):1980-1984.

[155] 王广国,杜明芳,苗兴城. 压密注浆机理研究及效果检验[J]. 岩石力学与工程学报, 2000,19(5):670-673.

[156] 陈兴年,刘国彬,侯学渊. 挤压注浆在上海地区的发展探讨[J]. 岩石力学与工程学报, 2003,22(3):487-489.

[157] 张忠苗,邹健,贺静漪,等. 黏土中压密注浆及劈裂注浆室内模拟试验分析[J]. 岩土工程学报,2009,31(12):1818-1824.

[158] 叶飞,陈治,苟长飞,等. 基于球孔扩张的盾构隧道壁后注浆压密模型[J]. 交通运输工程学报,2014,14(1):35-42.